实战从入门到精通(视频教学版)

AutoCAD 2018 基础设计

刘玉红　周　佳　编　著

清华大学出版社

北　京

内 容 简 介

本书以零基础讲解为宗旨，用实例引导读者深入学习，采用"AutoCAD 设计入门→设计核心技术→三维立体设计→行业综合案例"的讲解模式，深入浅出地讲解 AutoCAD 设计的各项技术及实战技能。

本书第 1 篇主要讲解 AutoCAD 2018 快速入门、绘制二维图形和编辑二维图形等；第 2 篇主要讲解使用图形辅助功能，文字标注与表格制作，制图中的尺寸标注，精通图层管理，图块、外部参照及设计中心，图形布局与打印等；第 3 篇主要讲解三维图形绘制基础、绘制三维对象、编辑三维实体、三维材质和图形渲染等；第 4 篇主要讲解建筑设计综合案例、室内设计综合案例、电气设计综合案例等。另外，本书附赠丰富的资源，诸如本书素材和结果文件、教学幻灯片、本书精品教学视频讲座、1000 个精美的 AutoCAD 设计常用图块、100 张行业设计施工图纸、AutoCAD 2018 快捷键大全、AutoCAD 2018 疑难问题解答、AutoCAD 2018 高手秘籍和 AutoCAD 设计师常见面试题等。

本书适合任何想学习 AutoCAD 设计的人员，无论您是否从事计算机相关行业，是否接触过 AutoCAD 设计，通过学习本书均可快速掌握 AutoCAD 设计的方法和技巧。

图书在版编目(CIP)数据

AutoCAD 2018 基础设计/刘玉红，周佳编著. —北京：清华大学出版社，2019
(实战从入门到精通：视频教学版)
ISBN 978-7-302-53152-4

Ⅰ. ①A… Ⅱ. ①刘… ②周… Ⅲ. ①建筑设计—计算机辅助设计—AutoCAD 软件 Ⅳ. ①TU201.4

中国版本图书馆 CIP 数据核字(2019)第 114428 号

责任编辑：张彦青
装帧设计：李　坤
责任校对：吴春华
责任印制：刘海龙

出版发行：清华大学出版社
　　　　　网　　址：http://www.tup.com.cn, http://www.wqbook.com
　　　　　地　　址：北京清华大学学研大厦 A 座　　　邮　　编：100084
　　　　　社 总 机：010-62770175　　　　　　　　　邮　　购：010-62786544
　　　　　投稿与读者服务：010-62776969, c-service@tup.tsinghua.edu.cn
　　　　　质量反馈：010-62772015, zhiliang@tup.tsinghua.edu.cn
　　　　　课件下载：http://www.tup.com.cn, 010-62791865
印 装 者：三河市铭诚印务有限公司
经　　销：全国新华书店
开　　本：185mm×260mm　　印　　张：25　　字　　数：605 千字
版　　次：2019 年 7 月第 1 版　　　　印　　次：2019 年 7 月第 1 次印刷
定　　价：59.00 元

产品编号：074391-01

前言

"实战从入门到精通(视频教学版)"系列图书是专门为软件设计和网站开发初学者量身定做的一套学习用书,整套书具有以下特点。

前沿科技

无论是 AutoCAD 软件设计、网页设计还是 HTML5、CSS3,我们都精选较为前沿或者用户群最大的领域推进,帮助大家认识和了解最新动态。

权威的作者团队

组织国家重点实验室和资深应用专家联手编著该套图书,融合丰富的教学经验与优秀的管理理念。

学习型案例设计

以技术的实际应用过程为主线,全程采用图解和同步多媒体结合的教学方式,生动、直观、全面地剖析使用过程中的各种应用技能,降低难度、提升学习效率。

为什么要写这样一本书

AutoCAD 广泛应用于建筑室内设计领域、电子电气设计、园林设计和机械设计等。目前学习和关注的人越来越多,而很多 AutoCAD 的初学者都苦于找不到一本通俗易懂、容易入门和案例实用的参考书。通过本书的案例实训,可以很快地上手流行的工具,提高职业化能力,帮助解决公司与求职者的双重需求问题。

本书特色

(1) 零基础、入门级的讲解。

无论您是否从事计算机相关行业,无论您是否接触过 AutoCAD 设计,都能从本书中找到最佳起点。

(2) 超多、实用、专业的范例和项目。

本书在编排上紧密结合深入学习 AutoCAD 设计技术的先后过程,从 AutoCAD 2018 软件的基本操作开始,逐步深入讲解各种应用技巧,侧重实战技能,使用简单易懂的实际案例进行分析和操作指导,让读者读起来简明轻松,操作起来有章可循。

(3) 随时检测自己的学习成果。

每章首页均提供了"学习目标",以指导读者重点学习及学后检查。

章后的"综合实战"板块,均根据本章内容精选而成,读者可以随时检测自己的学习成果和实战能力,做到融会贯通。

(4) 细致入微、贴心提示。

本书在讲解过程中，使用了"提示"等小栏目，使读者在学习过程中能更清楚地了解相关操作、理解相关概念，并轻松掌握各种操作技巧。

超值附赠资源

(1) 全程同步教学录像。

涵盖本书所有知识点，详细讲解每个实例和项目的创建过程及技术关键点。比看书更能轻松地掌握书中所有的 AutoCAD 软件设计知识，而且从扩展的讲解部分可以得到比书中更多的收获。

(2) 超多容量王牌资源大放送。

本书赠送大量王牌资源，包括本书素材和结果文件、教学幻灯片、本书精品教学视频讲座、1000 个精美的 AutoCAD 设计常用图块、100 张各行业设计施工图纸、AutoCAD 2018 快捷键大全、AutoCAD 2018 疑难问题解答、AutoCAD 2018 高手秘籍和 AutoCAD 设计师常见面试题等。

读者对象

- 没有任何室内设计基础的初学者。
- 有一定的 AutoCAD 基础，想精通 AutoCAD 设计的人员。
- 有一定的 AutoCAD 设计基础，没有项目经验的人员。
- 正在进行毕业设计的学生。
- 大专院校及培训学校的老师和学生。

创作团队

本书由刘玉红和周佳编著，参加编写的人员还有张金伟、刘玉萍、蒲娟、付红、郭广新、侯永岗、王攀登、刘海松、孙若淞、王月娇、包慧利、陈伟光、胡同夫、王伟、展娜娜、李琪、梁云梁和周浩浩。

在编写过程中，我们力尽所能地将最好的讲解呈现给读者，但也难免有疏漏和不妥之处，敬请不吝指正。

编　者

目录
Contents

第1篇　AutoCAD 设计入门

第 2 篇 设计核心技术

第 3 篇   三维立体设计

第4篇 行业综合案例

第 1 篇
AutoCAD 设计入门

第 1 章 AutoCAD 2018 快速入门

在目前的计算机绘图领域，AutoCAD 是使用广泛的计算机绘图软件，尤其是在机械、建筑、电气、室内设计等方面，可以满足不同用户、不同行业发展的需求。本章主要介绍 AutoCAD 2018 的相关基础知识，从而使读者对该软件有一个初步印象。

本章学习目标(已掌握的在方框中打钩)

☐ 掌握启动和退出 AutoCAD 的方法。

☐ 熟悉 AutoCAD 的工作界面。

☐ 掌握 AutoCAD 的文件操作。

☐ 掌握设置绘图环境的方法。

☐ 掌握操作命令的方法。

☐ 熟悉坐标系的使用方法。

重点案例效果

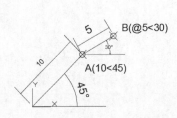

1.1 认识 AutoCAD 2018

CAD(Computer Aided Design)即计算机辅助设计，是由美国 Autodesk 公司于 1982 年推出的一款交互式绘图软件。

AutoCAD 是目前世界上应用最为广泛的 CAD 软件之一，该软件具有以下特点。

- 具有完善的图像绘制功能。
- 具有强大的图像编辑功能。
- 可以采用多种方式进行二次开发或用户定制。
- 可以进行多种图形格式的转换，具有较强的数据交换能力。
- 支持多种硬件设备。
- 支持多种操作系统。
- 具有通用性、易用性，适用于各类用户。

近几年来，Autodesk 公司对 AutoCAD 软件不断地进行改进和完善，使其功能日益强大。AutoCAD 已经从最初简易的二维绘图软件发展到现在集三维设计、真实感显示、通用数据库管理及 Internet 通信为一体的通用计算机辅助绘图软件包。它与 3ds Max、Lightscape 和 Photoshop 等渲染处理软件相结合，能够实现具有真实感的三维透视和动画图形。

1.2　AutoCAD 2018 的启动和退出

在电脑上安装 AutoCAD 2018 软件后，首先需启动该软件，才能进行绘图操作。操作完成后，保存文件并退出软件即可。

1.2.1　启动 AutoCAD 2018

通常情况下，用户主要有两种方法启动 AutoCAD 2018，分别如下。

● 双击桌面上的快捷方式图标，如图 1-1 所示。

● 单击左下角的【开始】按钮，在菜单中选择【AutoCAD 2018–简体中文】命令，如图 1-2 所示。

图 1-1　双击快捷方式图标

图 1-2　选择【AutoCAD 2018 - 简体中文】命令

执行上述两种操作，均可启动 AutoCAD 2018 软件进入【开始】界面，在其中可查看并快速打开最近使用过的文档，也可进行新建文件、打开图纸集等操作，如图 1-3 所示。

图 1-3　【开始】界面

1.2.2　退出 AutoCAD 2018

退出 AutoCAD 2018 软件主要有以下几种方法。

- 单击工作界面右上角的【关闭】按钮，如图 1-4 所示。
- 单击左上角的应用程序按钮 A，在弹出的下拉列表中单击【退出 Autodesk AutoCAD 2018】按钮，如图 1-5 所示。
- 在命令行输入"quit"或"exit"命令，按 Enter 键确认。
- 按 Alt+F4 组合键快速退出。

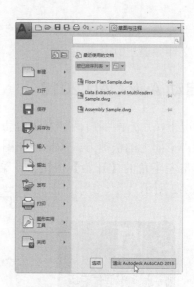

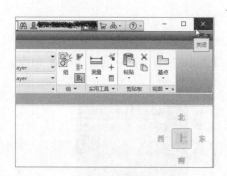

图 1-4　单击【关闭】按钮　　　　　　图 1-5　单击【退出 Autodesk AutoCAD 2018】按钮

1.3　AutoCAD 2018 工作界面

AutoCAD 2018 的工作界面主要由快速访问工具栏、标题栏、菜单栏、功能区、绘图区、坐标系、命令行窗口、状态栏、应用程序按钮等元素所组成，如图 1-6 所示。

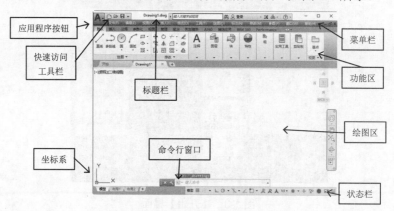

图 1-6　AutoCAD 2018 的工作界面

1. 应用程序按钮

应用程序按钮 A 位于工作界面左上角，单击该按钮，将打开应用程序菜单，在其中可对图形进行新建、打开、保存、另存为、输出、发布、打印以及关闭等操作，如图 1-7 所示。

注意，单击应用程序菜单中的【选项】按钮，将打开【选项】对话框，在其中可对 AutoCAD 的大部分系统选项进行设置，如图 1-8 所示。

图 1-7　应用程序菜单

图 1-8　【选项】对话框

2. 快速访问工具栏

快速访问工具栏位于应用程序按钮的右侧，包含最为常用的命令，可以实现对命令的快速调用。默认情况下，包括【新建】、【打开】、【保存】、【另存为】、【打印】、【放弃】和【重做】7 个命令按钮，如图 1-9 所示。

图 1-9　快速访问工具栏

单击图 1-9 右侧的下拉按钮，在下拉列表中可自定义快速访问工具栏，只需选择某个命令，使其左侧呈现勾选状态，即可将其添加进来，如图 1-10 所示。此外，若选择【更多命令】选项，将打开【自定义用户界面】对话框，在其中提供了更多的命令，如图 1-11 所示。

图 1-10　【自定义快速访问工具栏】列表

图 1-11　【自定义用户界面】对话框

3. 标题栏

标题栏位于快速访问工具栏的右侧，如图 1-12 所示。其左侧显示当前运行的程序名称及文件名称。默认文件名称为 Drawing1、Drawing2 等，右侧依次是【搜索】、【登录】、【Autodesk Exchange 应用程序】、【保持连接】、【帮助】以及窗口控制按钮。

图 1-12 标题栏

4. 菜单栏

菜单栏位于标题栏下方，共包含 12 个主菜单命令，利用这些菜单，用户几乎能够实现 AutoCAD 的全部功能，如图 1-13 所示。

图 1-13 菜单栏

注意，菜单栏默认并不显示，单击快速访问工具栏右侧的下拉按钮，在下拉列表中选择【显示菜单栏】选项，即可将其显示出来，如图 1-14 所示。

5. 功能区

功能区位于菜单栏的下方，绘图区的上方。它以选项卡的形式，将需要的命令按钮分类组合在一起。每个选项卡中包含多个面板，每个面板中包含其类别下的所有命令按钮，如图 1-15 所示。

图 1-14 选择【显示菜单栏】选项

图 1-15 功能区

大多数面板的右侧都有一个箭头按钮，单击该按钮，将展开面板，显示出更多的命令按钮。图 1-16 所示为展开【绘图】面板的显示效果。

图 1-16 展开【绘图】面板

6. 绘图区

绘图区是主要的工作区域，占据屏幕绝大部分空间，所有的绘图结果都反映在该区域中，如图 1-17 所示。

绘图区左上角有三个控件按钮，单击各按钮，可分别设置视口布局、视图方向和视觉样式；右上角是 Viewcube 工具，又称为视图方位显示工具，多用于三维建模；右下方是导航栏，包含控制盘、平移、缩放、动态观察等按钮。

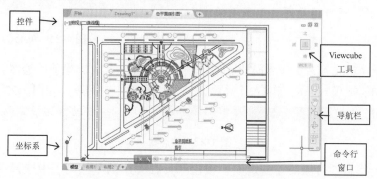

图 1-17　绘图区

 绘图区顶部以选项卡的形式显示各文件的名称，单击名称右侧的【关闭】按钮 ✕，可关闭文件；单击【新图形】按钮 ➕，可新建文件；在右侧空白位置单击鼠标右键，在弹出的快捷菜单中还可进行新建、打开、全部保存、全部关闭等操作，如图 1-18 所示。

图 1-18　右键快捷菜单

7. 命令行窗口

命令行窗口位于绘图区的下方，用于接收用户输入的命令和显示相关的命令提示信息。其中，窗口上方显示已执行的命令，下方则提示输入新的命令，如图 1-19 所示。

单击命令行窗口右侧的【命令历史记录】按钮，或者按 F2 键，可以显示出更多已执行的命令，如图 1-20 所示。

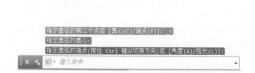

图 1-19　命令行窗口

图 1-20　显示出更多已执行的命令

除了命令行窗口外，AutoCAD 文本窗口的作用与之相同。选择【视图】|【显示】|【文本窗口】菜单命令，或者按 Ctrl+F2 组合键，即可打开该窗口，它记录了当前文件的所有信息，如图 1-21 所示。

 提示　在命令行中输入命令时不必区分大小写，还可以简写一些命令。如 Line 和 line 是一样的，还可以简写为 L 或 l。

图 1-21　AutoCAD 文本窗口

8. 状态栏

状态栏位于 AutoCAD 工作界面的底部，用于显示 AutoCAD 当前的绘图状态以及一些辅助绘图工具，如捕捉模式、动态输入、注释比例、切换工作空间等，如图 1-22 所示。

图 1-22　状态栏

注意，单击状态栏右侧的【自定义】按钮≡，在弹出的下拉列表中选择某个选项，可将其添加至状态栏中，从而对状态栏进行自定义操作。

1.4　AutoCAD 2018 文件操作

对 AutoCAD 2018 有所了解后，下面介绍文件的一些基本操作，包括新建、打开、保存、关闭等操作。

1.4.1　新建文件

启动 AutoCAD 软件后，默认会进入【开始】界面，若要绘制图形，首先需要新建一个空白文件。新建文件主要有以下几种方法。
- 选择【文件】|【新建】菜单命令。
- 单击快速访问工具栏中的【新建】按钮▢。
- 按下 Ctrl+N 组合键。

执行上述任一操作，均会打开【选择样板】对话框，如图 1-23 所示。在其中选择所需的绘图样板后，单击【打开】按钮，即可新建一个文件。默认情况下，图形文件以 acadiso.dwt 为样板创建。

图 1-23　【选择样板】对话框

1.4.2　打开文件

打开文件主要有以下几种方法。
- 选择【文件】|【打开】菜单命令。

- 单击快速访问工具栏中的【打开】按钮 。
- 按下 Ctrl+O 组合键。

执行上述任一操作，均会打开【选择文件】对话框，如图 1-24 所示。在计算机中选择要打开的文件，单击【打开】按钮即可。

此外，用户还可根据需要以"以只读方式打开""局部打开"等方式来打开文件。其中，"局部打开"方式是仅打开文件中指定的图层、块、标注样式等元素，具体操作步骤如下。

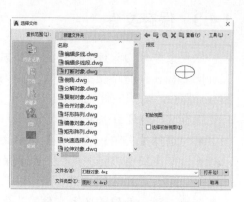

图 1-24 【选择文件】对话框

step 01 单击快速访问工具栏中的【打开】按钮，打开【选择文件】对话框，在计算机中找到要打开的文件，如图 1-25 所示。

step 02 单击【打开】按钮右侧的下拉按钮，在弹出的下拉列表中选择【局部打开】选项，如图 1-26 所示。

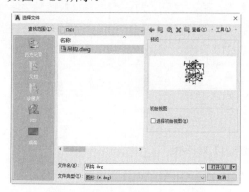

图 1-25 【选择文件】对话框

图 1-26 选择【局部打开】选项

step 03 打开【局部打开】对话框，在【要加载几何图形的图层】列表框中，选择所需打开的图层，如选择【轮廓线层】选项，然后单击【打开】按钮，如图 1-27 所示。

提示：选择【文件】|【局部加载】菜单命令，同样可打开【局部打开】对话框。

step 04 即可打开所选图层中包含的图形对象，如图 1-28 所示。

图 1-27 【局部打开】对话框

图 1-28 图形对象

1.4.3 保存文件

保存文件分为两种类型：保存和另存为。其中，保存是使用当前文件替换原有的文件，文件的名称和存储路径不变，而另存为则是创建当前文件的副本，用户可以重新设置其名称和存储路径，对原文件无影响。

保存文件主要有以下几种方法。

- 选择【文件】|【保存】菜单命令。
- 单击快速访问工具栏中的【保存】按钮 ⊟。
- 按下 Ctrl+S 组合键。

注意，对于新建的图形文件，当保存时，会打开【图形另存为】对话框，在其中指定文件的名称和存储路径后，单击【保存】按钮即可，如图 1-29 所示。

图 1-29 【图形另存为】对话框

另存为文件主要有以下两种方法。

- 选择【文件】|【另存为】菜单命令。
- 单击快速访问工具栏中的【另存为】按钮 ⊟。

执行另存为操作后，同样会打开【图形另存为】对话框，在其中即可重新设置文件的名称和存储路径。

1.4.4 关闭文件

文件编辑并保存后，若不再使用该文件，可以将其关闭。关闭文件主要有以下几种方法。

- 选择【文件】|【关闭】菜单命令。
- 在文件名称右侧单击【关闭】按钮 ⊗。
- 在命令行输入"close"命令，按 Enter 键确认。

若在关闭文件前没有进行保存操作，那么会打开 AutoCAD 对话框，如图 1-30 所示。单击【是】按钮，会保存并关闭文件；单击【否】按钮，可取消保存，并关闭当前文件。

图 1-30 AutoCAD 对话框

1.5 设置绘图环境

本节主要介绍绘图环境的设置方法，包括切换工作空间、设置图形界限、设置图形单位等内容。掌握这些操作，可以满足用户的个性化绘图需求。

1.5.1 切换工作空间

工作空间是在绘制图形时使用的各种工具和功能面板的集合。AutoCAD 2018 共提供了 3 种预设的工作空间，包括"草图与注释""三维基础"和"三维建模"。切换工作空间主要有以下几种方法。

● 单击快速访问工具栏中的【工作空间】按钮。

● 选择【工具】|【工作空间】中的子菜单命令进行切换，如图 1-31 所示。

● 在底部状态栏中单击【切换工作空间】按钮 ⚙，在弹出的列表中进行选择，如图 1-32 所示。

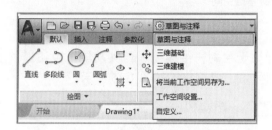

图 1-31 在【工作空间】下拉列表中选择

图 1-32 单击【切换工作空间】按钮

1. 草图与注释空间

草图与注释空间是默认的工作空间，也是最为常用的工作空间，主要用于绘制二维图形。其功能区中提供了二维图形的绘制、修改、图层和文字的绘制等各种面板，如图 1-33 所示。

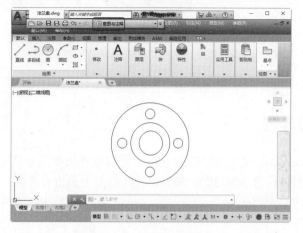

图 1-33 草图与注释空间

2. 三维基础空间

三维基础空间主要用于绘制基本三维模型，其功能区中主要提供了三维图形的绘制、编辑等各种面板，如图 1-34 所示。

图 1-34　三维基础空间

3. 三维建模空间

三维建模空间与三维基础空间类似，同样用于绘制三维模型，但其功能区中还提供了【曲面】和【网格】选项卡，可用于绘制三维曲面和三维网格，如图 1-35 所示。

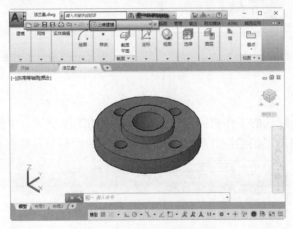

图 1-35　三维建模空间

1.5.2　设置图形界限

图形界限是指 AutoCAD 绘图区域的边界，设置图形界限相当于选择图纸幅面，图形应绘制在图形界限内。下面以设置 A3(43000, 39700)图纸幅面为例进行介绍，具体操作步骤如下。

step 01　在命令行输入 "limits" 命令，按 Enter 键，或者选择【格式】|【图形界限】菜单命令，如图 1-36 所示。

step 02　根据命令行提示，输入(0,0)坐标值作为界限的左下角点，如图 1-37 所示。

图 1-36 选择【图形界限】菜单命令

图 1-37 指定界限的左下角点

step 03 输入(43000,39700)坐标值作为界限的右上角点，即完成图形界限的设置，如图 1-38 所示。命令行提示如下：

命令：'_limits   //调用【图形界限】命令
重新设置模型空间界限：
指定左下角点或 [开(ON)/关(OFF)] <887.3912,807.1041>：0,0 //指定界限的左下角点
指定右上角点 <2582.4009,2293.4269>：43000,39700   //指定界限的右上角点

step 04 若要显示图形界限，在底部状态栏的【显示图形栅格】按钮▦上单击鼠标右键，在弹出的快捷菜单中选择【网格设置】命令，如图 1-39 所示。

图 1-38 指定界限的右上角点

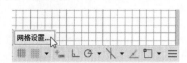

图 1-39 选择【网格设置】命令

step 05 打开【草图设置】对话框，在【捕捉和栅格】选项卡下取消选中【显示超出界限的栅格】复选框，然后单击【确定】按钮，如图 1-40 所示。

step 06 即可在绘图区域内显示出 A3 图形界限，效果如图 1-41 所示。

图 1-40 【草图设置】对话框

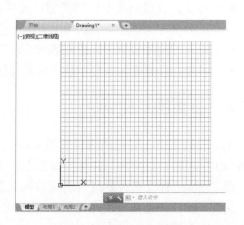

图 1-41 显示出 A3 图形界限

1.5.3　设置图形单位

图形单位是在设计过程中所采用的单位。默认情况下，AutoCAD 将一个图形单位的长度作为 1 毫米(1mm)，将一个图形单位的角度作为 1 度(1°)。但这些参数可随时更改，这是和手工绘图相比最大的区别和优点。设置绘图单位的具体操作步骤如下。

 设置图形单位并不会影响尺寸标注单位，但通常情况下，为避免混淆，最好将图形单位和尺寸标注单位设置为相同的类型和精度。

step 01 在命令行输入"units"命令，按 Enter 键，或者选择【格式】|【单位】菜单命令，如图 1-42 所示。

step 02 打开【图形单位】对话框，在其中设置长度单位、角度单位、插入时的缩放单位等参数，单击【确定】按钮即可，如图 1-43 所示。

图 1-42　选择【单位】菜单命令

图 1-43　【图形单位】对话框

【图形单位】对话框中主要选项的含义如下。
- 长度：设置测量单位的类型以及精度。
- 角度：设置角度单位的类型以及精度。选中【顺时针】复选框，表示顺时针方向为正角度方向，默认的正角度方向为逆时针方向。
- 插入时的缩放单位：控制插入当前图形中的块的测量单位。
- 光源：设置光源强度单位，包括【国际】、【美国】和【常规】三个选项。

1.5.4　设置图形比例

在绘图过程中，有些图形对象的实际尺寸较大，那么在输入数值时可能会遇到麻烦，设置图形比例可解决该问题，具体操作步骤如下。

step 01 选择【格式】|【比例缩放列表】菜单命令，如图 1-44 所示。

step 02 打开【编辑图形比例】对话框，在【比例列表】列表框中选择所需的比例值，单击【确定】按钮，如图 1-45 所示。

提示　单击【添加】按钮，可添加图形比例。

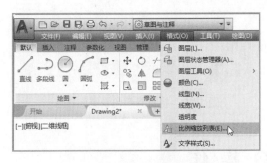

图 1-44　选择【比例缩放列表】菜单命令

图 1-45　【编辑图形比例】对话框

1.5.5　设置绘图区背景颜色

默认情况下，绘图区的背景颜色是黑色，用户可根据需要将其设置为其他颜色，具体操作步骤如下。

step 01　新建一个空白文件，此时绘图区背景颜色默认为黑色，如图 1-46 所示。

step 02　选择【工具】|【选项】菜单命令，打开【选项】对话框，单击【显示】选项卡下的【颜色】按钮，如图 1-47 所示。

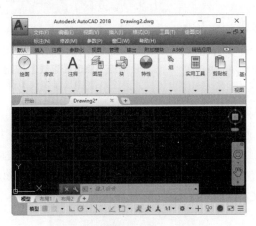

图 1-46　背景颜色默认为黑色

图 1-47　【选项】对话框

step 03　打开【图形窗口颜色】对话框，在【上下文】列表框中选择【二维模型空间】选项，在【颜色】下拉列表中选择颜色，如选择【白】选项，单击【应用并关闭】按钮，如图 1-48 所示。

step 04　即可将绘图区背景颜色设置为白色，效果如图 1-49 所示。

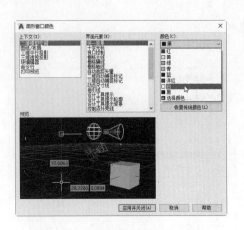

图 1-48　【图形窗口颜色】对话框

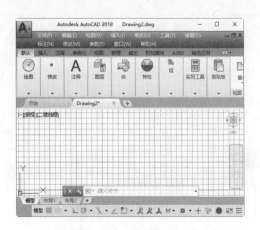

图 1-49　将背景颜色设置为白色

1.6　命令操作

在绘制图形前，用户应掌握一些基本的命令操作方法，包括调用命令、重复命令、结束命令等操作。

1.6.1　调用命令

AutoCAD 提供了多种调用命令的方法，包括使用功能区调用、使用菜单栏调用、使用工具栏调用以及使用命令行调用等。

1. 使用功能区调用

功能区中集合了大部分的绘图命令按钮，单击相应的按钮，即可调用该命令。例如，要调用【直线】命令，单击功能区中【默认】选项卡 |【绘图】面板 |【直线】按钮即可，如图 1-50 所示。

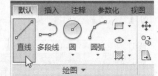

图 1-50　单击【直线】按钮来调用【直线】命令

注意，系统对功能区中的命令按钮进行了分类，将类别相似的命令归为一类，因此某些按钮带有下拉按钮，单击该按钮，在弹出的下拉列表中才能选择所需的命令。例如，要调用【多边形】命令，需单击【绘图】面板 |【矩形】按钮右侧的下拉按钮，在弹出的下拉列表中选择【多边形】选项，如图 1-51 所示。此外，选择该命令后，功能区中会由默认的【矩形】按钮切换为【多边形】按钮，直到重新打开 AutoCAD 软件，如图 1-52 所示。

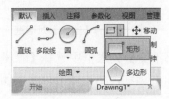

图 1-51　选择【多边形】选项来调用【多边形】命令

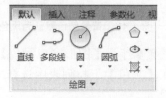

图 1-52　默认按钮切换为【多边形】按钮

2．使用菜单栏调用

在菜单栏中也可调用命令。例如，要调用【直线】命令，选择【绘图】|【直线】菜单命令即可，如图 1-53 所示。

3．使用工具栏调用

AutoCAD 提供了多种类型的工具栏，包括绘图、标注、建模、图层、文字等，不同的工具栏包含不同的命令按钮。工具栏默认并不显示，选择【工具】|【工具栏】| AutoCAD 的子菜单命令，即可显示出相应的工具栏。

图 1-54 所示为【绘图】工具栏，在其中单击【直线】按钮，即可调用【直线】命令。

此外，工具栏中某些按钮的右下角有三角箭头，如【绘图】工具栏中的【插入块】按钮，长按此按钮，将打开下拉列表，在其中可选择更多的相关命令按钮，如图 1-55 所示。

图 1-53　选择【直线】菜单命令
来调用【直线】命令

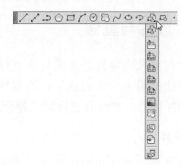

图 1-54　【绘图】工具栏　　　　　图 1-55　具有三角箭头的按钮可打开下拉列表

4．使用命令行调用

若用户对 AutoCAD 中的命令较为熟悉，可以直接在命令行中输入命令对应的字符进行调用。例如，在命令行中输入命令"L"(或"LINE")，按 Enter 键，即可调用【直线】命令，此时命令行和光标所在位置都会出现相关提示信息，如图 1-56 所示。

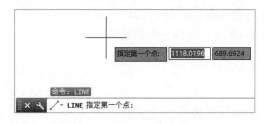

图 1-56　在命令行中输入命令

1.6.2　重复命令

在制图过程中，若一个命令需要重复调用，用户无须重复操作，使用以下两种方法会更为方便快捷。

- 调用命令后，按 Enter 键或空格键，即可重复执行该命令。
- 在绘图区空白处单击鼠标右键，在弹出的快捷菜单中选择【最近的输入】中的子菜单命令，可在最近使用过的命令列表中选择要重复调用的命令，如图 1-57 所示。此外，若选择【重复(命令名称)】菜单命令，可重复执行上一次调用的命令。

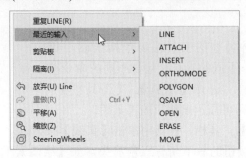

图 1-57 选择【最近的输入】中的子菜单命令

1.6.3 放弃与重做

放弃与重做实际就是撤销与恢复操作。在制图过程中，当操作有误时，可使用【放弃】命令，从而撤销上一步的操作，若要恢复所撤销的操作，则可使用【重做】命令。注意，只有在撤销操作后，并没有进行新的操作时，才能执行恢复操作。

1. 放弃

放弃是指一步一步退回至前一个操作。主要有以下几种方法来调用【放弃】命令。

- 单击快速访问工具栏中的【放弃】按钮。
- 选择【编辑】|【放弃】菜单命令。
- 在命令行输入"undo/u"，按 Enter 键。
- 按 Ctrl+Z 组合键。

此外，单击快速访问工具栏中【放弃】按钮右侧的下拉按钮，在弹出的下拉列表中会按照操作的顺序显示操作的历史记录，如图 1-58 所示。选择其中的选项，可一次性撤销多个操作。

图 1-58 显示出操作的历史记录

2. 重做

重做是指恢复最后一次的放弃操作。主要有以下几种方法来调用【重做】命令。

- 单击快速访问工具栏中的【重做】按钮。
- 选择【编辑】|【重做】菜单命令。
- 在命令行输入"redo"，按 Enter 键。
- 按 Ctrl+Y 组合键。

1.6.4 结束命令

调用某个命令后，若操作没有完成，需提前结束该命令，可使用以下两种方法。

- 调用命令后，按 Esc 键，即可结束该命令。
- 在绘图区空白处单击鼠标右键，在弹出的快捷菜单中选择【取消】菜单命令。

1.7 使用坐标系

利用坐标系，在绘图时可以确定对象的位置，提高图形的精确度，从而使用户能够准确地设计并绘制图形。

1.7.1 认识坐标系

AutoCAD 2018 有两种坐标系，一种是世界坐标系(World Coordinate System)，简称 WCS 坐标；另一种是用户坐标系(User Coordinate System)，简称 UCS 坐标。

1. 世界坐标系

世界坐标系是 AutoCAD 中默认的坐标系，其原点和坐标轴方向是固定不变的。在 WCS 中，X 轴为水平方向，Y 轴为垂直方向，Z 轴则垂直于 XY 平面，指向用户。坐标原点为 X 轴和 Y 轴相交处，显示为方框标记，如图 1-59 所示。

2. 用户坐标系

为了更好地辅助绘图，经常需要修改坐标系的原点位置和坐标方向，此时可以创建用户坐标系，该坐标系可由用户自定义，如图 1-60 所示。

 默认情况下，世界坐标系和用户坐标系重合，用户坐标系的原点处没有方框标记。

图 1-59　世界坐标系　　　　　　　　图 1-60　用户坐标系

1.7.2 创建 UCS 坐标系

由上一节可知，当需要修改坐标系原点和坐标方向时，就可以根据需求创建一个 UCS 坐标系。选择【工具】|【新建 UCS】菜单命令，在子菜单列表中可以看到，系统提供了多种方法来定义 UCS 坐标系。下面以指定三点法为例进行介绍，具体操作步骤如下。

step 01 选择【工具】|【新建 UCS】|【三点】菜单命令，如图 1-61 所示。

提示 选择【工具】|【新建 UCS】|【世界】菜单命令，将恢复当前用户坐标到世界坐标。

step 02 命令行提示"指定新原点"，用户可在其中输入坐标来指定新原点，也可直接在绘图区中单击来指定，如图 1-62 所示。

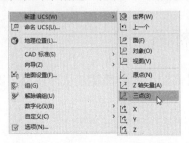

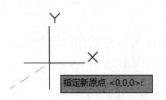

图 1-61　选择【三点】菜单命令　　　　图 1-62　指定新原点

step 03 命令行提示"在正 X 轴范围上指定点"，此时在合适位置处单击，从而指定 X 轴的方向，然后根据命令行提示，单击以指定 Y 轴的方向，如图 1-63 所示。

step 04 完成新建 UCS 坐标系的操作，效果如图 1-64 所示。

图 1-63　指定 X 轴的方向　　　　图 1-64　新建 UCS 坐标系

提示 选择【视图】|【显示】|【UCS 图标】|【特性】菜单命令，将打开【UCS 图标】对话框，在其中可对 UCS 图标的样式、大小以及颜色进行设置，如图 1-65 所示。选择【工具】|【命名 UCS】菜单命令，将打开 UCS 对话框，在其中可对当前 UCS 进行命名、设置等操作，如图 1-66 所示。

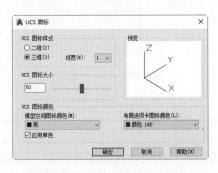

图 1-65　【UCS 图标】对话框　　　　图 1-66　UCS 对话框

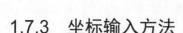

1.7.3　坐标输入方法

用户可以在绘图区单击来定位坐标点，但该方法并不精确。此外，也可直接输入点的坐标值，从而更精确地定位坐标点。在 AutoCAD 中，通常有 4 种方法来输入坐标值：绝对直角坐标、相对直角坐标、绝对极坐标和相对极坐标。

　　　　直角坐标又称为笛卡尔坐标，由一个原点和三个相互垂直的坐标轴组成。在 AutoCAD 中，无论是世界坐标系还是用户坐标系，均是笛卡尔坐标系。

1. 绝对直角坐标

绝对直角坐标是以原点为基点来定位所有的点。在输入点的坐标(x,y,z)时，x 值表示距原点的水平距离，y 值表示距原点的垂直距离，在二维图形中，z 轴坐标为 0，可以忽略。图 1-67 所示点 A 的直角坐标值为"10,20"。

2. 相对直角坐标

相对直角坐标是某点(B)相对于上一点(A)的位置，输入形式为(@x,y,z)。例如，输入"@10,20"，表示该坐标点相对于上一点(A)的 x、y 和 z 三个坐标值的增量分别为 10、20 和 0，效果如图 1-68 所示。

　　　　以相对直角坐标表示坐标值时，前面需添上@符号，且 x、y 和 z 之间要用英文状态下的逗号隔开。当 x 为正时，表示 B 点在 A 点的右方；当 x 为负时，表示 B 点在 A 点的左方；当 y 为正时，表示 B 点在 A 点的上方；当 y 为负时，表示 B 点在 A 点的下方。

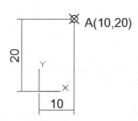

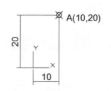

图 1-67　点 A 为绝对直角坐标表示　　　　图 1-68　点 B 为相对直角坐标表示

3. 绝对极坐标

极坐标系由一个极点和一个极轴构成，极轴的方向为水平向右，如图 1-69 所示。绝对极坐标的输入形式为(距离<角度)，中间用小于号"<"分隔。其中，距离为点到原点的距离 L，角度则是点与原点所构成的直线与极轴的角度 a。

例如，点 A 的绝对极坐标值为(10<45)，该点到原点的距离为 10，与 X 轴的夹点为 45 度，效果如图 1-70 所示。

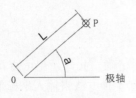

图 1-69　极坐标系

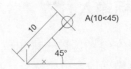

图 1-70　点 A 为绝对极坐标表示

4. 相对极坐标

相对极坐标的输入形式为(@距离<角度)，表示以上一点为极点时的坐标。例如，点 B 的极坐值为(@5<30)，表示该点到上一点(A)的距离为 5，角度为 30，如图 1-71 所示。

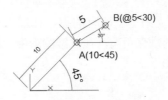

图 1-71　点 B 为相对极坐标表示

1.8　综合实战——定制工作空间

由于行业及个人的工作习惯不同，使用的工作空间也可能不同。用户可以根据需要在界面中增加或减少选项卡、面板以及工具栏等相关元素，并将其保存，从而定制属于自己的工作空间，具体操作步骤如下。

step 01　在桌面上双击快捷方式图标，启动 AutoCAD 2018 软件，进入【开始】界面，在其中单击【开始绘制】按钮，如图 1-72 所示。

step 02　即可快速新建一个名为"Drawing1.dwg"的空白文件，默认处于"草图与注释"工作空间，如图 1-73 所示。

图 1-72　单击【开始绘制】按钮

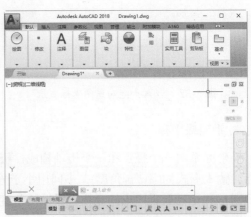

图 1-73　新建空白文件

step 03 单击快速访问工具栏右侧的下拉按钮，在弹出的下拉列表中选择【显示菜单栏】选项，显示出菜单栏，如图 1-74 所示。

step 04 选择【工具】|【工具栏】|AutoCAD|【绘图】菜单命令，显示出【绘图】工具栏，并将其拖动到绘图区左侧，效果如图 1-75 所示。

图 1-74　选择【显示菜单栏】选项　　　　　图 1-75　显示出【绘图】工具栏

step 05 在功能区空白处单击鼠标右键，在弹出的快捷菜单中选择【显示选项卡】命令，在子菜单列表中根据需要选择要显示的选项卡，如图 1-76 所示。

step 06 工作空间设置完成后，选择【工具】|【工作空间】|【将当前工作空间另存为】菜单命令，打开【保存工作空间】对话框，在【名称】下拉列表框中输入名称"自定义"，单击【保存】按钮，即可保存工作空间，如图 1-77 所示。

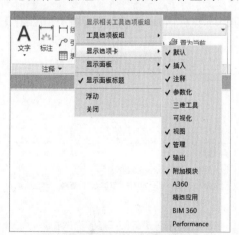

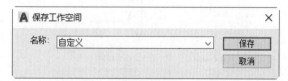

图 1-76　选择要显示的选项卡　　　　　图 1-77　【保存工作空间】对话框

step 07 重新启动 AutoCAD 2018 软件，单击快速访问工具栏中的【工作空间】按钮，在弹出的下拉列表中即可选择所保存的工作空间，如图 1-78 所示。至此，即完成定制工作空间的操作。

提示 若要删除"自定义"工作空间，选择【工具】|【工作空间】|【自定义】菜单命令，打开【自定义用户界面】对话框，在【自定义】这一工作空间上单击鼠标右键，在弹出的快捷菜单中选择【删除】菜单命令，然后单击右上角的【保存所有当前自定义文件】按钮 🔳 即可，如图 1-79 所示。

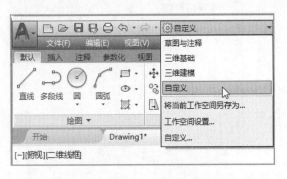

图 1-78　在下拉列表中可选择保存的工作空间

图 1-79　【自定义用户界面】对话框

1.9　综合实战——设置保存选项

用户可以根据需要设置文件保存时的默认格式以及自动保存间隔时间，具体操作步骤如下。

step 01　选择【工具】|【选项】命令，打开【选项】对话框，切换至【打开和保存】选项卡，如图 1-80 所示。

step 02　在【文件保存】组中单击【另存为】下拉按钮，在弹出的下拉列表中可选择保存文件时默认的存储格式，如图 1-81 所示。

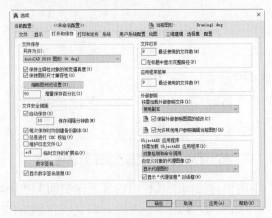

图 1-80　【选项】对话框

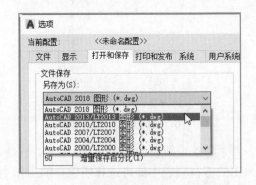

图 1-81　设置保存文件时默认的存储格式

step 03 在【文件安全措施】组中勾选【自动保存】复选框，在【保存间隔分钟数】文本框内输入"5"，表示每隔 5 分钟自动保存一次文件，如图 1-82 所示。设置完成后，单击【确定】按钮，关闭对话框，即完成保存选项的设置。

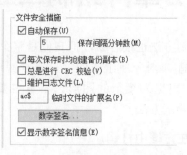

图 1-82　设置自动保存间隔时间

1.10　高手甜点

甜点 1：如何设置十字光标的大小？

答：选择【工具】|【选项】菜单命令，打开【选项】对话框，切换至【显示】选项卡，在【十字光标大小】文本框内输入数值，或者拖动右侧滑块，即可设置十字光标的大小，如图 1-83 所示。

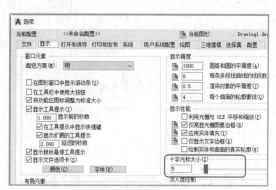

图 1-83　【选项】对话框

甜点 2：如何为文件加密？

答：选择【文件】|【另存为】菜单命令，打开【图形另存为】对话框，在其中单击【工具】按钮，在下拉列表中选择【安全选项】选项，打开【安全选项】对话框，在【密码】选项卡下即可为文件设置密码。

第 2 章　绘制二维图形

二维图形的形状简单，绘制方法也很容易，但它们是整个 AutoCAD 的绘图基础。任何复杂的图形，均是由一个或多个基本对象所组成的，只有掌握这些基本二维图形的绘制方法与技巧，才能方便、快捷地绘制出更为复杂的图形。本章主要介绍直线、矩形、正多边形、圆、点、多线段等二维图形的绘制方法。

本章学习目标(已掌握的在方框中打钩)

- ☐　掌握基本图形的绘制方法。
- ☐　掌握其他图形的绘制方法。
- ☐　掌握图案填充的方法。
- ☐　掌握绘制五角星的方法。
- ☐　掌握填充室内地面布局图的方法。

重点案例效果

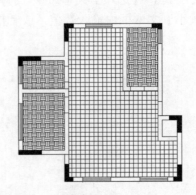

2.1　基本图形的绘制

本节主要介绍基本图形的绘制方法，包括直线、构造线、射线、矩形、正多边形、圆、圆弧、椭圆等图形。

2.1.1　绘制直线

直线是各种绘图中最常用、最简单的图形对象，只需指定起点和下一点，即可绘制一条直线。

1. 命令调用方法

- ●　单击【默认】选项卡 | 【绘图】面板 | 【直线】按钮。

- 选择【绘图】|【直线】菜单命令。
- 单击【绘图】工具栏中的【直线】按钮 。
- 在命令行输入"line/l"命令，并按 Enter 键。

2. 绘制直线

绘制直线的具体操作步骤如下。

step 01 单击【默认】选项卡|【绘图】面板|【直线】按钮 ，然后在绘图区单击任意一点(如 A 点)作为直线的起点，如图 2-1 所示。

step 02 拖动鼠标并单击一点(如 B 点)作为直线的下一点，如图 2-2 所示。

 　　在绘制过程中，用户可直接单击来确定直线的下一点，也可输入坐标值进行确定。

step 03 按 Esc 键结束命令，完成绘制，如图 2-3 所示。

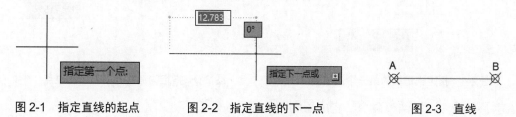

图 2-1　指定直线的起点　　　图 2-2　指定直线的下一点　　　图 2-3　直线

 　　调用【直线】命令后可连续绘制多条直线，直到结束命令。此外，用户可按 Enter 键、Esc 键或空格键来结束【直线】命令。

命令行提示如下：

```
命令：_line                        //调用【直线】命令
指定第一个点：                     //单击 A 点作为直线起点
指定下一点或 [放弃(U)]：            //单击 B 点作为下一点
指定下一点或 [放弃(U)]：*取消*      //按 Esc 键结束命令
```

3. 选项说明

- 放弃(U)：删除上一次绘制的直线，同时仍处于绘制状态，可重新绘制。
- 闭合(C)：将第一条直线的起点作为最后一条直线的终点，从而形成闭合图形，同时会结束直线命令。注意，该选项只有在绘制了多条直线时才会显示。

2.1.2　绘制构造线

构造线是两端可以无限延伸的直线，没有起点和终点，可以放置在三维空间的任何地方，主要作为辅助线使用。

1. 命令调用方法

- 单击【默认】选项卡|【绘图】面板|【构造线】按钮 。

- 选择【绘图】|【构造线】菜单命令。
- 单击【绘图】工具栏中的【构造线】按钮 ✐。
- 在命令行输入 "xline/xl" 命令，并按 Enter 键。

2. 绘制构造线

调用【构造线】命令后，只需指定构造线上的任意两点即可。绘制构造线的具体操作步骤如下。

step 01 单击【默认】选项卡|【绘图】面板|【构造线】按钮 ✐，然后单击任意一点(如 A 点)作为构造线的第一个通过点，如图 2-4 所示。

step 02 拖动鼠标并单击一点(如 B 点)作为构造线的第二个通过点，如图 2-5 所示。

图 2-4   指定构造线的第一个通过点   图 2-5   指定构造线的第二个通过点

step 03 按 Esc 键结束命令，完成绘制，如图 2-6 所示。

 由于构造线通常作为辅助线使用，用户可以将其单独绘制在某一图层上，图形输出时，只需将该图层关闭，辅助线就不会被输出了。

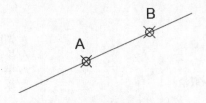

图 2-6   构造线

命令行提示如下：

```
命令：_xline                                    //调用【构造线】命令
指定点或 [水平(H)/垂直(V)/角度(A)/二等分(B)/偏移(O)]：  //单击 A 点作为第一个通过点
指定通过点：                                     //单击 B 点作为第二个通过点
指定通过点：*取消*                               //按 Esc 键结束命令
```

3. 选项说明

- 水平(H)：绘制水平构造线。
- 垂直(V)：绘制垂直构造线。
- 角度(A)：绘制与水平方向成指定角度的构造线。
- 二等分(B)：绘制将指定角度平分的构造线。
- 偏移(O)：绘制与指定线平行的构造线。

2.1.3　绘制射线

射线是一端固定，另一端无限延伸的直线。指定射线的起点和通过点，即可绘制一条射线。在 AutoCAD 中，射线主要用作辅助线。

1. 命令调用方法

● 单击【默认】选项卡 |【绘图】面板 |【射线】按钮 。
● 选择【绘图】|【射线】菜单命令。
● 在命令行输入"ray"命令，并按 Enter 键。

2. 绘制射线

绘制射线的具体操作步骤如下。

`step 01` 单击【默认】选项卡 |【绘图】面板 |【射线】按钮 ，然后单击任意一点(如A 点)作为射线的起点，如图 2-7 所示。

`step 02` 拖动鼠标并单击一点(如 B 点)作为射线的通过点，如图 2-8 所示。

`step 03` 按 Esc 键结束命令，完成绘制，如图 2-9 所示。

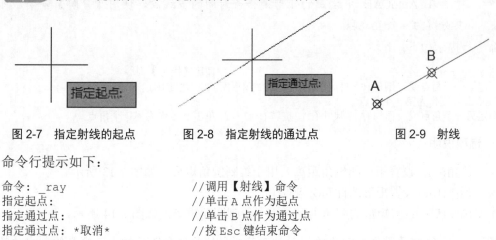

图 2-7　指定射线的起点　　　图 2-8　指定射线的通过点　　　图 2-9　射线

命令行提示如下：

```
命令：_ray              //调用【射线】命令
指定起点：              //单击 A 点作为起点
指定通过点：            //单击 B 点作为通过点
指定通过点：*取消*      //按 Esc 键结束命令
```

2.1.4　绘制矩形

矩形是 AutoCAD 中较为常用的几何图形，默认是通过指定矩形对角线的两个角点来绘制，也可通过指定矩形的面积或尺寸来绘制。此外，在绘制时还可设置矩形角点的类型及矩形的宽度等参数。

1. 命令调用方法

● 单击【默认】选项卡 |【绘图】面板 |【矩形】按钮 。
● 选择【绘图】|【矩形】菜单命令。
● 单击【绘图】工具栏中的【矩形】按钮 。
● 在命令行输入"rectang/rec"命令，并按 Enter 键。

2. 绘制矩形

矩形包含多种类型，如带有圆角或倒角的矩形、带有宽度的矩形等。下面以绘制一个普通矩形为例进行介绍，具体操作步骤如下。

step 01 单击【默认】选项卡|【绘图】面板|【矩形】按钮▭，然后单击任意一点(如A点)作为矩形的第一个角点，如图 2-10 所示。

step 02 拖动鼠标并单击作为矩形的另一个角点(如 B 点)，如图 2-11 所示。

step 03 绘制完成后的效果如图 2-12 所示。

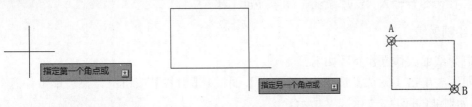

图 2-10　指定矩形的第一个角点　　图 2-11　指定矩形的另一个角点　　图 2-12　矩形

　在 AutoCAD 中绘制的矩形是一条封闭的多线段，使用【分解】命令，可将其分解为 4 条直线段。

命令行提示如下：

```
命令: _rectang                          //调用【矩形】命令
指定第一个角点或 [倒角(C)/标高(E)/圆角(F)/厚度(T)/宽度(W)]:
//单击 A 点作为第一个角点
指定另一个角点或 [面积(A)/尺寸(D)/旋转(R)]: //单击 B 点作为另一个角点
```

3. 选项说明

- 倒角(C)：设置矩形的倒角距离，用于绘制倒角矩形，如图 2-13 所示。
- 标高(E)：设置矩形的标高(Z 坐标)。
- 圆角(F)：设置矩形的圆角半径，用于绘制圆角矩形，如图 2-14 所示。

　绘制带圆角或倒角的矩形时，若矩形的长度和宽度过小，那么绘制出的矩形将不进行圆角或倒角。

图 2-13　倒角矩形　　　　　　　　图 2-14　圆角矩形

- 厚度(T)：设置矩形的厚度，如图 2-15 所示。
- 宽度(W)：设置矩形的宽度，如图 2-16 所示。

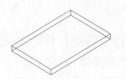

图 2-15 带厚度的矩形

图 2-16 带宽度的矩形

● 面积(A)：通过指定矩形的面积来绘制矩形。使用该方法，需要利用第一个角点、矩形面积、矩形长度(或矩形宽度)3 个要素进行绘制，效果如图 2-17 所示。其命令行提示如下：

```
命令：_rectang
指定第一个角点或 [倒角(C)/标高(E)/圆角(F)/厚度(T)/宽度(W)]:     //单击任意一点作为第一个角点
指定另一个角点或 [面积(A)/尺寸(D)/旋转(R)]: a                   //输入命令 a
输入以当前单位计算的矩形面积 <100.0000>: 70                     //输入矩形面积为 70
计算矩形标注时依据 [长度(L)/宽度(W)] <长度>:                     //按 Enter 键
输入矩形长度 <10.0000>: 10                                     //输入矩形长度为 10
```

● 尺寸(D)：通过指定矩形的长和宽来绘制矩形，使用该方法，需要利用第一个角点、矩形长度、矩形宽度及另一个角点的方向 4 个要素进行绘制，效果如图 2-18 所示。其命令行提示如下：

```
命令：_rectang
指定第一个角点或 [倒角(C)/标高(E)/圆角(F)/厚度(T)/宽度(W)]:      //单击任意一点作为第一个角点
指定另一个角点或 [面积(A)/尺寸(D)/旋转(R)]: d                    //输入命令 d
指定矩形的长度 <25.0000>: 15           //输入矩形长度为 15
指定矩形的宽度 <20.0000>: 10           //输入矩形宽度为 10
指定另一个角点或[面积(A)/尺寸(D)/旋转(R)]: //在第一个角点的任意方向单击，以此确定矩形的方向
```

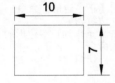

图 2-17 指定面积绘制矩形

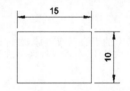

图 2-18 指定尺寸绘制矩形

● 旋转(R)：设置矩形的旋转角度。

2.1.5 绘制正多边形

正多边形是指每条边的长度相等，且所有相邻边所形成的夹角也相等的多边形。默认情况下绘制的正多边形的边数为 4。

1. 命令调用方法

● 单击【默认】选项卡 | 【绘图】面板 | 【多边形】按钮 ⬠。
● 选择【绘图】| 【多边形】菜单命令。
● 单击【绘图】工具栏中的【多边形】按钮 ⬡。
● 在命令行输入"polygon/pol"命令，并按 Enter 键。

2．绘制正多边形

AutoCAD 提供了 3 种方法绘制正多边形，分别是内接于圆法、外切于圆法和指定边长法。下面以使用外切于圆法绘制正六边形为例进行介绍，具体操作步骤如下。

`step 01` 单击【默认】选项卡 | 【绘图】面板 | 【多边形】按钮⬡，在命令行输入正多边形的边数为"6"，按 Enter 键确定，如图 2-19 所示。

`step 02` 在绘图区中单击任意一点(如 A 点)作为正多边形的中心点，如图 2-20 所示。

图 2-19　设置边数　　　　　　　　　图 2-20　指定正多边形的中心点

`step 03` 此时需输入选项，这里单击选择【外切于圆】选项，如图 2-21 所示。

`step 04` 在命令行输入圆的半径为"100"，按 Enter 键确定，如图 2-22 所示。

`step 05` 绘制完成后的效果如图 2-23 所示。

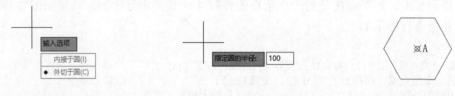

图 2-21　选择【外切于圆】选项　　　图 2-22　输入圆的半径　　　　图 2-23　正多边形

命令行提示如下：

```
命令：_polygon                              //调用【正多边形】命令
输入侧面数 <4>: 6                            //输入边数为 6
指定正多边形的中心点或 [边(E)]:              //单击 A 点作为正多边形的中心点
输入选项 [内接于圆(I)/外切于圆(C)] <I>: c    //输入命令 c，表示使用外切于圆法绘制
指定圆的半径:100                            //输入外切圆的半径为 100，按 Enter 键
```

3．选项说明

- 内接于圆(I)：该项为默认选项，表示绘制的正多边形的顶点位于虚构圆的弧上，多边形内接于圆，如图 2-24 所示。
- 外切于圆(C)：表示绘制的多边形的各边均与虚构圆相切，如图 2-25 所示。
- 边(E)：选择该项，需要指定多边形的边数、一条边的第一个端点和第二个端点 3 个要素，如图 2-26 所示。

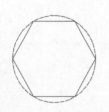 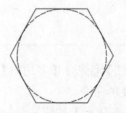 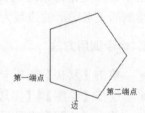

图 2-24　多边形内接于圆　　　图 2-25　多边形外切于圆　　　图 2-26　指定边来绘制多边形

2.1.6　绘制圆

圆是最为简单的封闭曲线，可以代表孔、轴和柱等对象。

1. 命令调用方法

- 单击【默认】选项卡 |【绘图】面板 |【圆】按钮 的下拉按钮，在下拉列表中选择相应选项，如图 2-27 所示。
- 选择【绘图】|【圆】子菜单中的命令，如图 2-28 所示。
- 单击【绘图】工具栏中的【圆】按钮 。
- 在命令行输入"circle/c"命令，并按 Enter 键。

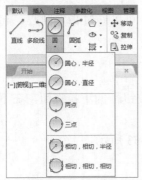

图 2-27　在【圆】下拉列表中选择相应选项　　　　图 2-28　在【圆】子菜单中选择命令

2. 绘制圆

由上可知，AutoCAD 共提供了 6 种绘制圆的方法。下面以指定圆心和半径法为例，介绍绘制圆的具体操作步骤。

step 01　选择【绘图】|【圆】|【圆心、半径】菜单命令，然后在窗口中单击任意一点(如 A 点)作为圆心，如图 2-29 所示。

step 02　在命令行输入圆的半径为"100"，按 Enter 键确定，如图 2-30 所示。

step 03　绘制完成后的效果如图 2-31 所示。

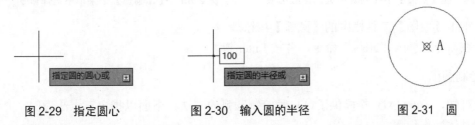

图 2-29　指定圆心　　　　图 2-30　输入圆的半径　　　　图 2-31　圆

命令行提示如下：

```
命令: _circle                                    //调用【圆】命令
指定圆的圆心或 [三点(3P)/两点(2P)/切点、切点、半径(T)]: //单击 A 点作为圆心
指定圆的半径或 [直径(D)] <20.0000>: 100          //输入半径为 100，按 Enter 键
```

使用其余方法绘制圆的操作步骤与上述类似，这里不再赘述。在绘制时只需按照命令行提示进行操作即可，说明如下。

- 圆心、半径：通过指定圆的中心位置和半径绘制圆。
- 圆心、直径：通过指定圆的中心位置和直径绘制圆。
- 两点：通过指定圆直径上的两个端点绘制圆。
- 三点：通过指定圆周上的任意三点绘制圆。
- 相切、相切、半径：通过指定与圆相切的两个对象以及圆的半径绘制圆。
- 相切、相切、相切：通过指定与圆相切的三个对象绘制圆。

2.1.7 绘制圆弧

圆上任意两点间的部分称为圆弧，它是圆的一部分。可以通过指定圆心、起点、端点、半径、角度、弦长等各种组合形式完成绘制。

1. 命令调用方法

- 单击【默认】选项卡|【绘图】面板|【圆弧】按钮的下拉按钮，在下拉列表中选择相应选项，如图 2-32 所示。
- 选择【绘图】|【圆弧】子菜单中的命令，如图 2-33 所示。

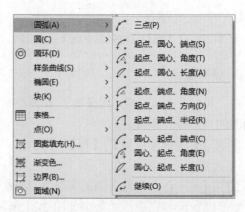

图 2-32　在【圆弧】下拉列表中选择相应选项　　图 2-33　在【圆弧】子菜单中选择命令

- 单击【绘图】工具栏中的【圆弧】按钮。
- 在命令行输入"arc/a"命令，并按 Enter 键。

2. 绘制圆弧

由上可知，AutoCAD 共提供了 11 种绘制圆弧的方法。下面以指定三点法为例，介绍绘制圆弧的具体操作步骤。

step 01 选择【绘图】|【圆弧】|【三点】菜单命令，然后在窗口中单击一点(如 A 点)作为圆弧的起点，如图 2-34 所示。

step 02 在窗口中单击另一点(如 B 点)作为圆弧的第二个点，如图 2-35 所示。

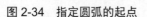

图 2-34 指定圆弧的起点　　　　　　　图 2-35 指定圆弧的第二个点

step 03 在窗口中单击第三点(如 C 点)作为圆弧的端点，如图 2-36 所示。

 提示　可直接在命令行中输入坐标值，用于指定构成圆弧的三个点。

step 04 绘制完成后的效果如图 2-37 所示。

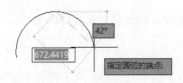

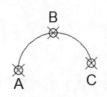

图 2-36 指定圆弧的第三个点　　　　　　图 2-37 圆弧

命令行提示与操作如下：

命令：_arc　　　　　　　　　　　　　　//调用【圆弧】命令
指定圆弧的起点或 [圆心(C)]：　　　　　　//单击 A 点作为圆弧的起点
指定圆弧的第二个点或 [圆心(C)/端点(E)]：　//单击 B 点作为圆弧的第二个点
指定圆弧的端点：　　　　　　　　　　　//单击 C 点作为圆弧的端点

使用其余方法绘制圆弧的操作步骤与上述类似，这里不再赘述。在绘制时只需按照命令行提示进行操作即可，说明如下。

(1) 三点：通过指定圆弧的起点、端点以及除此两点外的任意一点绘制圆弧。

(2) 起点、圆心、端点：通过指定圆弧的起点、圆心以及端点绘制圆弧，如图 2-38 所示。

(3) 起点、圆心、角度：通过指定圆弧的起点、圆心以及包含角逆时针绘制圆弧。注意，若输入负值角度，则顺时针绘制圆弧。

 提示　默认情况下，以逆时针方向绘制圆弧。按住 Ctrl 键不放，那么将以顺时针方向绘制圆弧。

(4) 起点、圆心、长度：通过指定圆弧的起点、圆心以及弦长绘制圆弧。

(5) 起点、端点、角度：通过指定圆弧的起点、端点以及包含角绘制圆弧。

(6) 起点、端点、方向：通过指定圆弧的起点、端点以及圆弧起点的切线方向绘制圆弧，如图 2-39 所示。

(7) 起点、端点、半径：通过指定圆弧的起点、端点以及半径绘制圆弧。

(8) 圆心、起点、端点：通过指定圆弧的圆心、起点以及端点绘制圆弧。

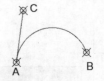

图 2-38　指定起点、圆心和端点绘制圆弧　　　　图 2-39　指定起点、端点和方向绘制圆弧

(9) 圆心、起点、角度：通过指定圆弧的圆心、起点以及圆心角绘制圆弧。

(10) 圆心、起点、长度：通过指定圆弧的圆心、起点以及弦长绘制圆弧。

(11) 继续：以上一次所绘对象的最后一点作为圆弧的起点，所绘制的圆弧与上一条直线、圆弧或多线段相切，只需指定圆弧的另一端点即可绘制圆弧。

2.1.8　绘制椭圆和椭圆弧

椭圆是指到两焦点的距离之和为定值的所有点的集合，椭圆弧是椭圆的一部分。

1. 命令调用方法

● 单击【默认】选项卡 | 【绘图】面板 | 【椭圆】按钮⬭右侧的下拉按钮，在下拉列表中选择相应选项，如图 2-40 所示。

● 选择【绘图】|【椭圆】子菜单中的命令，如图 2-41 所示。

● 单击【绘图】工具栏中的【椭圆】按钮⬭或【椭圆弧】按钮⤵。

● 在命令行输入"ellipse/els"命令，并按 Enter 键。

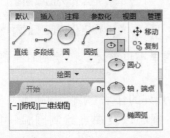

图 2-40　在【椭圆】下拉列表中选择相应选项　　　图 2-41　在【椭圆】子菜单中选择命令

2. 绘制椭圆

【椭圆】下拉列表中共提供 3 个选项，其中前两个选项对应两种绘制椭圆的方法。下面以指定圆心法为例进行介绍，具体操作步骤如下。

step 01　选择【绘图】|【椭圆】|【圆心】菜单命令，然后在窗口中单击一点(如 A 点)作为椭圆的中心点，如图 2-42 所示。

step 02　在窗口中单击另一点(如 B 点)作为轴的端点，如图 2-43 所示。

step 03　在命令行输入另一条半轴长度为"100"，按 Enter 键，如图 2-44 所示。

step 04　绘制完成后的效果如图 2-45 所示。

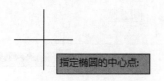

图 2-42　指定椭圆的中心点

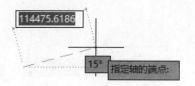

图 2-43　指定轴的端点

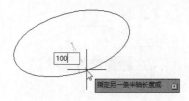

图 2-44　输入另一条半轴长度

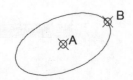

图 2-45　椭圆

命令行提示如下：

```
命令：_ellipse                                  //调用【椭圆】命令
指定椭圆的轴端点或 [圆弧(A)/中心点(C)]：_C
指定椭圆的中心点：                              //单击 A 点作为椭圆的中心点
指定轴的端点：                                  //单击 B 点作为轴的端点
指定另一条半轴长度或 [旋转(R)]：100            //输入半轴长度为 100，按 Enter 键
```

两种方法的说明如下。

- 圆心：通过指定椭圆的中心点、一条轴的端点和另一条轴的半轴长度绘制椭圆，如图 2-46 所示。
- 轴、端点：通过指定椭圆一条轴的两个端点和另一条轴的半轴长度绘制椭圆，如图 2-47 所示。

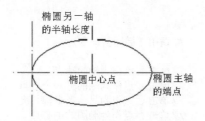

图 2-46　以指定圆心法来绘制椭圆

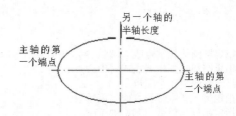

图 2-47　以指定轴、端点法来绘制椭圆

3. 绘制椭圆弧

绘制椭圆弧的具体操作步骤如下。

step 01　选择【绘图】|【椭圆】|【椭圆弧】菜单命令，然后在窗口中单击一点(如 A 点)作为椭圆弧的轴端点，如图 2-48 所示。

step 02　在窗口中单击一点(如 B 点)作为轴的另一个端点，如图 2-49 所示。

step 03　在窗口中单击一点(如 C 点)，从而将该点与轴中心点之间的距离作为另一条半轴的长度，如图 2-50 所示。

step 04　在窗口中单击一点(如 D 点)作为椭圆弧的起始点，如图 2-51 所示。

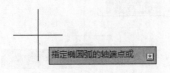

图 2-48　指定椭圆弧的轴端点

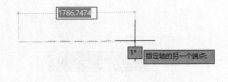

图 2-49　指定轴的另一个端点

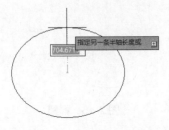

图 2-50　指定另一长半轴长度

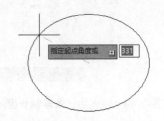

图 2-51　指定椭圆弧的起始点

step 05 在窗口中单击一点(如 E 点)作为椭圆弧的端点，如图 2-52 所示。

step 06 绘制完成后的效果如图 2-53 所示。

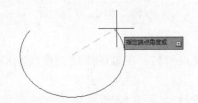

图 2-52　指定椭圆弧的端点

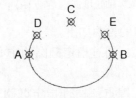

图 2-53　椭圆弧

命令行提示如下：

命令：_ellipse   //调用【椭圆】命令
指定椭圆的轴端点或 [圆弧(A)/中心点(C)]：_a
指定椭圆弧的轴端点或 [中心点(C)]：   //单击 A 点作为轴的端点
指定轴的另一个端点：   //单击 B 点作为轴的另一个端点
指定另一条半轴长度或 [旋转(R)]：   //单击 C 点作为另一条半轴长度
指定起点角度或 [参数(P)]：   //单击 D 点作为椭圆的中心点
指定端点角度或 [参数(P)/夹角(I)]：   //单击 E 点作为椭圆的中心点

2.2　其他图形的绘制

除了一些常见的基本图形外，AutoCAD 还提供了其他图形的绘制方法，包括点、多线、多线段、样条曲线等，这些图形通常用于绘制较为复杂或不规则的图形。

2.2.1　绘制点

点是组成图形最基本的元素，通常作为绘图的辅助点或参照点使用。AutoCAD 提供了多种绘制点的方法，包括绘制单点、多点、定数等分点、定距等分点 4 种。

1. 设置点样式

默认情况下，点对象没有长度和大小，显示为一个黑色小圆点，很难看清，因此在绘制点对象之前，需对点样式进行设置。调用【点样式】命令主要有以下几种方法。

- 展开【默认】选项卡 |【实用工具】面板，单击【点样式】按钮 📝 。
- 选择【格式】|【点样式】菜单命令。
- 在命令行输入"ddptype/ddp"命令，并按 Enter 键。

执行上述任一操作，均可打开【点样式】对话框，如图 2-54 所示。在其中选择所需的点样式，单击【确定】按钮即可，如图 2-55 所示。

> 【点样式】对话框中提供了两种定义点大小的方法。其中，【相对于屏幕设置大小】选项是指以屏幕尺寸的百分比设置点的大小，使用该方法在缩放图形时，点的大小不随其他对象的变化而变化；【按绝对单位设置大小】选项是指以指定的实际单位值来设置点的大小，使用该方法在缩放图形时，点的大小也会随之变化。

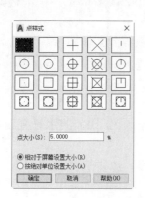

图 2-54　【点样式】对话框

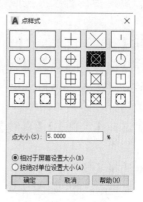

图 2-55　选择点样式

2. 绘制单点

调用【单点】命令有以下两种方法。

- 选择【绘图】|【点】|【单点】菜单命令。
- 在命令行输入"point/po"命令，并按 Enter 键。

调用【单点】命令后，在命令行输入点的坐标值，或者单击即可确认点的位置。图 2-56 所示的单点代表圆的中心点，在绘制时捕捉到中心点后单击即可。命令行提示如下：

```
命令: _point                        //调用【单点】命令
当前点模式: PDMODE=35  PDSIZE=0.0
指定点:                             //单击圆的中心点
```

3. 绘制多点

调用【多点】命令有以下三种方法。

- 展开【默认】选项卡|【绘图】面板，单击【多点】按钮 。
- 选择【绘图】|【点】|【多点】菜单命令。
- 单击【绘图】工具栏中的【点】按钮 。

绘制多点与单点所不同的是，在调用【多点】命令后，可连续绘制多个点，直到按 Esc 键结束命令，效果如图 2-57 所示。

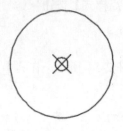

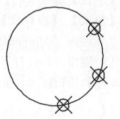

图 2-56　单点　　　　　　　　　　　　　　　图 2-57　多点

4. 绘制定数等分点

定数等分点是指在对象上按照指定的段数生成距离相等的多个点。调用【定数等分】命令有以下三种方法。

- 展开【默认】选项卡|【绘图】面板，单击【定数等分】按钮 。
- 选择【绘图】|【点】|【定数等分】菜单命令。
- 在命令行输入"divide/div"命令，并按 Enter 键。

绘制定数等分点的具体操作步骤如下。

step 01　选择【绘图】|【直线】菜单命令，绘制一条长为 100 的水平直线，如图 2-58 所示。

step 02　选择【绘图】|【点】|【定数等分】菜单命令，单击选择直线对象，然后输入线段数目为 4，按 Enter 键，如图 2-59 所示。

step 03　即可将直线平分为 4 段，并生成 3 个点以供标记，如图 2-60 所示。

图 2-58　绘制水平直线　　　　图 2-59　输入线段数目为 4　　　　图 2-60　定数等分点

　提示　　　等分点只是用于标记或参照使用，并非将直线分割成 4 段独立对象。

命令行提示如下：

```
命令: _line                          //调用【直线】命令
指定第一个点:                        //单击指定直线的第一个点
指定下一点或 [放弃(U)]: 100          //在水平方向上向右拖动鼠标，输入 100，按 Enter 键
命令: DIVIDE                         //调用【定数等分】命令
```

选择要定数等分的对象：	//单击选择直线对象
输入线段数目或 [块(B)]：4	//输入线段数目为 4，按 Enter 键

5. 绘制定距等分点

定距等分点是指在对象上按照指定的长度生成多个点。调用【定距等分】命令有以下三种方法。

- 展开【默认】选项卡 |【绘图】面板，单击【定距等分】按钮 。
- 选择【绘图】|【点】|【定距等分】菜单命令。
- 在命令行输入"measure/me"命令，并按 Enter 键。

绘制定距等分点的具体操作步骤如下。

step 01　选择【绘图】|【直线】菜单命令，绘制一条长为 100 的水平直线，如图 2-61 所示。

step 02　选择【绘图】|【点】|【定距等分】菜单命令，单击选择直线对象，然后输入线段长度为 30，按 Enter 键，如图 2-62 所示。

step 03　即可在直线上生成 3 个点，其中左侧 3 段直线长度均为 30，如图 2-63 所示。

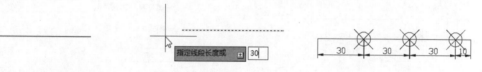

图 2-61　绘制水平直线	图 2-62　输入线段长度为 30	图 2-63　定距等分点

命令行提示如下：

命令：_line	//调用【直线】命令
指定第一个点：	//单击指定直线的第一个点
指定下一点或 [放弃(U)]：100	//在水平方向上向右拖动鼠标，输入 100，按 Enter 键
命令：_measure	//调用【定距等分】命令
选择要定距等分的对象：	//单击选择直线对象
指定线段长度或 [块(B)]：30	//输入线段长度为 30，按 Enter 键

2.2.2　绘制多线

多线是一种由多条平行线组合而成的对象，并且平行线的数量及间距可自定义设置，常用于绘制建筑图中的墙体、电子线路图等。

1. 命令调用方法

- 选择【绘图】|【多线】菜单命令。
- 在命令行输入"mline/ml"命令，并按 Enter 键。

2. 新建多线样式

默认情况下，多线由两条平行线组成，并且间距已固定，若需绘制其他类型的多线，在绘制前需新建多线样式。该操作需要在【多线样式】对话框中完成，打开此对话框主要有以下两种方法。

- 选择【格式】|【多线样式】菜单命令。
- 在命令行输入"mlstyle"命令，并按 Enter 键。

执行上述任一操作，均可打开【多线样式】对话框，在其中可完成新建多线样式的操作，具体操作步骤如下。

step 01 选择【格式】|【多线样式】菜单命令，打开【多线样式】对话框，在【样式】列表框中可查看当前已有的多线样式，若需新建样式，单击【新建】按钮，如图 2-64 所示。

step 02 打开【创建新的多线样式】对话框，在【新样式名】文本框中输入样式名称"样式 1"，单击【继续】按钮，如图 2-65 所示。

图 2-64　【多线样式】对话框　　　　图 2-65　【创建新的多线样式】对话框

step 03 打开【新建多线样式:样式 1】对话框，在【封口】区域中选中【直线】右侧的【起点】和【端点】复选框，在【图元】区域中单击【添加】按钮，然后将【偏移】设置为 0，并单击【线型】按钮，如图 2-66 所示。

【封口】区域用于设置多线段两端封口的样式；【填充】区域用于设置多线段中的填充颜色；【图元】区域用于设置多线段中平行线的数目、间距、颜色、线型。

step 04 打开【选择线型】对话框，默认有三种线型，这里单击【加载】按钮，如图 2-67 所示。

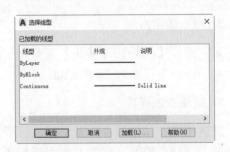

图 2-66　【新建多线样式:样式 1】对话框　　　图 2-67　【选择线型】对话框

step 05 打开【加载或重载线型】对话框，在【可用线型】列表框中选择线型，单击【确定】按钮，如图 2-68 所示。

step 06 连续单击两次【确定】按钮，返回至【多线样式】对话框，选择"样式 1"，单击【置为当前】按钮，将其设置为当前使用的样式，然后单击【确定】按钮，关闭对话框，如图 2-69 所示。

图 2-68 【加载或重载线型】对话框

图 2-69 【多线样式】对话框

3. 绘制多线

绘制多线时只需指定多线的起点和下一点即可，其方法与绘制直线完全一致。下面使用上一步骤新建的多线样式来绘制多线，具体操作步骤如下。

step 01 选择【绘图】|【多线】菜单命令，单击任意一点(如 A 点)作为多线的起点，如图 2-70 所示。

step 02 拖动鼠标并单击一点(如 B 点)作为多线的下一点，如图 2-71 所示。

step 03 按 Esc 键结束命令，完成绘制，如图 2-72 所示。

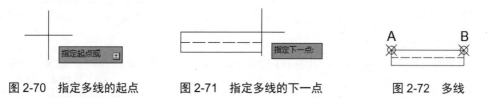

图 2-70 指定多线的起点　　图 2-71 指定多线的下一点　　图 2-72 多线

命令行提示如下：

```
命令： MLINE                                    //调用【多线】命令
当前设置：对正 = 上，比例 = 20.00，样式 = 样式1
指定起点或 [对正(J)/比例(S)/样式(ST)]：         //单击A点作为起点
指定下一点：                                    //单击B点作为下一点
指定下一点或 [放弃(U)]：*取消*                   //按Esc键结束命令
```

4. 选项说明

- 对正(J)：设置绘制多线的基准，分为上、下、无三种。上是指以多线上端的线作为基准，以此类推。
- 比例(S)：设置多线中各平行线的间距比例。

- 样式(ST)：设置当前使用的多线样式。

2.2.3 绘制多线段

多线段是一种复合图形，可以由相连的若干条直线、弧线或两者组合而成。在绘制时可在直线和弧线间自由转换。

1. 命令调用方法

- 单击【默认】选项卡 |【绘图】面板 |【多线段】按钮。
- 选择【绘图】|【多线段】菜单命令。
- 单击【绘图】工具栏中的【多线段】按钮。
- 在命令行输入"pline/pl"命令，并按 Enter 键。

2. 绘制多线段

在绘制多线段时可为不同的线段设置不同的宽度，还可为同一线段设置渐变线宽，具体的操作步骤如下。

step 01 单击底部状态栏中的【正交】按钮，打开正交模式。

step 02 单击【默认】选项卡 |【绘图】面板 |【多线段】按钮，然后单击 A 点作为起点，绘制长为 10、渐变线宽为 20 的箭头，效果如图 2-73 所示。命令行提示如下：

```
命令: _pline                                        //调用【多线段】命令
指定起点:                                           //单击 A 点作为起点
当前线宽为 0.0
指定下一个点或 [圆弧(A)/半宽(H)/长度(L)/放弃(U)/宽度(W)]: w    //输入命令 w
指定起点宽度 <0.0>:                                 //按 Enter 键
指定端点宽度 <0.0>: 20                              //输入端点宽度为 20
指定下一个点或 [圆弧(A)/半宽(H)/长度(L)/放弃(U)/宽度(W)]:10    //向下拖动鼠标，输入长度为
                                                         10，按 Enter 键
```

step 03 重新设置宽度为 0，绘制长度为 20 的垂直直线，效果如图 2-74 所示。命令行提示如下：

```
指定下一点或 [圆弧(A)/闭合(C)/半宽(H)/长度(L)/放弃(U)/宽度(W)]: w    //输入命令 w
指定起点宽度 <20.0>: 0                                       //输入起点宽度为 0
指定端点宽度 <0.0>:                                         //按 Enter 键
指定下一点或 [圆弧(A)/闭合(C)/半宽(H)/长度(L)/放弃(U)/宽度(W)]:20    //向下拖动鼠标，输入长度
                                                               为 20，按 Enter 键
```

step 04 重新设置渐变线宽为 5，绘制直径为 10 的圆弧，然后按 Esc 键结束命令，效果如图 2-75 所示。命令行提示如下：

```
指定下一点或 [圆弧(A)/闭合(C)/半宽(H)/长度(L)/放弃(U)/宽度(W)]: a
//输入命令 a
指定圆弧的端点(按住 Ctrl 键以切换方向)或
[角度(A)/圆心(CE)/闭合(CL)/方向(D)/半宽(H)/直线(L)/半径(R)/第二个点(S)/放弃(U)/宽度(W)]: w
//输入命令 w
指定起点宽度 <0.0>:                                 //按 Enter 键
指定端点宽度 <0.0>: 5                               //输入端点宽度为 5
指定圆弧的端点(按住 Ctrl 键以切换方向)或
```

[角度(A)/圆心(CE)/闭合(CL)/方向(D)/半宽(H)/直线(L)/半径(R)/第二个点(S)/放弃(U)/宽度(W)]:10
//向右拖动鼠标，输入 10，按 Enter 键

图 2-73　绘制箭头

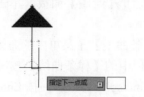

图 2-74　绘制垂直直线

图 2-75　绘制圆弧

3. 选项说明

- 圆弧(A)：绘制圆弧。
- 半宽(H)：设置线段一半的宽度。若设置为 10，那么线段实际宽度为 20。
- 长度(L)：设置线段的长度。
- 放弃(U)：删除上一次绘制的线段，同时仍处于绘制状态，可重新绘制。
- 宽度(W)：设置线段的全部宽度。注意，若设置的起点和端点宽度不一致，则可绘制渐变线宽的线段。
- 闭合(C)：将第一条线段的起点作为最后一条线段的终点，从而形成闭合图形，同时会结束多线段命令。

在输入命令 a 后，命令行提示如下：

指定圆弧的端点(按住 Ctrl 键以切换方向)或
[角度(A)/圆心(CE)/闭合(CL)/方向(D)/半宽(H)/直线(L)/半径(R)/第二个点(S)/放弃(U)/宽度(W)]:

该命令行中出现的相关选项均用于绘制圆弧，这里不再赘述。注意，若此时输入命令 l，可转换为直线段提示。

2.2.4　绘制样条曲线

样条曲线是通过一系列给定点生成的光滑曲线，通常用于创建机械图形中的断面及建筑图中的地形地貌等。样条曲线有两种绘制模式：拟合点样条曲线和控制点样条曲线。

- 拟合点样条曲线：通过指定拟合点来生成样条曲线，其中拟合点与曲线重合，图 2-76 所示为指定 A、B、C、D 四个拟合点所生成的样条曲线。
- 控制点样条曲线：通过控制点来生成样条曲线，与拟合点相比，生成的样条曲线更为平滑，如图 2-77 所示。

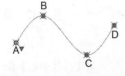

图 2-76　拟合点样条曲线

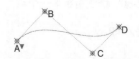

图 2-77　控制点样条曲线

1. 命令调用方法

- 展开【默认】选项卡 |【绘图】面板，单击【样条曲线拟合】按钮 或【样条曲线控制点】按钮 。
- 选择【绘图】|【样条曲线】子菜单中的命令。
- 单击【绘图】工具栏中的【样条曲线】按钮 。
- 在命令行输入"spline/spl"命令，并按 Enter 键。

 提示 　　　使用后两种方法时，默认是使用拟合点来绘制样条曲线，若需使用控制点，在命令行中设置选项 M(方式)即可。

2. 绘制样条曲线

使用拟合点和控制点绘制样条曲线的方法是相同的。下面以使用拟合点绘制为例进行介绍，具体操作步骤如下。

step 01 选择【绘图】|【样条曲线】|【拟合点】菜单命令，然后单击任意一点(如 A 点)作为第一点，如图 2-78 所示。

step 02 拖动鼠标并单击一点(如 B 点)作为下一个点，如图 2-79 所示。

图 2-78　指定第一点

图 2-79　指定下一个点

step 03 继续拖动鼠标并单击一点(如 C 点)作为下一个点，如图 2-80 所示。

step 04 继续单击指定下一个点，绘制完成后，按 Enter 键确认，效果如图 2-81 所示。单击选中该样条曲线，可显示出拟合点，如图 2-82 所示。

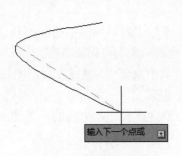

图 2-80　继续指定下一个点

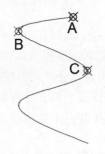

图 2-81　绘制的样条曲线

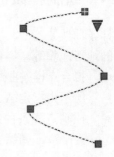

图 2-82　显示出拟合点

命令行提示如下：

```
命令: _SPLINE                                        //调用【样条曲线】命令
当前设置：方式=拟合    节点=弦
指定第一个点或 [方式(M)/节点(K)/对象(O)]:           //单击 A 点作为第一个点
输入下一个点或 [起点切向(T)/公差(L)]:               //单击 B 点作为第一个点
输入下一个点或 [端点相切(T)/公差(L)/放弃(U)]:        //单击 C 点作为第一个点
输入下一个点或 [端点相切(T)/公差(L)/放弃(U)/闭合(C)]:
```

输入下一个点或 [端点相切(T)/公差(L)/放弃(U)/闭合(C)]:
输入下一个点或 [端点相切(T)/公差(L)/放弃(U)/闭合(C)]:

3. 选项说明

- 方式(M)：设置是使用拟合点还是控制点来绘制样条曲线，默认是前者。
- 对象(O)：将样条曲线的拟合多线段转换为等价的样条曲线。
- 起点切向(T)：定义样条曲线的第一点和最后一点的切线方向。
- 公差(L)：定义样条曲线与拟合点(或控制点)的接近程度。值越小，样条曲线与拟合点越接近。

2.2.5　创建面域

面域是使用闭合的形状或环创建的二维闭合区域，是进行 CAD 三维制图的基础，通过对面域进行拉伸、旋转等操作，可以绘制三维图形，这是面域最为重要的作用。此外，对于不规则图形，将其转换为面域后，用户可方便地查询其面积、周长、质心等信息。

创建面域共有两种方法，一种是使用 region 命令，另一种则是使用 boundary 命令，下面分别介绍。

1. 通过 region 命令创建面域

调用 region 命令共有以下几种方法。

- 展开【默认】选项卡|【绘图】面板，单击【面域】按钮回。
- 选择【绘图】|【面域】菜单命令。
- 单击【绘图】工具栏中的【面域】按钮回。
- 在命令行输入"region/reg"命令，并按 Enter 键。

调用 region 命令后，选择要转换为面域的多个对象即可。注意，闭合多线段、闭合的多条直线、圆弧、圆和样条曲线均是有效的选择对象，具体操作步骤如下。

step 01　打开"素材\Ch02\面域.dwg"文件，该图形由若干单独的圆弧和直线所组成，如图 2-83 所示。

step 02　选择【绘图】|【面域】菜单命令，选择所有的图形，按 Enter 键，如图 2-84 所示。

step 03　即可将所选图形转换为面域，效果如图 2-85 所示。

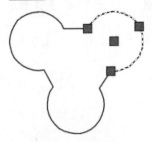
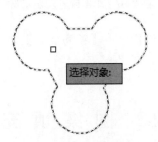
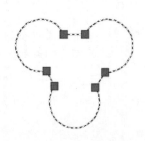

图 2-83　素材文件　　　　　图 2-84　选择所有的图形　　　　　图 2-85　创建面域

提示　　选择图形后，系统会根据边界自动创建面域。若所选图形包含多个封闭边界，即可自动创建多个面域。

命令行提示如下：

命令：_region　　　　　　　　　　　　　　　　//调用【面域】命令
窗口(W) 套索　按空格键可循环浏览选项找到 6 个　//选择要转换为面域的图形
选择对象：　　　　　　　　　　　　　　　　　　//按 Enter 键
已提取 1 个环。
已创建 1 个面域。

2. 通过 boundary 命令创建面域

调用 boundary 命令共有以下几种方法。

- 单击【默认】选项卡|【绘图】面板|【边界】按钮。
- 选择【绘图】|【边界】菜单命令。
- 在命令行输入"boundary"命令，并按 Enter 键。

调用 boundary 命令，可以基于多个对象组合而成的封闭图形创建多线段或面域。注意，创建完成后，将保留源对象，具体操作步骤如下。

step 01　打开"素材\Ch02\面域.dwg"文件，选择【绘图】|【边界】菜单命令，打开【边界创建】对话框，将【对象类型】设置为【面域】，然后单击【拾取点】按钮，如图 2-86 所示。

step 02　单击封闭区域内部任意一点，按 Enter 键，如图 2-87 所示。

step 03　系统会根据点的位置自动判断该点周围构成封闭区域的现有对象，从而确定面域的边界，并以此创建面域，效果如图 2-88 所示。

　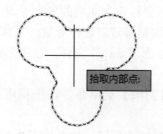　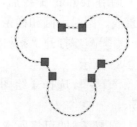

图 2-86　【边界创建】对话框　　图 2-87　单击封闭区域内部任意一点　　图 2-88　创建面域

提示　　在【边界创建】对话框中，【孤岛检测】复选框用于设置创建面域或边界时是否检测内部闭合边界(即孤岛)。

2.3　图　案　填　充

在 AutoCAD 中，图案填充应用较为广泛。例如，在机械制图中使用图案填充表示剖面图或剖视图，在建筑制图中使用图案填充表示地板砖、草坪等。

2.3.1　使用图案填充

在填充图案时，所指定的填充边界需要是封闭的区域。此外，填充的图案是一个独立的图形对象，而所有的图案线都是关联的。

1. 命令调用方法

- 单击【默认】选项卡 |【绘图】面板 |【图案填充】按钮回。
- 选择【绘图】|【图案填充】菜单命令。
- 单击【绘图】工具栏中的【图案填充】按钮回。
- 在命令行输入"hatch/h"命令，并按 Enter 键。

2. 使用图案填充

调用【图案填充】命令后，功能区中将增加【图案填充创建】选项卡，在该选项卡中需要设置填充类型、填充比例以及填充区域等内容，具体操作步骤如下。

step 01 打开"素材\Ch02\图案填充.dwg"文件，如图 2-89 所示。

step 02 单击【默认】选项卡 |【绘图】面板 |【图案填充】按钮回，然后单击【图案填充创建】选项卡 |【图案】面板中的下拉按钮，在弹出的下拉列表中选择图案类型，如选择 ANSI37，如图 2-90 所示。

step 03 单击内部正方形中任意一点，即可使用所选图案填充该区域，效果如图 2-91 所示。

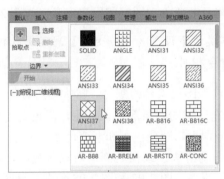
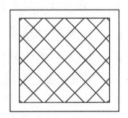

图 2-89　素材文件　　　　　图 2-90　选择图案类型　　　　　图 2-91　填充图案

对于图案填充的相关设置，均需要在【图案填充创建】选项卡中完成，如图 2-92 所示。其主要选项说明如下。

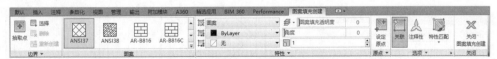

图 2-92　【图案填充创建】选项卡

- 边界：该面板用于定义图案填充的边界。【拾取点】选项表示在填充区域内单击，系统将自动搜索其四周的边界，该项为默认选项；【选择】选项表示在绘图区中自行选择填充区域的边界；【删除】选项表示删除之前所选的边界，只有在创建了填充边界时该项才可用。

- 图案：单击该面板右侧的下拉按钮 ⬇，在弹出的下拉列表中会列出所有的图案和渐变类型，选择其中一种类型，即可使用该图案填充图形。
- 原点：设置生成填充图案的起始位置。展开该面板，下方提供了多种预设选项，如图 2-93 所示。图 2-94 和图 2-95 分别是将原点设置为【左下】🔲和【右下】🔲的效果。此外，若单击【设定原点】按钮，可自定义原点位置。
- 关闭：单击该面板中的【关闭图案填充创建】按钮，或者按 Esc 键，可退出图案填充。

 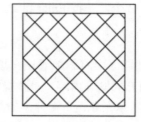 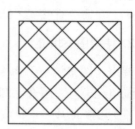

图 2-93　预设选项　　　　图 2-94　将原点设置为【左下】　　图 2-95　将原点设置为【右下】

对于【特性】和【选项】面板，由于其选项众多，下面分别介绍。

1)　【特性】面板

- 图案填充类型 ▥：单击该按钮，在弹出的下拉列表中可以看到，系统共提供了 4 种图案填充类型：实体、渐变色、图案和用户定义，如图 2-96 所示。

 将【图案填充类型】设置为【渐变色】，可使用渐变色填充图形，其效果与调用【渐变色】命令相同。

- 图案填充颜色 ▥：设置图案填充的颜色，默认是当前图层的颜色。
- 背景色 ▥：设置填充区域的背景颜色。注意，当设置为渐变色填充时，该项和【图案填充颜色】选项分别表示渐变色 1 和渐变色 2。
- 图案填充透明度：拖动滑块，或在右侧框内输入数值，可设置图案透明度。透明度越高，填充效果越不明显。图 2-97 和图 2-98 分别是透明度为 20 和 70 的效果。
- 角度：设置填充图案的角度(相对当前 UCS 坐标系的 X 轴)。
- 填充图案比例 ▥：设置填充图案的缩放比例。图 2-99 和图 2-100 分别是比例为 0.5 和 2 的效果。

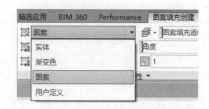 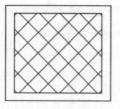 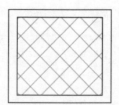

图 2-96　4 种图案填充类型　　　图 2-97　透明度为 20　　　图 2-98　透明度为 70

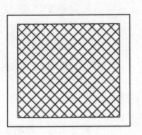

图 2-99　比例为 0.5

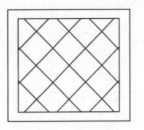

图 2-100　比例为 2

2)　【选项】面板

展开【选项】面板，在其中提供有更多的选项以供设置，如图 2-101 所示。单击其右下角的【图案填充设置】按钮，将打开【图案填充和渐变色】对话框，包括【图案填充】和【渐变色】两个选项卡，分别用于设置图案填充和渐变色填充，其各选项的含义与【图案填充创建】选项卡基本相同，这里不再赘述，如图 2-102 所示。

图 2-101　更多的选项

图 2-102　【图案填充和渐变色】对话框

- 关联：设置填充图案与边界是否关联，关联的填充图案会随边界的变化而自动改变。
- 创建独立的图案填充：用于控制当为多个单独的闭合边界创建图案填充时，是为每个闭合边界创建独立的图案填充，还是为所有闭合边界创建一个整体的图案填充。
- 孤岛检测：用于控制是否检测孤岛，孤岛是指在闭合区域内的嵌套区域。【普通孤岛检测】表示从外层边界向内填充，直到遇到孤岛中的另一个嵌套孤岛，其规则是交替填充，效果如图 2-103 所示；【外部孤岛检测】表示只填充最外层边界，效果如图 2-104 所示；【忽略孤岛检测】表示忽略所有孤岛，效果如图 2-105 所示。

提示　　孤岛检测功能仅适用于以"拾取点"方法来指定的填充边界，若使用"选择"方法指定填充边界时，将不检测孤岛，而填充所有区域。

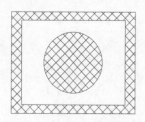

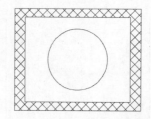
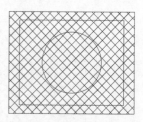

图 2-103 普通孤岛检测   图 2-104 外部孤岛检测   图 2-105 忽略孤岛检测

- 绘图次序：为图案填充指定绘图次序，包括图案填充置于所有对象之后、所有对象之前、边界之后和边界之前等类型。

2.3.2 使用渐变色填充

在 AutoCAD 中，除了使用图案填充图形外，用户还可使用渐变色来填充图形，其操作与使用图案填充类似。

1. 命令调用方法

- 单击【默认】选项卡|【绘图】面板|【渐变色】按钮。
- 选择【绘图】|【渐变色】菜单命令。
- 单击【绘图】工具栏中的【渐变色】按钮。
- 在命令行输入"gradient/gd"命令，并按 Enter 键。

2. 使用渐变色填充

调用【渐变色】命令后，功能区中同样会增加【图案填充创建】选项卡，在该选项卡中可设置渐变填充、透明度、角度等相关参数，具体操作步骤如下。

step 01 打开"素材\Ch02\渐变色填充.dwg"文件，如图 2-106 所示。

step 02 单击【默认】选项卡|【绘图】面板|【渐变色】按钮，然后单击【图案填充创建】选项卡|【特性】面板|【渐变色 1】按钮，在弹出的下拉列表中选择所需的渐变色，如图 2-107 所示。

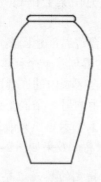

图 2-106 素材文件

图 2-107 选择所需的渐变色

step 03 继续单击【特性】面板|【渐变色 2】按钮，在弹出的下拉列表中选择第二种渐变色，如图 2-108 所示。

step 04 在【特性】面板 |【角度】文本框内输入渐变角度为"100"，如图 2-109 所示。

图 2-108 选择第二种渐变色

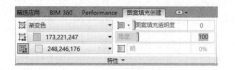

图 2-109 输入渐变角度

step 05 单击【图案】面板中的下拉按钮，在弹出的下拉列表中选择渐变类型，如图 2-110 所示。

step 06 设置完成后，单击花瓶内部任意一点，即可使用渐变色填充该区域，效果如图 2-111 所示。

提示

单击【图案填充创建】选项卡 |【选项】面板右下角的【图案填充设置】按钮，将打开【图案填充和渐变色】对话框，在其中同样可设置渐变色的相关参数，如图 2-112 所示。

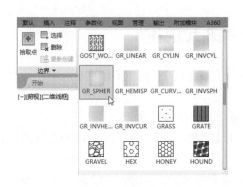

图 2-110 选择渐变类型

图 2-111 使用渐变色填充区域

图 2-112 【图案填充和渐变色】对话框

2.3.3 编辑图案

无论是图案填充还是渐变色填充，其填充部分都属于一个独立的图形对象，选中该对象，功能区中会增加【图案填充编辑器】选项卡，在其中可对图案和渐变色进行编辑操作，如图 2-113 所示。由于【图案填充编辑器】选项卡与【图案填充创建】选项卡中各选项含义相同，这里不再赘述，详情请参考 2.3.1 节。

图 2-113 　【图案填充编辑器】选项卡

此外，展开【默认】选项卡|【修改】面板，单击【编辑图案填充】按钮，或者选择【修改】|【对象】|【图案填充】菜单命令，均可打开【图案填充编辑】对话框，在其中同样可编辑图案与渐变色，如图 2-114 所示。

图 2-114 　【图案填充编辑】对话框

2.4　综合实战——绘制五角星

本例将利用【圆】、【点样式】、【定数等分】、【多线段】等命令绘制五角星，具体操作步骤如下。

step 01 调用【圆】命令，绘制一个半径为 10 的圆，如图 2-115 所示。

step 02 选择【格式】|【点样式】菜单命令，打开【点样式】对话框，在其中选择点样式，单击【确定】按钮，如图 2-116 所示。

step 03 调用【定数等分】命令，在圆上创建 5 个定数等分点，如图 2-117 所示。命令行提示如下：

```
命令: _divide                    //调用【定数等分】命令
选择要定数等分的对象:             //选择圆
输入线段数目或 [块(B)]: 5        //输入线段数目为 5
```

step 04 调用【多线段】命令，连接 5 个定数等分点，如图 2-118 所示。

step 05 选中圆和 5 个定数等分点，按 Delete 键将其删除，即可完成五角星的绘制，效果如图 2-119 所示。

图 2-115　绘制圆

图 2-116　【点样式】对话框

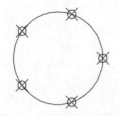

图 2-117　创建 5 个定数等分点

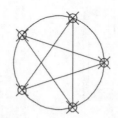

图 2-118　连接 5 个定数等分点

图 2-119　五角星

2.5　综合实战——填充室内地面布置图

室内地面布置图是表示室内地面铺设材料和样式的图形，本例将利用【图案填充】命令填充室内地面布置图，具体操作步骤如下。

step 01　打开"素材\Ch02\室内地面布置图.dwg"文件，如图 2-120 所示。

step 02　调用【填充图案】命令，在命令行中输入"t(设置)"命令，打开【图案填充和渐变色】对话框，在【图案填充】选项卡下的【图案】下拉列表框中选择图案，将【比例】设置为 1000，然后单击【添加:拾取点】按钮，如图 2-121 所示。

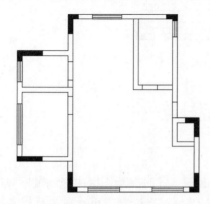

图 2-120　素材文件

图 2-121　【图案填充和渐变色】对话框

step 03　在图形中单击要填充区域的任意一点，即完成室内地面图案的填充，如图 2-122

所示。

step 04 再次调用【填充图案】命令，打开【图案填充和渐变色】对话框，在【图案填充】选项卡下的【图案】下拉列表框中选择图案，将【比例】设置为 2000，然后单击【添加：拾取点】按钮，如图 2-123 所示。

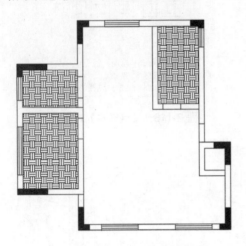

图 2-122　填充地面　　　　　　　图 2-123　【图案填充和渐变色】对话框

step 05 在图形中单击其他要填充的区域，即可使用所选图案填充该区域，如图 2-124 所示。

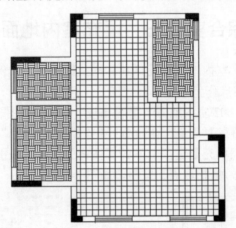

图 2-124　填充其他区域

2.6　高　手　甜　点

甜点 1：如何实现徒手绘图？

答：在命令行中输入"sketch"命令，并按 Enter 键，此时在绘图区中拖动鼠标即可绘制图形，从而实现徒手绘图。绘制完成后，单击鼠标左键可退出绘制，再次单击鼠标左键可再次绘制，若按 Enter 键，可结束命令。

甜点 2：怎样加载填充图案？

答： 在相关网站中下载填充图案文件(通常为.pat 格式)后，将其复制到 AutoCAD 2018 安装目录的"Support"文件夹中，重新启动该软件，执行【图案填充】命令时即可添加已加载的填充图案。

第3章 编辑二维图形

绘制图形时，单纯地使用绘图命令或绘图工具只能绘制一些基本的图形对象。为了绘制复杂图形，很多情况下必须借助于图形编辑命令，而且需要对图形进行多次编辑操作后，才能达到理想的效果。因此，AutoCAD 为用户提供了强大的图形编辑功能，包括复制、移动、旋转、缩放、复制、删除等操作，不仅可以保证绘图的准确性，而且减少了重复的绘图操作，极大地提高了绘图效率。

本章学习目标(已掌握的在方框中打钩)

- □ 掌握选择图形的方法。
- □ 掌握复制图形的方法。
- □ 掌握改变图形大小和位置的方法。
- □ 掌握修整图形的方法。
- □ 掌握编辑多线、多线段及样条曲线的方法。
- □ 掌握夹点编辑的方法。

重点案例效果

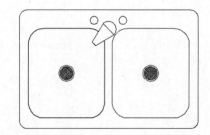

3.1 选 择 图 形

选择对象是编辑对象的前提条件，被选择的对象的组合称为选择集。AutoCAD 提供了多种选择对象的方法，常用的有点选、框选、围选、快速选择等。

 用户既可以先选择要编辑的对象，然后执行编辑命令，也可先执行编辑命令，然后选择要编辑的对象，两种模式的执行效果是相同的。

3.1.1 点选

点选也称为单击选择，是最为简单和快捷的一种方法。将光标移动到某个对象上，单击即可选择该对象，被选择的对象显示为虚线，如图 3-1 所示。

此外，在无命令状态下，对象被选择后不仅显示为虚线，还会显示其夹点，如图 3-2 所示。若要选择多个对象，只需单击各个对象即可，如图 3-3 所示。

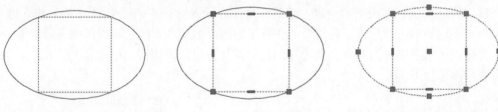

图 3-1　被选择的对象显示为虚线　　　图 3-2　显示出夹点　　　图 3-3　选择多个对象

3.1.2　框选

选择多个对象时，使用框选这一方法会更为便捷。框选分为两种类型：窗口和窗交。

1. 窗口

窗口选择是指在图形的左侧单击，然后向右拖动鼠标，形成一个由套索包围的蓝色区域，如图 3-4 所示。释放鼠标后，被套索窗口全部包围的对象就会被选择，效果如图 3-5 所示。

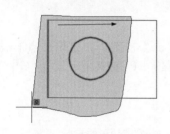 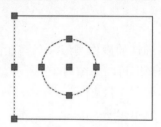

图 3-4　拖动鼠标形成蓝色区域　　　　　图 3-5　区域内的对象被选中

2. 窗交

窗交选择是指在图形的右侧单击，然后向左拖动鼠标，形成一个由套索包围的绿色区域，如图 3-6 所示。与窗口选择所不同的是，释放鼠标后，与套索窗口相交的对象也会被选择，如图 3-7 所示。

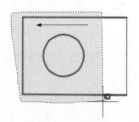 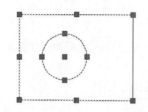

图 3-6　拖动鼠标形成绿色区域　　　　　图 3-7　与窗口相交的对象被选中

3.1.3　围选

围选是指通过不规则窗口来选择对象，该方式同样分为两种类型：圈围和圈交。

1. 圈围

在窗口的任意位置单击指定一点，然后在命令行输入命令"wp"，按 Enter 键，即可在窗口中指定不同的单击点形成蓝色背景的任意多边形，如图 3-8 所示。操作完成后按 Enter 键确认，此时在多边形内部的对象会被选择，其效果与窗口选择相同，如图 3-9 所示。

命令行提示如下：

命令:	//指定多边形的起点
指定对角点或 [栏选(F)/圈围(WP)/圈交(CP)]: wp	//输入命令 wp
指定直线的端点或 [放弃(U)]:	//指定多边形的其他端点
指定直线的端点或 [放弃(U)]:	//按 Enter 键

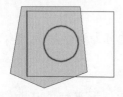 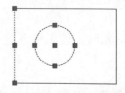

图 3-8　形成蓝色背景的任意多边形　　　　图 3-9　多边形内部的对象被选中

2. 圈交

圈交与圈选的操作类似，只需在命令行输入命令"cp"，然后指定单击点形成绿色背景的任意多边形即可，如图 3-10 所示。其效果与窗交选择相同，即所有与多边形相交的对象都会被选择，如图 3-11 所示。

命令行提示如下：

命令:	//指定多边形的起点
指定对角点或 [栏选(F)/圈围(WP)/圈交(CP)]: cp	//输入命令 cp
指定直线的端点或 [放弃(U)]:	//指定多边形的其他端点
指定直线的端点或 [放弃(U)]:	//按 Enter 键

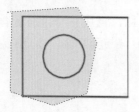 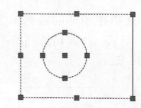

图 3-10　形成绿色背景的任意多边形　　　　图 3-11　所有与多边形相交的对象被选中

3.1.4　快速选择

快速选择是指根据对象的颜色、图层或线型等特性快速选择具有某些共同特性的对象。该操作需要在【快速选择】对话框中完成，打开此对话框主要有以下几种方法。

- 单击【默认】选项卡|【实用工具】面板|【快速选择】按钮 。
- 选择【工具】|【快速选择】菜单命令。
- 在命令行输入"qselect"命令，并按 Enter 键。

下面利用快速选择功能来选择某一指定图层上的所有对象，具体操作步骤如下。

step 01 打开"素材\Ch03\快速选择.dwg"文件，如图 3-12 所示。

step 02 选择【工具】|【快速选择】命令，打开【快速选择】对话框，在【特性】列表框中选择【图层】选项，在【值】下拉列表框中选择 chair 这一图层，然后单击【确定】按钮，如图 3-13 所示。

step 03 即可选择 chair 图层上的所有对象，如图 3-14 所示。

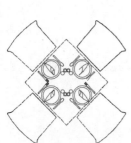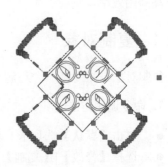

图 3-12　素材文件　　　图 3-13　【快速选择】对话框　　　图 3-14　选择 chair 图层上的对象

【快速选择】对话框中的主要选项说明如下。

- 应用到：设置是在整个图形还是某个选择集中进行选择。单击右侧的【选择对象】按钮，可自定义选择的范围。
- 对象类型：设置所选对象的类型，包括点、直线、多线段、圆弧等类型。
- 特性：设置所选对象的特性。
- 如何应用：设置是选择所有符合条件的对象，还是不符合条件的对象，默认为前者。

3.1.5　其他方式

在命令行输入"select"命令，然后输入"?"，可查看 AutoCAD 提供的多种选择方式。命令行提示如下：

```
命令：SELECT
选择对象：?
需要点或窗口(W)/上一个(L)/窗交(C)/框(BOX)/全部(ALL)/栏选(F)/圈围(WP)/圈交(CP)/编组
(G)/添加(A)/删除(R)/多个(M)/前一个(P)/放弃(U)/自动(AU)/单个(SI)/子对象(SU)/对象(O)
```

命令行中的主要选项说明如下。

- 上一个：选择最近一次创建的对象。
- 全部：选择没有被锁定、关闭或冻结的图层上的所有对象。此外，按 Ctrl+A 组合键也可实现该功能。
- 删除：选择该项，可从当前选择集中删除指定的对象。此外，按住 Shift 键不放，也可从选择集中删除指定的对象。
- 栏选：该方式是通过指定多线段，来选择所有与多线段相交的对象。

● 前一个：选择最近一次创建的选择集。

> **提示** 在选择图形过程中，可随时按 Esc 键取消选择操作。

3.2　复　制　图　形

使用复制、镜像、偏移和阵列等命令，可快速绘制多个与指定图形相同的图形，从而大大提高制图效率。

3.2.1　复制对象

复制对象是指复制一个与源对象完全相同的对象，复制后的对象与源对象的属性一致。

1. 命令调用方法

● 单击【默认】选项卡|【修改】面板|【复制】按钮 。
● 选择【修改】|【复制】菜单命令。
● 单击【修改】工具栏中的【复制】按钮 。
● 在命令行输入"copy/co"命令，并按 Enter 键。

2. 复制燃气灶

调用【复制】命令后，需指定基点及第二个点，具体操作步骤如下。

step 01 打开"素材\Ch03\复制对象.dwg"文件，如图 3-15 所示。

step 02 使用窗口法选择左侧的燃气灶，然后单击【默认】选项卡|【修改】面板|【复制】按钮 ，单击 A 点作为基点，如图 3-16 所示。

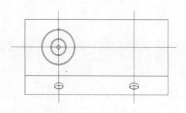

图 3-15　素材文件

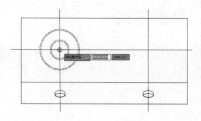

图 3-16　指定基点

step 03 单击 B 点作为第二个点，如图 3-17 所示。

step 04 按 Esc 键结束命令，如图 3-18 所示。

命令行提示如下：

```
命令: _copy 找到 9 个                              //调用【复制】命令
当前设置:  复制模式 = 多个
指定基点或 [位移(D)/模式(O)] <位移>:              //单击 A 点作为基点
指定第二个点或 [阵列(A)] <使用第一个点作为位移>:      //单击 B 点作为第二个点
指定第二个点或 [阵列(A)/退出(E)/放弃(U)] <退出>:    //按 Esc 键结束命令
```

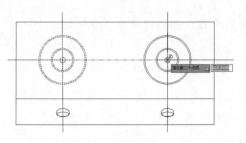

图 3-17　指定第二个点

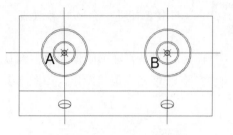

图 3-18　复制对象后的效果

3. 选项说明

- 位移(D)：使用坐标指定复制后对象距源对象的距离以及方向。
- 模式(O)：设置是多个复制(默认)还是单个复制。

3.2.2　镜像对象

镜像对象是指围绕指定的镜像轴线翻转对象，从而创建与源对象相对称的镜像图形。

1. 命令调用方法

- 单击【默认】选项卡 |【修改】面板 |【镜像】按钮 。
- 选择【修改】|【镜像】菜单命令。
- 单击【修改】工具栏中的【镜像】按钮 。
- 在命令行输入"mirror/mi"命令，并按 Enter 键。

2. 镜像椅子

调用【镜像】命令后，需指定镜像线，以此线为基准对源对象进行对称复制。下面以镜像椅子为例介绍，具体操作步骤如下。

step 01　打开"素材\Ch03\镜像对象.dwg"文件，如图 3-19 所示。

step 02　选择左侧的椅子，然后单击【默认】选项卡 |【修改】面板 |【镜像】按钮 ，捕捉圆心(A 点)作为镜像线的第一点，如图 3-20 所示。

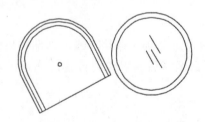

图 3-19　素材文件

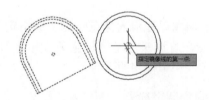

图 3-20　指定镜像线的第一点

step 03　在垂直方向上向上拖动鼠标，捕捉圆上方端点(B 点)作为镜像线的第二点，如图 3-21 所示。

提示　镜像线是一条临时参照线，并不真实存在，操作完成后不会保留。

step 04　提示是否要删除源对象，默认为否，这里直接按 Enter 键，如图 3-22 所示。

step 05　即可完成镜像操作，如图 3-23 所示。

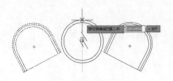　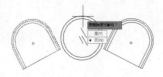　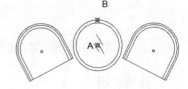

图 3-21　指定镜像线的第二点　　图 3-22　按 Enter 键　　图 3-23　镜像对象后的效果

命令行提示如下：

命令：_mirror 找到 5 个　　　　　　　　　　//调用【镜像】命令
指定镜像线的第一点：　　　　　　　　　　//单击 A 点作为镜像线的第一点
指定镜像线的第二点：　　　　　　　　　　//单击 B 点作为镜像线的第二点
要删除源对象吗？[是(Y)/否(N)] <否>：N　　//按 Enter 键

提示　若源对象中含有文字，进行镜像操作时默认对图形进行镜像，文字并不镜像，如图 3-24 所示。若希望对文字进行反转或倒置，可通过设置系统变量 mirrtext 来实现，只需将该变量由默认值 0 设置为 1 即可，效果如图 3-25 所示。

命令行提示如下：

命令：MIRRTEXT　　　　　　　　　//输入系统变量 mirrtext，按 Enter 键
输入 MIRRTEXT 的新值 <0>：1　　//输入值为 1，按 Enter 键
**** 系统变量更改 ****

图 3-24　文字默认情况下不镜像　　　　　　图 3-25　对文字进行反转

3.2.3　偏移对象

偏移对象是在源对象某一侧生成指定距离的新对象。若源对象是直线，则偏移后的直线大小不变，若源对象是圆、圆弧或矩形等类型，那么偏移后的对象将被等距离地缩小或放大，具体取决于偏移的方向。

1. 命令调用方法

● 单击【默认】选项卡 |【修改】面板 |【偏移】按钮 。
● 选择【修改】|【偏移】菜单命令。
● 单击【修改】工具栏中的【偏移】按钮 。
● 在命令行输入 "offset/o" 命令，并按 Enter 键。

2. 偏移对象

调用【偏移】命令后，需指定偏移的距离以及方向，具体操作步骤如下。

step 01　打开"素材\Ch03\偏移对象.dwg"文件，如图 3-26 所示。

step 02　单击【默认】选项卡|【修改】面板|【偏移】按钮 ，输入偏移距离为 50，
按 Enter 键，如图 3-27 所示。

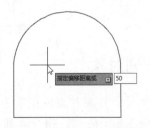

图 3-26　素材文件　　　　　　　　　　　　　图 3-27　输入偏移距离为 50

step 03　单击选择拱形线作为要偏移的对象，如图 3-28 所示。

step 04　在拱形线外任意位置处单击，指定偏移方向是向外，如图 3-29 所示。

 提示　　若在拱形线内单击，那么偏移方向是向内。

step 05　按空格键结束命令，效果如图 3-30 所示。

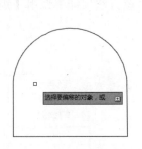

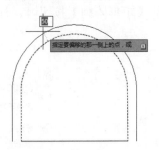

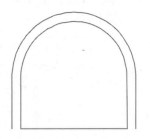

图 3-28　选择要偏移的对象　　　图 3-29　指定偏移方向　　　图 3-30　偏移对象后的效果

命令行提示如下：

```
命令：_offset                                          //调用【偏移】命令
当前设置：删除源=否　图层=源　OFFSETGAPTYPE=0
指定偏移距离或 [通过(T)/删除(E)/图层(L)] <50.0000>：50      //输入偏移距离为50
指定要偏移的那一侧上的点，或 [退出(E)/多个(M)/放弃(U)] <退出>：//单击拱形线外任意一点
选择要偏移的对象，或 [退出(E)/放弃(U)] <退出>：              //按空格键
```

3. 选项说明

● 通过(T)：指定一个通过点，利用该点确定偏移的距离和方向，如图 3-31 所示。

● 删除(E)：设置偏移完成后是否删除源对象，默认为否。

● 图层(L)：设置偏移后的对象是在当前图层还是源对象所在图层。

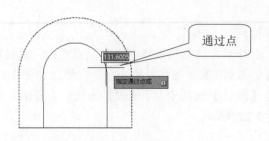

图 3-31　指定通过点来偏移对象

3.2.4　阵列对象

阵列对象是指将源对象按指定方式生成多个按规律分布的图形对象。依据排列方式的不同，阵列可分为矩形阵列、路径阵列和环形阵列三种类型。

调用阵列命令主要有以下几种方法。

- 单击【默认】选项卡 |【修改】面板 |【阵列】按钮 右侧的下拉按钮，在下拉列表中选择相应选项，如图 3-32 所示。
- 选择【修改】|【阵列】子菜单中的命令，如图 3-33 所示。
- 在命令行输入"arrayrect(矩形阵列)/arraypolar(环形阵列)/arraypath(路径阵列)"命令，并按 Enter 键。
- 在命令行输入"array/ar"，并按 Enter 键。注意，该命令默认是环形阵列。
- 单击【修改】工具栏中的【矩形阵列】按钮 。注意，该方法仅能够调用【矩形阵列】命令。

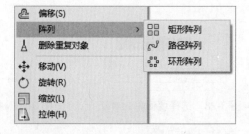

图 3-32　在【阵列】下拉列表中选择相应选项　　图 3-33　在【阵列】子菜单中选择命令

1. 矩形阵列

矩形阵列是按照行列方阵的形式复制对象。调用【矩形阵列】命令后，需指定阵列的行数、列数以及行间距、列间距，具体操作步骤如下。

step 01　打开"素材\Ch03\矩形阵列.dwg"文件，如图 3-34 所示。

step 02　拖动鼠标选择左下角的对象，选择【修改】|【阵列】|【矩形阵列】菜单命令，输入命令"cou"，按 Enter 键，然后输入列数为 2，继续按 Enter 键，如图 3-35 所示。

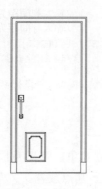

图 3-34　素材文件

图 3-35　输入列数为 2

step 03 输入行数为 4，按 Enter 键，如图 3-36 所示。

step 04 输入命令 "s"，按 Enter 键，然后输入列之间的距离为 93，继续按 Enter 键，如图 3-37 所示。

图 3-36　输入行数为 4

图 3-37　输入列之间的距离为 93

step 05 输入行之间的距离为 118，按 Enter 键，如图 3-38 所示。

step 06 再次按 Enter 键结束命令，完成矩形阵列操作，效果如图 3-39 所示。

图 3-38　输入行之间的距离为 118

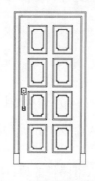

图 3-39　矩形阵列后的效果

命令行提示如下：

```
命令：_arrayrect 找到 15 个                          //调用【矩形阵列】命令
类型 = 矩形  关联 = 是
选择夹点以编辑阵列或 [关联(AS)/基点(B)/计数(COU)/间距(S)/列数(COL)/行数(R)/层数(L)/
退出(X)] <退出>：cou
                                                    //输入命令 cou
输入列数或 [表达式(E)] <4>：2                        //输入列数为 2
输入行数或 [表达式(E)] <3>：4                        //输入行数为 4
选择夹点以编辑阵列或 [关联(AS)/基点(B)/计数(COU)/间距(S)/列数(COL)/行数(R)/层数(L)/
退出(X)] <退出>：s
                                                    //输入命令 s
```

指定列之间的距离或 [单位单元(U)] <108.75>: 93   //输入列间距为 93
指定行之间的距离 <153.7635>:118   //输入行间距为 118
选择夹点以编辑阵列或 [关联(AS)/基点(B)/计数(COU)/间距(S)/列数(COL)/行数(R)/层数(L)/
退出(X)] <退出>:   //按 Enter 键

提示　　　　若列距为负数，则阵列后的列位于源对象左侧；同理，若行距为负数，阵列
后的行位于源对象下方。

命令行中各选项说明如下。

- 关联(AS)：指定创建的阵列对象是关联对象还是独立对象，默认为是。
- 基点(B)：指定阵列的基点位置，阵列后的对象相对于基点放置。
- 计数(COU)：指定阵列的列数和行数。
- 间距(S)：指定阵列的列间距和行间距。
- 列数(COL)：指定阵列中的列数和列间距。
- 行数(R)：指定阵列中的行数、行间距和增量标高。
- 层数(L)：指定三维阵列的层数和层间距。

2. 路径阵列

路径阵列是指沿指定路径复制对象。调用【路径阵列】命令后，需指定路径曲线、路径
方法以及阵列数目，具体操作步骤如下。

step 01 打开"素材\Ch03\路径阵列.dwg"文件，如图 3-40 所示。
step 02 单击选择多边形对象，然后选择【修改】|【阵列】|【路径阵列】菜单命令，单
击曲线作为阵列的路径，如图 3-41 所示。

图 3-40　素材文件　　　　　　　　　　　　　图 3-41　指定阵列的路径

step 03 输入命令"m"，按 Enter 键，然后选择【定数等分】作为路径方法，如图 3-42
所示。
step 04 输入沿路径的项目数为 10，按 Enter 键，如图 3-43 所示。
step 05 再次按 Enter 键结束命令，完成路径阵列操作，效果如图 3-44 所示。

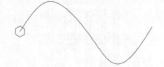

图 3-42　选择【定数等分】选项　　图 3-43　输入沿路径的项目数为 10　　图 3-44　路径阵列后的效果

命令行提示如下：

命令：_arraypath 找到 1 个   //调用【路径阵列】命令

类型 = 路径　关联 = 是
选择路径曲线：　　　　　　　　　　　　　　//单击选择路径
选择夹点以编辑阵列或 [关联(AS)/方法(M)/基点(B)/切向(T)/项目(I)/行(R)/层(L)/对齐项目
(A)/z 方向(Z)/退出(X)] <退出>: m　　　　　　//输入命令 m
输入路径方法 [定数等分(D)/定距等分(M)] <定距等分>: D //选择【定数等分】作为路径方法
选择夹点以编辑阵列或 [关联(AS)/方法(M)/基点(B)/切向(T)/项目(I)/行(R)/层(L)/对齐项目
(A)/z 方向(Z)/退出(X)] <退出>: i　　　　　　//输入命令 i
输入沿路径的项目数或 [表达式(E)] <14>: 10　　　//输入沿路径的项目数为 10
选择夹点以编辑阵列或 [关联(AS)/方法(M)/基点(B)/切向(T)/项目(I)/行(R)/层(L)/对齐项目
(A)/z 方向(Z)/退出(X)] <退出>:　　　　　　//按 Enter 键

命令行中各选项说明如下。

- 方法(M)：指定阵列对象沿路径分布的方式，包括定数等分和定距等分两种。前者是均匀分布在路径上，后者需指定间距，从而使阵列对象以指定的间隔距离分布。
- 切向(T)：指定阵列中的项目如何相对于路径的起始方向对齐。
- 项目(I)：指定阵列生成的数目。
- 对齐项目(A)：设置是否对齐每个阵列项目从而与路径的方向相切。
- 方向(Z)：设置是否保持项目的原始 Z 方向，或沿三维路径自然倾斜项目。

 　　　　其余选项的含义与矩形阵列类似，这里不再赘述。

3. 环形阵列

环形阵列主要用于创建沿指定圆周均匀分布的对象，阵列后的图形呈环形分布。调用【环形阵列】命令后，需指定阵列的中心点以及阵列数目，具体操作步骤如下。

step 01　打开"素材\Ch03\环形阵列.dwg"文件，如图 3-45 所示。

step 02　选择左上角的图形作为阵列对象，然后选择【修改】|【阵列】|【环形阵列】菜单命令，并捕捉圆心作为阵列的中心点，如图 3-46 所示。

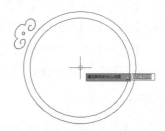

图 3-45　素材文件　　　　　　　　图 3-46　指定阵列的中心点

step 03　输入命令"i"，按 Enter 键，然后输入阵列中的项目数为 10，继续按 Enter键，如图 3-47 所示。

step 04　再次按 Enter 键结束命令，完成环形阵列操作，效果如图 3-48 所示。

命令行提示如下：

命令: _arraypolar 找到 2 个　　　　　　//调用【环形阵列】命令
类型 = 极轴　关联 = 是

指定阵列的中心点或 [基点(B)/旋转轴(A)]:　　　　　//捕捉圆心作为阵列中心点
选择夹点以编辑阵列或 [关联(AS)/基点(B)/项目(I)/项目间角度(A)/填充角度(F)/行(ROW)/层
(L)/旋转项目(ROT)/退出(X)] <退出>: i　　　　　//输入命令 i
输入阵列中的项目数或 [表达式(E)] <6>: 10　　　　//输入阵列中的项目数为 10
选择夹点以编辑阵列或 [关联(AS)/基点(B)/项目(I)/项目间角度(A)/填充角度(F)/行(ROW)/层
(L)/旋转项目(ROT)/退出(X)] <退出>:　　　　　　//按 Enter 键

图 3-47　输入阵列中的项目数为 10　　　　　　图 3-48　环形阵列后的效果

3.3　改变图形的大小和位置

在制图过程中，有时需要改变图形的大小以及位置，使用移动、旋转、缩放、拉伸等命令可完成这些操作。

3.3.1　移动对象

移动对象是指将对象在指定方向上按指定距离进行移动。移动操作仅仅是改变对象的位置，并不会改变对象的方向和大小。

1. 命令调用方法

● 单击【默认】选项卡|【修改】面板|【移动】按钮 ✛ 。
● 选择【修改】|【移动】菜单命令。
● 单击【修改】工具栏中的【移动】按钮 ✛ 。
● 在命令行输入"move/m"命令，并按 Enter 键。

2. 移动杯子

调用【移动】命令后，需指定移动的基点及第二个点。下面以移动杯子为例，介绍移动对象的具体操作步骤。

step 01　打开"素材\Ch03\移动对象.dwg"文件，如图 3-49 所示。

step 02　拖动鼠标选择杯子，单击【默认】选项卡|【修改】面板|【移动】按钮 ✛ ，然后单击 A 点作为基点，如图 3-50 所示。

step 03　单击 B 点作为第二个点，如图 3-51 所示。

step 04　完成移动操作，效果如图 3-52 所示。

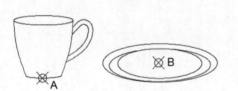

图 3-49　素材文件

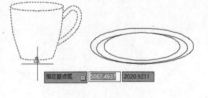

图 3-50　指定基点

图 3-51　指定第二个点

图 3-52　移动对象后的效果

命令行提示如下：

```
命令：_move 找到 8 个                          //调用【移动】命令
指定基点或 [位移(D)] <位移>：                 //单击 A 点作为基点
指定第二个点或 <使用第一个点作为位移>：       //单击 B 点作为第二个点
```

3. 选项说明

位移(D)：指定目标坐标值来确认移动后的位置，命令行操作如下。

```
命令：_move 找到 8 个
指定基点或 [位移(D)] <位移>：d               //输入 d
指定位移 <0.0000, 0.0000, 0.0000>：@50,50    //输入目标坐标值
```

3.3.2　旋转对象

旋转对象是指将对象绕基点旋转指定的角度。

1. 命令调用方法

- 单击【默认】选项卡 |【修改】面板 |【旋转】按钮 ⟳。
- 选择【修改】|【旋转】菜单命令。
- 单击【修改】工具栏中的【旋转】按钮 ⟳。
- 在命令行输入"rotate/ro"命令，并按 Enter 键。

2. 旋转茶壶

调用【旋转】命令后，需要指定基点及旋转角度。下面以旋转茶壶为例，介绍旋转对象的具体操作步骤。

step 01 打开"素材\Ch03\旋转对象.dwg"文件，如图 3-53 所示。

step 02 拖动鼠标选择所有对象，单击【默认】选项卡 |【修改】面板 |【旋转】按钮 ⟳，然后单击 A 点作为基点，如图 3-54 所示。

第 3 章　编辑二维图形

71

图 3-53　素材文件

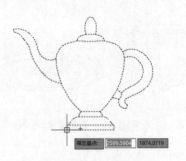

图 3-54　指定基点

step 03　输入旋转角度为 30，如图 3-55 所示。

step 04　按 Enter 键，完成旋转操作，如图 3-56 所示。

图 3-55　输入旋转角度为 30

图 3-56　旋转对象后的效果

命令行提示如下：

```
命令: _rotate                                    //调用【旋转】命令
UCS 当前的正角方向: ANGDIR=逆时针  ANGBASE=0
找到 19 个
指定基点:                                         //单击 A 点作为基点
指定旋转角度, 或 [复制(C)/参照(R)] <0>: 30         //输入旋转角度为 30，按 Enter 键
```

提示

在输入正值旋转角度时，默认按照逆时针方向旋转对象。同理，若输入负值旋转角度，则按照顺时针方向旋转对象。若需改变系统默认设置，选择【格式】|【单位】菜单命令，在打开的【图形单位】对话框中选中【顺时针】复选框即可，如图 3-57 所示。

3. 选项说明

- 复制(C)：设置旋转操作完成后是否保留源对象，默认为否。
- 参照(R)：指定一个参照角度，从而使图形旋转至与参照对象同一角度。假设将图 3-58 所示的矩形旋转至与右侧直线平行的角度，需指定 C 点为基点，选择【参照】选项，指定 B 点和 A 点作为参照角和第二点，然后单击直线上任意一点作为新角度，效果如图 3-59 所示。命令行提示如下：

```
命令: _rotate                                    //调用【旋转】命令
UCS 当前的正角方向: ANGDIR=逆时针  ANGBASE=0
找到 1 个
指定基点:                                         //单击 C 点作为基点
```

```
指定旋转角度，或 [复制(C)/参照(R)] <345>：r        //输入命令 r，按 Enter 键
指定参照角 <120>：                                //单击 B 点作为参照角
指定第二点：                                      //单击 A 点作为第二点
指定新角度或 [点(P)] <15>：                       //单击直线上任意一点
```

图 3-57　【图形单位】对话框

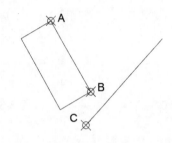

图 3-58　原图

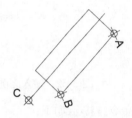

图 3-59　旋转后的效果

3.3.3　缩放对象

缩放对象是指将指定的对象相对于基点等比例缩小或放大，该操作不会改变原对象的高度和宽度方向上的比例。

1. 命令调用方法

- 单击【默认】选项卡 | 【修改】面板 | 【缩放】按钮 □。
- 选择【修改】|【缩放】菜单命令。
- 单击【修改】工具栏中的【缩放】按钮 □。
- 在命令行输入"scale/sc"命令，并按 Enter 键。

2. 缩放对象

调用【缩放】命令后，需要指定基点及缩放的比例因子。缩放对象的具体操作步骤如下。

step 01 打开"素材\Ch03\缩放对象.dwg"文件，如图 3-60 所示。

step 02 选择除圆圈外的所有图形，然后单击【默认】选项卡 | 【修改】面板 | 【缩放】按钮 □，并捕捉圆心作为缩放的基点，如图 3-61 所示。

图 3-60　素材文件

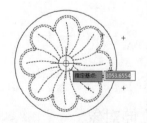

图 3-61　指定基点

step 03 输入比例因子为 0.5，按 Enter 键，如图 3-62 所示。

提示   比例因子大于 1 时为放大对象；若小于 1，则为缩小对象。

step 04 完成缩放操作，此时所选对象将缩小为原对象的一半，如图 3-63 所示。

图 3-62   输入比例因子为 0.5

图 3-63   缩小对象后的效果

命令行提示如下：

```
命令: _scale 找到 19 个                    //调用【缩放】命令
指定基点:                                  //捕捉圆心作为基点
指定比例因子或 [复制(C)/参照(R)]: 0.5       //输入比例因子为 0.5，按 Enter 键
```

3. 选项说明

- 复制(C)：设置缩放操作完成后是否保留源对象，默认为否。
- 参照(R)：指定一个参照长度和新长度，系统自动计算缩放因子，以此缩放对象，其中，比例因子=新长度值/参照长度值。假设将图 3-64 所示的矩形放大至图 3-65 所示，需指定 A 点作为基点，然后指定 AB 边为参照长度，AC 边为新长度即可。命令行提示如下：

```
命令: _scale 找到 1 个                      //调用【缩放】命令
指定基点:                                   //单击 A 点作为基点
指定比例因子或 [复制(C)/参照(R)]: r          //输入命令 r
指定参照长度 <1.0000>:                       //单击 A 点作为参照长度的第一点
指定第二点:                                  //单击 B 点作为参照长度的第二点
指定新的长度或 [点(P)] <1.0000>:              //单击 C 点，从而指定 AB 边为新长度
```

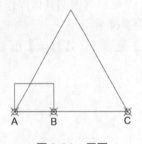

图 3-64   原图

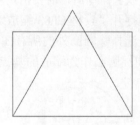

图 3-65   放大后的效果

3.3.4 拉伸对象

拉伸对象是指将对象沿指定的方向和距离进行伸展或压缩。需注意的是，用户无法对矩形或块等类型的图形进行拉伸操作，对于此类图形，需对其进行分解操作后才能拉伸。此

外，若选择了全部图形，那么拉伸对象相当于移动对象。

1. 命令调用方法

● 单击【默认】选项卡 |【修改】面板 |【拉伸】按钮。
● 选择【修改】|【拉伸】菜单命令。
● 单击【修改】工具栏中的【拉伸】按钮。
● 在命令行输入"stretch/str"命令，并按 Enter 键。

2. 拉伸沙发

调用【拉伸】命令后，需要指定基点以及第二个点或者拉伸距离。下面以拉伸沙发为例进行介绍，具体操作步骤如下。

step 01 打开"素材\Ch03\拉伸对象.dwg"文件，如图 3-66 所示。

step 02 使用窗交法选择沙发右侧部分，作为要拉伸的对象，如图 3-67 所示。

step 03 单击【默认】选项卡 |【修改】面板 |【拉伸】按钮，然后捕捉中点作为基点，如图 3-68 所示。

 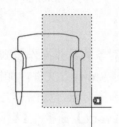 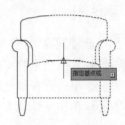

图 3-66 素材文件　　　图 3-67 选择要拉伸的对象　　　图 3-68 指定基点

step 04 打开正交模式，向右拖动鼠标，输入拉伸距离为 350，按 Enter 键，如图 3-69 所示。

 用户也可通过指定第二个点，来确认拉伸距离和方向。

step 05 完成拉伸操作，效果如图 3-70 所示。

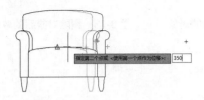 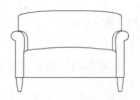

图 3-69 输入拉伸距离为 350　　　图 3-70 拉伸对象后的效果

命令行提示如下：

命令：STRETCH　　　　　　　　　　　　　　//调用【拉伸】命令
拉伸由最后一个窗口选定的对象...找到 32 个
指定基点或 [位移(D)] <位移>：　　　　　　// 捕捉中点作为基点
指定第二个点或 <使用第一个点作为位移>：<正交 开> 350　//打开正交模式，输入350，按Enter键

3.4 修 整 图 形

图形绘制完毕后，可能出现错误、多余、有间隙等情况，此时需要对图形进行修整，使用删除、修剪、延伸、打断、合并、分解、倒角、圆角等命令可完成该操作。

3.4.1 删除对象

若绘制的图形不符合要求，可使用【删除】命令将其删除。

1. 命令调用方法

● 单击【默认】选项卡|【修改】面板|【删除】按钮 。
● 选择【修改】|【删除】菜单命令。
● 单击【修改】工具栏中的【删除】按钮 。
● 在命令行输入"erase/e"命令，并按 Enter 键。

2. 删除对象

下面以删除圆圈为例，介绍删除对象的具体操作步骤。

step 01 打开"素材\Ch03\删除对象.dwg"文件，如图 3-71 所示。
step 02 单击选择要删除的 4 个圆圈对象，如图 3-72 所示。
step 03 单击【默认】选项卡|【修改】面板|【删除】按钮 ，即可删除所选对象，如图 3-73 所示。

   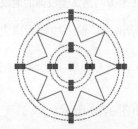   

图 3-71　素材文件　　　　图 3-72　选择要删除的对象　　　图 3-73　删除对象后的效果

 选择要删除的对象后，直接按 Delete 键，也可将其删除。

命令行操作如下：

命令：_erase 找到 4 个　　　　　　　　　　　　//调用【删除】命令

3.4.2 修剪对象

修剪对象是指沿指定的边界剪除对象的多余部分。

1. 命令调用方法

● 单击【默认】选项卡 |【修改】面板 |【修剪】按钮 。
● 选择【修改】|【修剪】菜单命令。
● 单击【修改】工具栏中的【修剪】按钮 。
● 在命令行输入"trim/tr"命令，并按 Enter 键。

2. 修剪对象

调用【修剪】命令后，需指定修剪边界，注意可同时选择多个边界，然后选择要修剪的对象即可。具体的操作步骤如下。

step 01 打开"素材\Ch03\修剪对象.dwg"文件，如图 3-74 所示。

step 02 单击【默认】选项卡 |【修改】面板 |【修剪】按钮 ，然后选择所有对象，如图 3-75 所示。

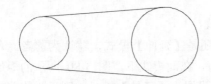

图 3-74　素材文件

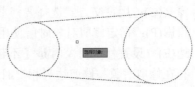

图 3-75　选择所有对象

step 03 单击选择小圆圈右侧部分，如图 3-76 所示。

step 04 即可剪除所选对象，按 Enter 键结束命令，效果如图 3-77 所示。

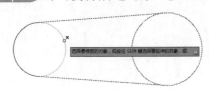

图 3-76　选择要修剪的对象

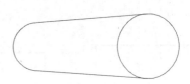

图 3-77　修剪对象后的效果

命令行提示如下：

```
命令: _trim                                    //调用【修剪】命令
当前设置:投影=UCS，边=无
选择剪切边...
窗口(W) 套索　按空格键可循环浏览选项找到 4 个    //选择全部对象作为修剪边界
选择对象:
选择要修剪的对象，或按住 Shift 键选择要延伸的对象，或[栏选(F)/窗交(C)/投影(P)/边(E)/
删除(R)/放弃(U)]:                              //选择要修剪的对象
```

上述是选择多个边界来修剪对象，若只选择一个边界，例如选择图 3-78 所示的曲线作为修剪边界，那么可沿该曲线修剪左侧或右侧的对象。图 3-79 所示为修剪曲线右侧所有对象后的效果。

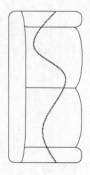

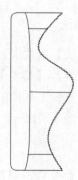

图 3-78　原图　　　　　　　　　　　　图 3-79　修剪对象后的效果

3. 选项说明

● 栏选(F)：用栏选方式选择要修剪的对象。

● 窗交(C)：用窗交方式选择要修剪的对象。

● 投影(P)：指定修剪对象时所使用的投影方式。

● 边(E)：设置修剪对象时是【不延伸】模式还是【延伸】模式，默认为前者，表示只有在修剪对象与修剪边界相交时才能够修剪，在此模式下，图 3-80 所示的矩形能够被修剪，而图 3-81 所示的矩形则不能。若设置为【延伸】模式，则只需修剪对象与修剪边界的延伸线相交就可被修剪，此时图 3-81 可被修剪为图 3-82 所示的效果。

● 删除(R)：删除所选择的对象。

● 放弃(U)：撤销上一次的修剪操作。

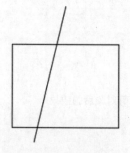

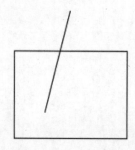

图 3-80　能够被修剪　　　　图 3-81　不能被修剪　　　图 3-82　【延伸】模式下被修剪后的效果

3.4.3　延伸对象

延伸对象与修剪对象的作用刚好相反，延伸对象是将指定的对象延伸至边界，使对象与边界相交。

1. 命令调用方法

● 单击【默认】选项卡 |【修改】面板 |【延伸】按钮 。

● 选择【修改】|【延伸】菜单命令。

● 单击【修改】工具栏中的【延伸】按钮 。

● 在命令行输入"extend/ex"命令，并按 Enter 键。

2. 延伸对象

延伸与修剪的操作类似，在调用【延伸】命令后，指定延伸边界和延伸的对象即可。具体的操作步骤如下。

step 01　打开"素材\Ch03\延伸对象.dwg"文件，如图 3-83 所示。

step 02　单击【默认】选项卡 |【修改】面板 |【延伸】按钮 ，然后选择椭圆作为延伸边界，如图 3-84 所示。

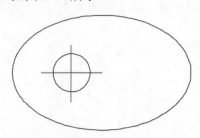

图 3-83　素材文件

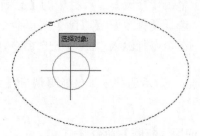

图 3-84　选择延伸边界

step 03　在水平直线的左端点或附近位置处单击，作为要延伸的对象，如图 3-85 所示。

step 04　即可将水平直线向左延伸至椭圆，继续单击其他直线的端点或端点附近位置，延伸其他直线，然后按 Enter 键结束命令，效果如图 3-86 所示。

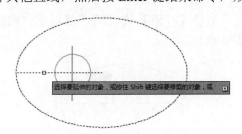

图 3-85　选择要延伸的对象

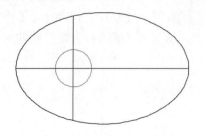

图 3-86　延伸对象后的效果

命令行提示如下：

```
命令：_extend                                    //调用【延伸】命令
当前设置:投影=UCS,边=延伸
选择边界的边...
选择对象或 <全部选择>： 找到 1 个              //选择椭圆作为延伸边界
选择对象：
选择要延伸的对象，或按住 Shift 键选择要修剪的对象，或[栏选(F)/窗交(C)/投影(P)/边(E)/
放弃(U)]：
                                                //选择要延伸的对象
```

 提示

　　　　调用【延伸】命令时，如果在按 Shift 键的同时选择对象，则执行的是【修剪】命令，反之亦然。

3.4.4 打断与打断于点

打断操作是指删除对象中的指定部分或将一个对象分解成两部分，根据打断点数量的不同，分为【打断】和【打断于点】两个命令。

1. 命令调用方法

- 展开【默认】选项卡|【修改】面板，单击【打断】按钮或【打断于点】按钮。
- 单击【修改】工具栏中的【打断】按钮或【打断于点】按钮。
- 选择【修改】|【打断】菜单命令。
- 在命令行输入"break/br"命令，并按 Enter 键。

 提示 后两种方法仅能够调用【打断】命令。

2. 使用【打断】命令

调用【打断】命令时，需要指定两个打断点，系统将删除两点之间的线条，从而打断对象。注意，打断封闭的对象时，打断部分按逆时针方向从第一点到第二点断开。具体的操作步骤如下。

step 01 打开"素材\Ch03\打断对象.dwg"文件，如图 3-87 所示。

step 02 展开【默认】选项卡|【修改】面板，单击【打断】按钮，然后单击椭圆上任意一点，从而选择椭圆作为要打断的对象，如图 3-88 所示。

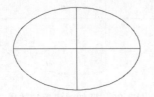
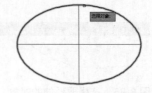

图 3-87 素材文件　　　　　　　　图 3-88 选择要打断的对象

step 03 输入命令"f"，按 Enter 键，然后捕捉 A 点作为第一个打断点，如图 3-89 所示。

step 04 捕捉 B 点作为第二个打断点，如图 3-90 所示。

step 05 即可打断椭圆，并沿逆时针方向删除 A、B 两点之间的线条，如图 3-91 所示。

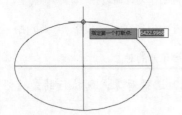
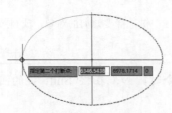
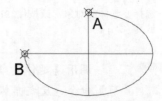

图 3-89 指定第一个打断点　　　图 3-90 指定第二个打断点　　　图 3-91 打断对象后的效果

命令行提示如下：

```
命令：_break                        //调用【打断】命令
选择对象：                           //选择椭圆作为要打断的对象
指定第二个打断点 或 [第一点(F)]：f    //输入命令 f
指定第一个打断点：                    //捕捉 A 点作为第一个打断点
指定第二个打断点：                    //捕捉 B 点作为第二个打断点
```

　　　　系统默认将选择对象时的单击点作为第一个打断点，由于此时不能使用捕捉功能，无法精确捕捉到 A 点，因此需要在命令行输入命令"f"，从而精确捕捉打断的两个点。

3. 使用【打断于点】命令

调用【打断于点】命令后，只需指定一个打断点，使对象在该点处断开，从而使一个对象分解为两部分。注意，该命令无法打断闭合的周期性曲线。

【打断于点】命令的操作方法与【打断】命令类似，下面简单介绍。假设选择图 3-92 所示的水平直线作为打断对象，然后单击 A 点作为第一个打断点，即可使水平直线在该点处断开，分解为两条水平直线，效果如图 3-93 所示。

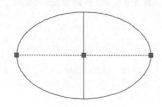

图 3-92　原图

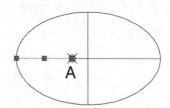

图 3-93　延伸于点后的效果

3.4.5　合并对象

合并对象是指将相似的多个对象合并为一个对象，执行合并操作的对象可以是圆弧、椭圆弧、直线、多段线和样条曲线等。

1. 命令调用方法

● 　展开【默认】选项卡|【修改】面板，单击【合并】按钮 ╼╾。
● 　选择【修改】|【合并】菜单命令。
● 　单击【修改】工具栏中的【合并】按钮 ╼╾。
● 　在命令行输入"join/j"命令，并按 Enter 键。

2. 合并对象

合并对象的具体操作步骤如下。

step 01　打开"素材\Ch03\合并对象.dwg"文件，如图 3-94 所示。

step 02　展开【默认】选项卡|【修改】面板，单击【合并】按钮 ╼╾，然后单击左下角的椭圆弧作为要合并的源对象，如图 3-95 所示。

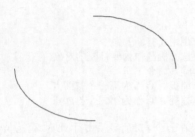

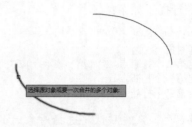

图 3-94　素材文件　　　　　　　　　　　　图 3-95　指定要合并的源对象

step 03　单击右上角的椭圆弧，作为要合并的对象，按 Enter 键，如图 3-96 所示。

step 04　即可从源对象按逆时针方向合并椭圆弧，效果如图 3-97 所示。

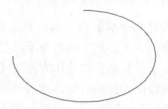

图 3-96　指定要合并的对象　　　　　　　　图 3-97　合并对象后的效果

命令行提示如下：

命令：_join　　　　　　　　　　　　　　　　　//调用【合并】命令
选择源对象或要一次合并的多个对象：找到 1 个　　//选择左下角的椭圆弧作为源对象
选择要合并的对象：找到 1 个，总计 2 个　　　　//选择右上角的椭圆弧作为要合并的对象
选择要合并的对象：2 条椭圆弧已合并为 1 条圆弧

　　　　　　进行合并操作时，要合并的各对象必须共线，对于圆弧，则要求共圆。此外，在合并圆弧时，系统将从源对象按逆时针方向进行合并。

3.4.6　分解对象

分解对象是指将组合对象、面域、块或阵列等对象分解成各个独立的线条，便于用户对其进行编辑。

1. 命令调用方法

● 单击【默认】选项卡|【修改】面板|【分解】按钮 ⬚。
● 选择【修改】|【分解】菜单命令。
● 单击【修改】工具栏中的【分解】按钮 ⬚。
● 在命令行输入"explode/x"命令，并按 Enter 键。

2. 分解对象

分解对象的具体操作步骤如下。

step 01　打开"素材\Ch03\分解对象.dwg"文件，如图 3-98 所示。

step 02 选中图形，然后单击【默认】选项卡 |【修改】面板 |【分解】按钮，选择要分解的对象，按 Enter 键，如图 3-99 所示。

step 03 完成分解操作，此时图形已分解为各个独立的线条，如图 3-100 所示。

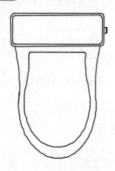　　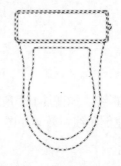　　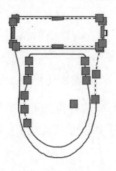

图 3-98　素材文件　　　　图 3-99　选择要分解的对象　　　图 3-100　分解对象后的效果

命令行提示如下：

命令：_explode 找到 1 个　　　　　　　　　　　　　　//调用【分解】命令

 提示　　　在分解多段线时，系统将清除原有的宽度信息，生成的直线和圆弧段按照多段线的线型进行设置。在分解包含多段线和标注的块时，多线段和标注等对象将作为一个整体被分解；在分解带有属性的块时，所有的属性会恢复到未组合为块之前的状态。

3.4.7　倒角和圆角

为了保护零件表面不受损伤，便于装配，通常将轴端、孔口或拐角处设计为倒圆角或倒角，使零件相邻处以圆弧面或斜面过渡，从而去除零件的尖锐刺边。

1. 倒角

倒角是指将两个图形对象使用一定角度的斜线连接起来，从而满足工件的工艺要求。调用【倒角】命令主要有以下几种方法。

- 单击【默认】选项卡 |【修改】面板 |【倒角】按钮。
- 选择【修改】|【倒角】菜单命令。
- 单击【修改】工具栏中的【倒角】按钮。
- 在命令行输入 "chamfer/cha" 命令，并按 Enter 键。

调用【倒角】命令后，需要指定两个倒角距离来确定倒角的位置，也可通过指定倒角的长度以及它与第一条直线间的角度来确定。下面以前者为例进行介绍，具体操作步骤如下。

step 01 打开 "素材\Ch03\倒角.dwg" 文件，如图 3-101 所示。

step 02 单击【默认】选项卡 |【修改】面板 |【倒角】按钮，输入命令 "d"，并设置两个倒角距离分别为 25 和 15，然后选择直线 L1 作为第一条直线，如图 3-102 所示。

提示　　　设置的倒角距离不能大于边长，否则无法执行倒角操作。

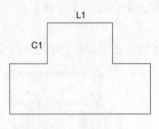

图 3-101 素材文件

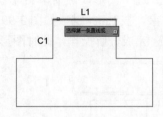

图 3-102 选择第一条直线

step 03 选择直线 C1 作为第二条直线，如图 3-103 所示。

step 04 即可对直线 L1 和 C1 创建倒角线，效果如图 3-104 所示。

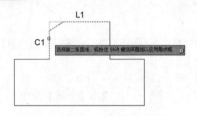

图 3-103 选择第二条直线

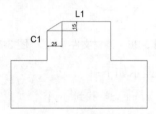

图 3-104 倒角后的效果

命令行提示如下：

```
命令: chamfer                              //调用【倒角】命令
("修剪"模式) 当前倒角距离 1 = 0.0000，距离 2 = 0.0000
选择第一条直线或 [放弃(U)/多段线(P)/距离(D)/角度(A)/修剪(T)/方式(E)/多个(M)]: d
//输入命令 d
指定 第一个 倒角距离 <0.0000>: 25              //输入第一个倒角距离为 25
指定 第二个 倒角距离 <25.0000>: 15             //输入第二个倒角距离为 15
选择第一条直线或 [放弃(U)/多段线(P)/距离(D)/角度(A)/修剪(T)/方式(E)/多个(M)]:
//选择直线 L1
选择第二条直线，或按住 Shift 键选择直线以应用角点或 [距离(D)/角度(A)/方法(M)]:
//选择直线 C1
```

命令行中各选项的含义如下。

● 放弃(U)：撤销上一次的倒角操作。

● 多段线(P)：选择该项，可同时对整个二维多段线的各线段进行倒角，效果如图 3-105 所示。

● 距离(D)：设置倒角至两个线条端点的距离，以此确定倒角的位置。

● 角度(A)：设置倒角至第一条直线端点的距离和倒角的角度，以此确定倒角的位置。

● 修剪(T)：设置倒角后是否修剪多余的线条，默认为是。图 3-106 所示是设置为【不修剪】后的效果。

● 方式(E)：设置是使用"距离"还是"角度"方式创建倒角，默认为前者。

● 多个(M)：设置该项后可以不退出【倒角】命令，而直接为多个对象添加倒角。

2. 圆角

圆角是指通过指定的半径创建一条圆弧，用这个圆弧将两个图形对象光滑地连接起来。调用【圆角】命令的方法和操作步骤都与【倒角】命令类似，这里不再赘述。

不同的是，在调用【圆角】命令后，需指定圆角半径，其效果如图 3-107 所示。命令行提示如下：

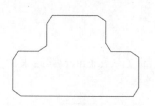

图 3-105　对整个多段线的
各线段进行倒角

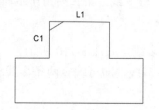

图 3-106　不修剪多余的线条

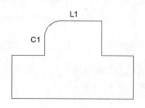

图 3-107　倒圆角后的效果

```
命令：_fillet                               //调用【圆角】命令
当前设置：模式 = 修剪，半径 = 0.0000
选择第一个对象或 [放弃(U)/多段线(P)/半径(R)/修剪(T)/多个(M)]: r   //输入命令 r
指定圆角半径 <0.0000>: 30                    //输入圆角半径为 30
选择第一个对象或 [放弃(U)/多段线(P)/半径(R)/修剪(T)/多个(M)]:      //选择直线 L1
选择第二个对象，或按住 Shift 键选择对象以应用角点或 [半径(R)]:      //选择直线 C1
```

提示　　　对平行直线倒圆角时，无须设置圆角半径，系统会自动计算半径值。

3.5　编辑多线、多线段及样条曲线

第 2 章介绍了绘制多线、多线段以及样条曲线的方法。此外，AutoCAD 提供了专门的命令用于编辑这些特殊的线段。

3.5.1　编辑多线

选择【修改】|【对象】|【多线】菜单命令，或者直接双击多线，将打开【多线编辑工具】对话框，在其中可对多线进行编辑操作，具体操作步骤如下。

step 01　打开"素材\Ch03\编辑多线.dwg"文件，如图 3-108 所示。

step 02　选择【修改】|【对象】|【多线】菜单命令，打开【多线编辑工具】对话框，选择【T 形合并】选项，如图 3-109 所示。

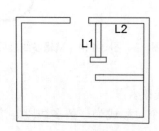

图 3-108　素材文件

图 3-109　【多线编辑工具】对话框

提示 在【多线编辑工具】对话框中提供了 12 种工具，第一列用于编辑交叉的多线；第二列用于编辑 T 形多线；第三列用于编辑多线的角点和顶点；第四列用于编辑多线的中断或接合。

step 03 选择 L1 作为第一条多线，如图 3-110 所示。

step 04 选择 L2 作为第二条多线，即可编辑两条多线相交部位，按 Enter 键结束命令，效果如图 3-111 所示。

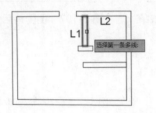
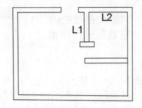

图 3-110　选择第一条多线　　　　　　　　图 3-111　编辑多线后的效果

3.5.2　编辑多线段

选择【修改】|【对象】|【多线段】菜单命令，或者双击多线段，在其下方将显示【输入选项】列表，在其中可对多线段进行编辑，包括合并、设置宽度、编辑顶点等操作，具体操作步骤如下。

step 01 打开"素材\Ch03\编辑多线段.dwg"文件，如图 3-112 所示。

step 02 选择【修改】|【对象】|【多线段】菜单命令，然后选中多线，将显示【输入选项】列表，这里选择【宽度】选项，如图 3-113 所示。

step 03 在命令行中输入新宽度为"5"，按 Enter 键，即可更改所有多线段的宽度，然后按 Enter 键结束命令即可，效果如图 3-114 所示。

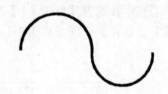

图 3-112　素材文件　　　　图 3-113　选择【宽度】选项　　　图 3-114　编辑多线段后的效果

【输入选项】列表中主要选项说明如下。

● 闭合：连接多线段的起点和终点，从而闭合多线段。

● 合并：合并直线、圆弧或多线段，使所选的多个对象成为一条多线段。注意，合并的前提是各个对象首尾相连。

- 宽度：设置多线段中所有对象的宽度。
- 编辑顶点：对多段线的各个顶点逐个进行编辑。
- 拟合：将多线段的各顶点用圆滑曲线进行连接。
- 样条曲线：使用样条曲线拟合多线段。

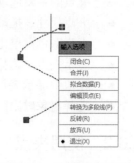

3.5.3　编辑样条曲线

选择【修改】|【对象】|【样条曲线】菜单命令，或者双击样条曲线，在其下方将显示【输入选项】列表，在其中同样可对样条曲线进行编辑，如图 3-115 所示。

图 3-115　【输入选项】列表

其操作方法与各选项的含义与编辑多线段大致相同，这里不再赘述。

3.6　使用夹点进行编辑

在无命令状态下选择图形时，被选择的图形对象上将出现若干蓝色小方块，称之为夹点或控制点。注意，不同的对象其夹点的数量及位置也不相同，如图 3-116 所示。利用这些夹点可对图形对象进行移动、拉伸、缩放、旋转等编辑操作。

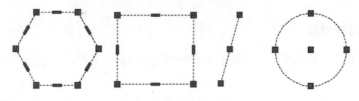

图 3-116　不同对象的夹点

3.6.1　设置夹点

夹点默认情况下以蓝色小方块显示，选择【工具】|【选项】菜单命令，打开【选项】对话框，在【选择集】选项卡下可对夹点的尺寸、颜色、数量等进行设置，如图 3-117 所示。

图 3-117　【选项】对话框

关于夹点的主要选项说明如下。

● 夹点尺寸：拖动方块可设置夹点的尺寸。

● 夹点颜色：单击该按钮，将打开【夹点颜色】对话框，在其中可设置夹点的颜色。

● 显示夹点：选择该项后，在选择对象时会显示出夹点。

● 在块中显示夹点：选择该项后，在选择块时会显示每个对象的所有夹点。

● 选择对象时限制显示的夹点数：设置夹点的显示数量，范围为1～32767。

3.6.2 使用夹点

一个对象上通常有多个夹点，当选中某个夹点时，会显示为红色，此时可以利用该夹点对图形进行编辑。使用夹点共有两种方法。

● 选中夹点后，连续按 Enter 键，命令行将依次出现移动、拉伸、旋转等提示，按照提示进行操作即可。

● 选中夹点后，单击鼠标右键，在弹出的快捷菜单中选择相应的菜单命令。

1. 使用夹点移动对象

单击选中圆心夹点，如图 3-118 所示。拖动夹点，可直接将圆移动至其他位置，效果如图 3-119 所示。

2. 使用夹点拉伸对象

单击选中直线端点处的夹点，如图 3-120 所示。拖动夹点，可拉伸直线对象，效果如图 3-121 所示。

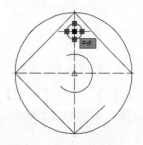
图 3-118　选中圆心夹点

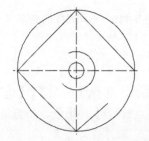
图 3-119　使用夹点移动对象

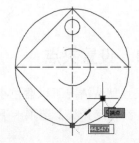
图 3-120　选中直线端点处的夹点

通常情况下，拖动对象中心处夹点可移动对象，而拖动其他位置处夹点则可拉伸对象。

3. 使用夹点旋转对象

选中圆弧中心夹点后，单击鼠标右键，在弹出的快捷菜单中选择【旋转】菜单命令，如图 3-122 所示。然后在命令行中输入旋转角度，按 Enter 键，即可旋转圆弧，效果如图 3-123 所示。

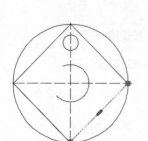 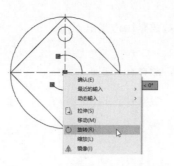 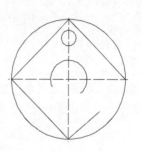

图 3-121　使用夹点拉伸对象　　图 3-122　选择【旋转】菜单命令　　图 3-123　使用夹点旋转对象

命令行提示如下：

```
** 拉伸 **
指定拉伸点或 [基点(B)/复制(C)/放弃(U)/退出(X)]：_rotate
** 旋转 **
指定旋转角度或 [基点(B)/复制(C)/放弃(U)/参照(R)/退出(X)]：90      //输入旋转角度为90
```

4. 使用夹点缩放对象

选中圆弧中心夹点后，单击鼠标右键，在弹出的快捷菜单中选择【缩放】菜单命令，如图 3-124 所示。然后在命令行中输入缩放的比例因子，按 Enter 键，即可缩放圆弧，效果如图 3-125 所示。

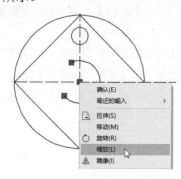 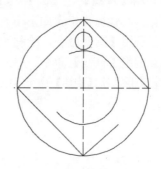

图 3-124　选择【缩放】菜单命令　　　　图 3-125　使用夹点缩放对象

命令行提示如下：

```
** 拉伸 **
指定拉伸点或 [基点(B)/复制(C)/放弃(U)/退出(X)]：_scale
** 比例缩放 **
指定比例因子或 [基点(B)/复制(C)/放弃(U)/参照(R)/退出(X)]：1.7 //输入比例因子为1.7
```

5. 使用夹点镜像对象

选中圆心夹点后，单击鼠标右键，在弹出的快捷菜单中选择【镜像】菜单命令，如图 3-126 所示。然后在命令行中根据提示设置镜像基点和第二点，即可镜像圆，效果如图 3-127 所示。

命令行提示如下：

```
** 镜像 **
指定第二点或 [基点(B)/复制(C)/放弃(U)/退出(X)]：c            //输入命令c
```

```
** 镜像 (多重) **
指定第二点或 [基点(B)/复制(C)/放弃(U)/退出(X)]: b          //输入命令 b
指定基点:                                                    //捕捉镜像的基点
** 镜像 (多重) **
指定第二点或 [基点(B)/复制(C)/放弃(U)/退出(X)]:            //捕捉镜像的第二点
** 镜像 (多重) **
指定第二点或 [基点(B)/复制(C)/放弃(U)/退出(X)]:            //按 Enter 键结束命令
```

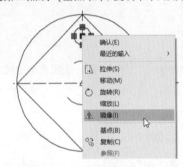

图 3-126　选择【镜像】菜单命令

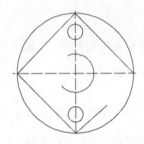

图 3-127　使用夹点镜像对象

3.7　综合实战——绘制地面拼花

本例将利用【直线】、【圆】、【镜像】、【阵列】、【旋转】、【图案填充】等命令绘制地面拼花，具体操作步骤如下。

step 01 调用【圆】命令，绘制两个半径分别为 100 和 85 的同心圆，如图 3-128 所示。

step 02 调用【直线】命令，捕捉圆心作为起点，绘制水平直线，如图 3-129 所示。

step 03 调用两次【旋转】命令，以圆心为基点，将直线分别旋转 22.5° 和 337.5°，如图 3-130 所示。

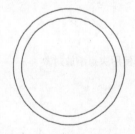

图 3-128　绘制两个同心圆

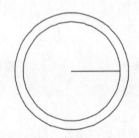

图 3-129　绘制水平直线

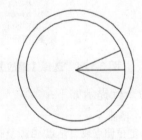

图 3-130　旋转直线

step 04 调用【镜像】命令，选中 3 条直线作为镜像对象，以直线中点所在的垂直线作为镜像线，创建镜像对象，如图 3-131 所示。

step 05 调用【修剪】命令，修剪多余的线条，使直线形成菱形形状，如图 3-132 所示。

step 06 调用【环形阵列】命令，设置阵列项目为 8，对菱形进行阵列，如图 3-133 所示。

step 07 调用【图案填充】命令，对菱形进行间隔填充。至此，即完成地面拼花的绘制，如图 3-134 所示。

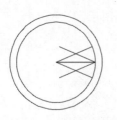　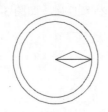　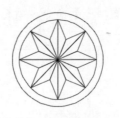　

图 3-131　镜像直线　　图 3-132　修剪多余的线条　　图 3-133　对菱形进行阵列　　图 3-134　地面拼花

3.8　综合实战——绘制洗手盆

本例将利用【矩形】、【圆】、【直线】、【图案填充】、【移动】、【修剪】、【旋转】等命令绘制洗手盆，具体操作步骤如下。

step 01 调用【矩形】命令，绘制圆角半径为 30、长度为 700、宽度为 450 的圆角矩形，如图 3-135 所示。命令行提示如下：

```
命令: _rectang                        //调用【矩形】命令
当前矩形模式：圆角=0.0000
指定第一个角点或 [倒角(C)/标高(E)/圆角(F)/厚度(T)/宽度(W)]: F    //输入命令 f
指定矩形的圆角半径 <0.0000>: 30        //输入矩形的圆角半径为 30
指定第一个角点或 [倒角(C)/标高(E)/圆角(F)/厚度(T)/宽度(W)]:
//单击任意一点作为第一个角点
指定另一个角点或 [面积(A)/尺寸(D)/旋转(R)]: D               //输入命令 d
指定矩形的长度 <0.0000>:700            //输入矩形的长度为 700
指定矩形的宽度 <0.0000>:450            //输入矩形的宽度为 450
```

step 02 设置线型为虚线，调用【构造线】命令，捕捉矩形各端点和中点，绘制 4 条辅助线，如图 3-136 所示。

step 03 调用【偏移】命令，将上方辅助线向下偏移 70，将左侧辅助线向右偏移 35，然后将下方辅助线向上偏移 40，效果如图 3-137 所示。

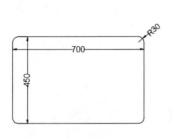　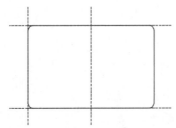　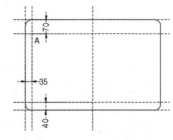

图 3-135　绘制圆角矩形　　　图 3-136　绘制 4 条辅助线　　　图 3-137　偏移辅助线

step 04 再次调用【矩形】命令，绘制圆角半径为 60、长度为 300、宽度为 340 的圆角矩形，并捕捉 A 点作为第一角点，然后删除部分辅助线，如图 3-138 所示。

step 05 调用【圆】命令，捕捉矩形中心为圆心，绘制半径分别为 30 和 25 的同心圆，如图 3-139 所示。

step 06 ▷ 调用【图案填充】命令，填充同心圆内部的圆，如图 3-140 所示。

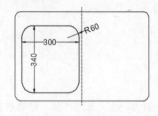
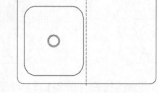

图 3-138　绘制圆角矩形　　　　图 3-139　绘制同心圆　　　　图 3-140　填充同心圆内部的圆

step 07 ▷ 调用【圆】命令，在中心辅助线左侧绘制半径为 15 的圆，如图 3-141 所示。

step 08 ▷ 调用【镜像】命令，选中内部的矩形、同心圆和圆作为镜像对象，捕捉中心辅助线上任意两点作为镜像线，进行镜像操作，效果如图 3-142 所示。

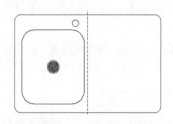
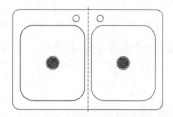

图 3-141　绘制圆　　　　　　　　　　　　　图 3-142　镜像对象

step 09 ▷ 绘制水阀开关。调用【圆】命令，绘制半径为 30 的圆，然后调用【直线】命令，在水平方向上捕捉圆的象限点绘制水平直线，并捕捉水平直线的中点作为直线端点，绘制长为 80 的垂直直线，如图 3-143 所示。

step 10 ▷ 调用【直线】命令，以垂直直线底部端点为中点绘制长为 20 的水平直线，然后捕捉两条水平直线的端点，绘制直线将其连接起来，如图 3-144 所示。

step 11 ▷ 调用【修剪】命令，剪除圆的下半部分，然后删除垂直直线，如图 3-145 所示。

step 12 ▷ 调用【旋转】命令，设置旋转角度为 315，对水阀开关进行旋转，如图 3-146 所示。

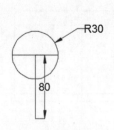

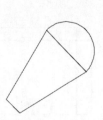

图 3-143　绘制圆和直线　　图 3-144　绘制直线　　图 3-145　剪除圆的下半部分　　图 3-146　旋转水阀开关

step 13 ▷ 调用【移动】命令，移动水阀开关至合适位置，如图 3-147 所示。

step 14 ▷ 调用【修剪】命令，修剪水阀开关与圆角矩形的重合部分。至此，即完成洗手盆的绘制，如图 3-148 所示。

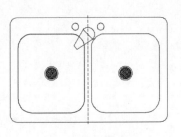

图 3-147　移动水阀开关

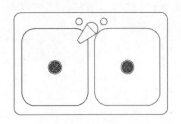

图 3-148　洗手盆

3.9　高 手 甜 点

甜点 1：选择图形时，为何图形并不是虚线显示？

答：在命令行中输入"selectioneffect"命令后，将值设置为 0，那么图形选中时即以虚线显示。命令行提示如下：

```
命令：SELECTIONEFFECT
输入 SELECTIONEFFECT 的新值 <1>:0
```

甜点 2：为何使用【修剪】命令无法修剪图形？

答：如果出现无法修剪图形的情况，主要是因为图形是以图块的形式显示。只需使用【分解】命令将图块分解，再执行【修剪】命令即可成功修剪图形。

第 2 篇
设计核心技术

第4章 使用图形辅助功能

AutoCAD 提供了多种绘图辅助功能，包括捕捉和追踪功能、参数化约束功能、查询功能以及视图缩放和平移功能等。掌握这些辅助功能，可以更精确地绘制图形，提高绘图的速度和准确率。

本章学习目标(已掌握的在方框中打钩)

☐ 掌握捕捉和追踪功能的使用方法。
☐ 掌握参数化约束功能的使用方法。
☐ 掌握查询功能的使用方法。
☐ 掌握视图缩放和平移功能的使用方法。
☐ 掌握绘制连杆的方法。
☐ 掌握绘制太极图案的方法。

重点案例效果

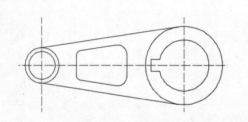

4.1 使用捕捉和追踪功能

AutoCAD 提供的捕捉和追踪功能，可帮助用户捕捉和追踪到特定点，从而提高绘图的效率和准确率。

4.1.1 使用正交模式

在正交模式下，系统限制光标只能在水平和垂直方向上移动，对于绘制水平线和垂直线非常有用，效果如图4-1所示。

 正交模式和极轴追踪功能无法同时开启，开启正交模式将自动关闭极轴追踪功能。

开启正交模式通常有以下两种方法。

● 单击底部状态栏上的【正交模式】按钮 。

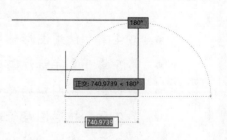

图4-1 正交模式

● 按 F8 快捷键。

4.1.2 使用捕捉与栅格功能

捕捉功能和栅格显示功能各自独立，但通常搭配使用。开启栅格显示功能后，系统会按照相等的间距在绘图区域设置栅格，搭配捕捉功能使用，可以使光标准确捕捉到栅格交叉点，从而准确定位并控制间距，效果如图 4-2 所示。

 打印图纸时，并不会打印出栅格。

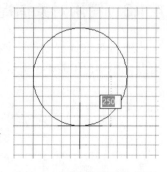

图 4-2 启用捕捉与栅格功能

1. 开启捕捉和栅格显示功能

开启捕捉和栅格显示功能通常有以下两种方法。

● 单击底部状态栏上的【栅格显示】按钮▦和【捕捉】按钮▦。
● 按 F7 和 F9 快捷键，分别开启栅格显示和捕捉功能。

2. 设置捕捉和栅格显示

选择【工具】|【绘图设置】菜单命令，或者在底部状态栏上的【捕捉】按钮▦上单击鼠标右键，在弹出的快捷菜单中选择【捕捉设置】菜单命令，如图 4-3 所示，均可打开【草图设置】对话框，在【捕捉和栅格】选项卡下可设置相关参数，如图 4-4 所示。

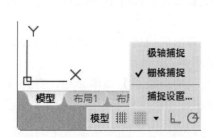

图 4-3 选择【捕捉设置】菜单命令

图 4-4 【草图设置】对话框

【捕捉和栅格】选项卡下主要选项说明如下。

● 启用捕捉/启用栅格：选中该复选框，可启用捕捉和栅格显示功能。
● 捕捉间距：设置捕捉间距值，从而限制光标在指定的 X 轴和 Y 轴之间移动。
● 捕捉类型：设置捕捉的类型，包括栅格捕捉和极轴捕捉两大类。其中，栅格捕捉又分为矩形捕捉和等轴测捕捉两类。
● 栅格间距：设置栅格在水平和垂直方向的间距。注意，若设置得太小，可能无法在屏幕上显示出来。

4.1.3 使用对象捕捉功能

使用对象捕捉功能，能够快速捕捉到图形对象的圆心、中点、端点、切点及象限点等特征点。图 4-5 和图 4-6 所示分别是捕捉圆的象限点以及直线的中点的显示效果。

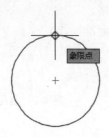

图 4-5　捕捉圆的象限点　　　　　图 4-6　捕捉直线的中点

1．开启对象捕捉功能

开启对象捕捉功能后，在命令行遇到点提示时，一旦光标进入特征点的范围，即可自动捕捉该点。开启对象捕捉功能通常有以下两种方法。

- 单击底部状态栏上的【对象捕捉】按钮□。
- 按 F3 快捷键。

2．设置捕捉的特征点类型

由于 AutoCAD 提供了多种类型的特征点，在绘制较为复杂的图形对象时，若开启的特征点类型太多，可能会因同时捕捉到多个特征点而相互干扰，影响绘图效率。

因此在开启对象捕捉功能后，用户需根据实际需求设置要捕捉的特征点类型，共有以下两种方法实现该操作。

- 在【对象捕捉】按钮□上单击鼠标右键，在弹出的快捷菜单中选择要捕捉的特征点类型，选择后该类型左侧呈现打钩状态，如图 4-7 所示。
- 在【对象捕捉】按钮的快捷菜单中选择【对象捕捉设置】菜单命令，打开【草图设置】对话框，在【对象捕捉】选项卡下选中相应的复选框即可，如图 4-8 所示。

图 4-7　在快捷菜单中选择相应命令　　　　图 4-8　在【对象捕捉】选项卡下选中相应复选框

下面以绘制公切线为例，介绍对象捕捉功能的用法，具体操作步骤如下。

step 01 按 F3 键开启对象捕捉功能，在底部状态栏中的【对象捕捉】按钮 上单击鼠标右键，在弹出的快捷菜单中选择【端点】和【切点】两种类型，如图 4-9 所示。

step 02 调用【直线】命令，绘制长度为 300 的水平直线，然后调用【圆】命令，捕捉直线的左端点作为圆心，如图 4-10 所示。

图 4-9 选择【端点】和【切点】

图 4-10 捕捉直线的左端点作为圆心

step 03 在左侧绘制半径为 70 的圆，按空格键重复命令，再次捕捉直线的右端点作为圆心，绘制半径为 100 的圆，如图 4-11 所示。

step 04 调用【直线】命令，捕捉小圆的切点作为直线的第一个点，如图 4-12 所示。

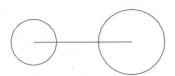

图 4-11 绘制半径为 100 的圆

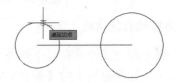

图 4-12 捕捉小圆的切点

step 05 捕捉大圆的切点作为直线的第二个点，即可绘制公切线，如图 4-13 所示。

step 06 重复上述操作，绘制另一条公切线，如图 4-14 所示。

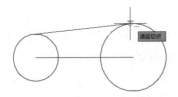

图 4-13 捕捉大圆的切点

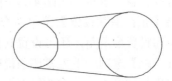

图 4-14 绘制另一条公切线

3. 使用临时捕捉功能

若用户需要临时捕捉某个不常用的特征点，那么可以在绘图过程中启用临时捕捉模式，该模式是一次性的捕捉模式，只对当前捕捉点有效，不能反复使用。

在命令行中遇到点提示时，按住 Shift 或 Ctrl 键不放，然后单击鼠标右键，在弹出的快捷菜单中可选择要临时捕捉的特征点类型，如选择【几何中心】类型，如图 4-15 所示，那么接下来即可捕捉到几何图形的中心点。注意，若要再次捕捉几何中心，需再次启用临时捕捉模式。

4.1.4 使用极轴追踪功能

使用极轴追踪功能，所有 0°和指定增量角的整数倍角度都会被追踪。例如，将增量角设置为 30°，那么当光标靠近 30°以及 30°的整数倍角度时，会显示出一条无限延伸的追踪线，沿该追踪线即可追踪到指定点，效果如图 4-16 所示。

 正交与极轴追踪两种功能都可准确追踪指定的角度，所不同的是，正交仅仅能追踪到水平和垂直方向的角度，而极轴追踪可追踪到更多的角度。

图 4-15 选择要临时捕捉的特征点类型

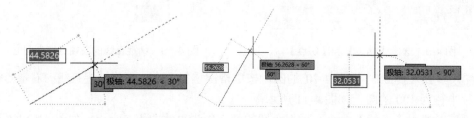

图 4-16 将增量角设置为 30°时的效果

1. 开启极轴追踪功能

开启极轴追踪功能通常有以下两种方法。

● 单击底部状态栏上的【极轴追踪】按钮 。
● 按 F10 快捷键。

2. 设置极轴追踪

在底部状态栏上的【极轴追踪】按钮 上单击鼠标右键，在弹出的快捷菜单中选择预设的选项，可以设置增量角，如图 4-17 所示。

若选择【正在追踪设置】菜单命令，将打开【草图设置】对话框，从中同样可以开启极轴追踪功能和设置增量角，还可设置其他相关参数，如图 4-18 所示。

【极轴追踪】选项卡下主要选项说明如下。

● 启用极轴追踪：选中该复选框，可启用极轴追踪功能。
● 增量角：设置极轴增量角度，可输入任意角度，也可在其下拉列表中选择预设角度。
● 附加角：设置增量角之外的附加角度。注意，系统只会追踪该附加角度，而不追踪该角度的整数倍角度。
● 仅正交追踪：表示在开启对象捕捉追踪功能后，系统仅在水平和垂直方向上显示追踪线。
● 用所有极轴角设置追踪：表示在开启对象捕捉追踪功能后，系统会在水平、垂直和极轴追踪角度等一系列方向上显示追踪线。

● 绝对：表示相对水平方向逆时针测量角度。

● 相对上一段：表示以上一个绘制线段为基准测量角度。

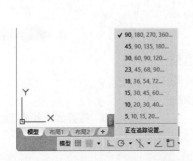

图 4-17　在快捷菜单中选择增量角　　　　图 4-18　在【极轴追踪】选项卡下设置增量角

下面以绘制底角为 30°的等腰三角形为例，介绍极轴追踪的用法，具体操作步骤如下。

step 01 按 F10 键开启极轴追踪功能，在底部状态栏中的【极轴追踪】按钮 ⏣ 上单击鼠标右键，在弹出的快捷菜单中选择【30,60,90,120....】选项，如图 4-19 所示。

step 02 调用【直线】命令，单击任意一点作为起点，向右上角移动鼠标，此时在 30°角范围内显示有一条追踪线，如图 4-20 所示，输入长度值为 100。

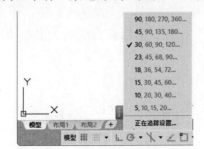

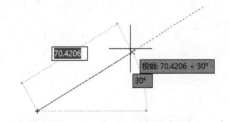

图 4-19　选择【30,60,90,120....】选项　　　图 4-20　在 30°角范围内显示一条追踪线

step 03 按空格键重复命令，向右下角拖动鼠标，沿着 30°角的追踪线绘制长为 100 的直线，如图 4-21 所示。

step 04 向左移动光标，捕捉第一条直线的起点，完成等腰三角形的绘制，如图 4-22 所示。

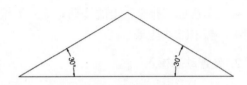

图 4-21　沿着 30°角的追踪线绘制直线　　　　图 4-22　等腰三角形

4.1.5 使用对象捕捉追踪功能

对象捕捉追踪是以捕捉的特征点为基准，向水平、垂直和极轴追踪角度所引出的追踪线。此外，使用对象捕捉追踪功能可以同时保持多个特征点的追踪线，由此捕捉到更为特殊的位置。

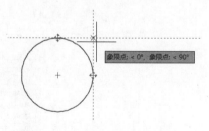

图 4-23 捕捉到两条追踪线的交点

例如，首先捕捉到圆顶部的象限点，引出水平追踪线，然后捕捉到圆右侧的象限点，引出垂直追踪线，使用对象捕捉追踪功能可同时保持这两条追踪线，从而捕捉到两条线的交点，效果如图 4-23 所示。

开启对象捕捉追踪功能，通常有以下两种方法。

- 单击底部状态栏上的【对象捕捉追踪】按钮 。
- 按 F11 快捷键。

4.1.6 使用动态输入功能

使用动态输入功能，在调用某个命令时，光标附近会显示相关提示信息，该信息随着操作而更新，从而辅助用户完成图形的绘制。

例如，调用【直线】命令后，提示"指定第一个点"，并显示当前的坐标值，如图 4-24 所示。指定第一个点后，则会提示"指定下一点或"，并显示当前直线的长度与角度等信息，如图 4-25 所示。

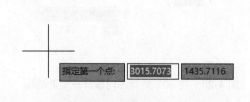

图 4-24 提示"指定第一个点"

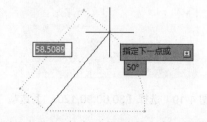

图 4-25 提示"指定下一点或"

1. 开启动态输入功能

开启动态输入功能通常有以下两种方法。

- 单击底部状态栏上的【动态输入】按钮 。
- 按 F12 快捷键。

2. 设置动态输入

在底部状态栏上的【动态输入】按钮 上单击鼠标右键，在弹出的快捷菜单中选择【动态输入设置】菜单命令，打开【草图设置】对话框，在【动态输入】选项卡下可设置相关参数，如图 4-26 所示。

图 4-26 【草图设置】对话框

【动态输入】选项卡下主要选项说明如下。

- 启用指针输入：选中该复选框，在光标附近会显示当前的坐标值，用户可直接在其中输入新坐标，而不用在命令行中输入。单击【设置】按钮，将打开【指针输入设置】对话框，在其中可设置坐标格式及可见性，如图 4-27 所示。
- 可能时启用标注输入：选中该复选框，在光标附近会显示出长度、半径、角度值等信息。单击【设置】按钮，将打开【标注输入的设置】对话框，在其中可设置可见性，如图 4-28 所示。

图 4-27 【指针输入设置】对话框

图 4-28 【标注输入的设置】对话框

- 动态提示：设置是否在光标附近显示命令提示和命令输入以及是否随命令提示显示更多提示。

4.2 使用参数化约束功能

约束是应用于二维几何图形的一种关联和限制方法，利用参数化约束功能，当改变图形的尺寸参数时，图形会自动发生相应的变化。参数化约束分为两种类型：几何约束和标注约束，下面分别介绍。

4.2.1 几何约束

几何约束用于控制图形对象之间的位置关系，包括重合、共线、平行、垂直、同心、相等、相等、水平等类型。由于其操作方法大致相同，下面以对称约束为例进行介绍。

1. 命令调用方法

- 单击【参数化】选项卡 |【几何】面板 |【对称】按钮 。
- 选择【参数】|【几何约束】|【对称】菜单命令。
- 单击【几何约束】工具栏中的【对称】按钮 。
- 在命令行输入"gcsymmetric"命令，并按 Enter 键。

2. 使用对称约束

对称约束将限制两个对象相对于某直线呈对称状。使用对称约束的具体操作步骤如下。

step 01 打开"素材\Ch04\对称约束.dwg"文件，如图 4-29 所示。

step 02 单击【参数化】选项卡 |【几何】面板 |【对称】按钮 ，如图 4-30 所示。

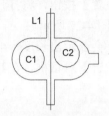

图 4-29　素材文件

图 4-30　单击【对称】按钮

step 03 根据提示分别选择 C1 和 C2 作为第一个和第二个对象，然后选择 L1 作为对称直线，如图 4-31 所示。

step 04 即可将圆 C1 约束到与圆 C2 相对于直线 L1 对称，效果如图 4-32 所示。

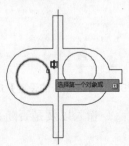

图 4-31　选择对象及对称直线

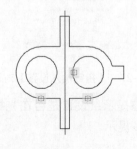

图 4-32　使用对称约束后的效果

命令行提示如下：

```
命令：_GcSymmetric                      //调用【对称约束】命令
选择第一个对象或 [两点(2P)] <两点>：     //选择圆 C1
选择第二个对象：                         //选择圆 C2
选择对称直线：                           //选择直线 L1
```

对于几何约束其他类型，说明如下。

- 自动约束 ：系统将根据所选对象自动判断出约束的方式。
- 重合约束 ：约束两点使其重合，或者约束一个点使其位于对象或对象延长线上。

- 平行约束 ✕：约束两条直线相互平行。
- 相切约束 ✕：约束两条曲线使其彼此相切或使其延长线相切。
- 共线约束 ✕：约束两条或多条直线到同一直线方向。
- 垂直约束 ✕：约束两条直线相互垂直。
- 平滑约束 ✕：约束样条曲线与其他样条曲线、直线、圆弧等对象保持连续性。
- 同心约束 ✕：约束两个圆、圆弧或椭圆到同一个中心点。
- 水平约束 ✕：约束所选对象与 X 轴平行。
- 竖直约束 ✕：约束所选对象与 Y 轴平行。
- 固定约束 ✕：约束对象固定在绘图区内，使其不能移动。
- 相等约束 ✕：约束两条直线使其长度相等，或者约束圆弧或圆使其半径相等。

4.2.2　标注约束

标注约束用于控制图形的大小、角度以及两点间的距离，包括线性、水平、竖直、对齐、半径、直径等类型。由于其操作方法大致相同，下面以半径约束为例进行介绍。

1. 命令调用方法

- 单击【参数化】选项卡 | 【标注】面板 | 【半径】按钮✕。
- 选择【参数】|【标注约束】|【半径】菜单命令。
- 单击【标注约束】工具栏中的【半径】按钮✕。
- 在命令行输入"dcradius"命令，并按 Enter 键。

2. 使用半径约束

半径约束可约束圆或圆弧的半径。使用半径约束的具体操作步骤如下。

step 01 打开"素材\Ch04\半径约束.dwg"文件，如图 4-33 所示。

step 02 单击【参数化】选项卡 | 【标注】面板 | 【半径】按钮✕，如图 4-34 所示。

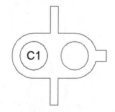

图 4-33　素材文件　　　　　　　　图 4-34　单击【半径】按钮

step 03 根据提示选中圆 C1，然后单击鼠标指定尺寸线的位置，如图 4-35 所示。

step 04 删除尺寸文本框内原有的数值，重新输入半径值为"5"，按 Enter 键，如图 4-36 所示。

step 05 即可约束圆 C1 的半径为 5，效果如图 4-37 所示。

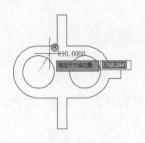　　　　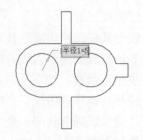　　　　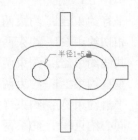

图 4-35　指定尺寸线的位置　　　图 4-36　输入半径值为"5"　　图 4-37　使用半径约束后的效果

命令行提示如下：

```
命令: _DcRadius            //调用【半径约束】命令
选择圆弧或圆:              //选择圆 C1
标注文字 = 10
指定尺寸线位置:            //指定尺寸线的位置
```

对于标注约束其他类型，说明如下。

- 线性约束 ：约束两点之间的水平或竖直距离。
- 水平约束 ：约束两点之间的水平距离。
- 竖直约束 ：约束两点之间的竖直距离。
- 对齐约束 ：约束两点之间的距离，可以约束水平尺寸、竖直尺寸和倾斜尺寸。
- 直径约束 ：约束圆或圆弧的直径。
- 角度约束 ：约束两对象之间的角度。
- 转换约束 ：该项可将已经标注的尺寸转换为标注约束。

4.3　使用查询功能

使用查询功能可以帮助用户查询图形对象的距离、半径、角度、面积、质量等相关信息，以供绘图时作为参考使用。

4.3.1　查询距离

使用【距离】命令可以查询任意两点之间或多线段上的距离。

1．命令调用方法

- 单击【默认】选项卡|【实用工具】面板|【距离】按钮 。
- 选择【工具】|【查询】|【距离】菜单命令。
- 单击【查询】工具栏上的【距离】按钮 。
- 在命令行输入"dist/di"命令，并按 Enter 键。

2．查询距离

调用【距离】命令后，只需指定要查询的两个点即可，具体操作步骤如下。

step 01　打开"素材\Ch04\查询.dwg"文件，如图 4-38 所示。

step 02　单击【默认】选项卡 |【实用工具】面板 |【距离】按钮，分别捕捉 A 点和 B 点，即可查询出 A、B 两点间的距离，此时光标附近会显示下拉列表，在其中选择相应选项，可继续进行查询操作，选择【退出】选项，或者按 Esc 键可结束命令，如图 4-39 所示。

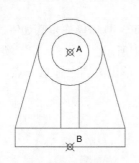

图 4-38　素材文件

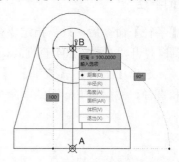

图 4-39　查询出 A、B 两点间的距离

若在命令行中输入"dist"来调用【距离】命令，那么查询结果如图 4-40 所示，并不会显示下拉列表。

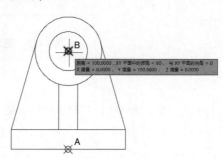

图 4-40　不会显示下拉列表

命令行提示如下：

```
命令：_ MEASUREGEOM                                               //调用【距离】命令
输入选项 [距离(D)/半径(R)/角度(A)/面积(AR)/体积(V)] <距离>：D
指定第一点：                                                       //捕捉 A 点
指定第二个点或 [多个点(M)]：                                        //捕捉 B 点
距离 = 100.0000，XY 平面中的倾角 = 90，  与 XY 平面的夹角 = 0
X 增量 = 0.0000，  Y 增量 = 100.0000，    Z 增量 = 0.0000
输入选项 [距离(D)/半径(R)/角度(A)/面积(AR)/体积(V)/退出(X)] <距离>：*取消*
//按 Esc 键
```

4.3.2　查询半径

使用【半径】命令可以查询圆或圆弧的半径和直径数值。

1. 命令调用方法

● 单击【默认】选项卡 |【实用工具】面板 |【半径】按钮。

- 选择【工具】|【查询】|【半径】菜单命令。
- 单击【查询】工具栏上的【半径】按钮◎。
- 在命令行输入 "measuregeom/mea" 命令，并按 Enter 键。

2. 查询半径

调用【半径】命令后，只需指定要查询的圆或圆弧即可，具体操作步骤如下。

step 01 打开"素材\Ch04\查询.dwg"文件，如图 4-41 所示。

step 02 选择【工具】|【查询】|【半径】菜单命令，单击大圆上任意一点，即可查询该圆的半径和直径，然后按 Esc 键结束命令，如图 4-42 所示。

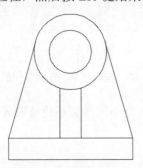

图 4-41　素材文件

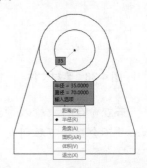

图 4-42　查询出圆的半径和直径

命令行提示如下：

```
命令:_MEASUREGEOM                                                    //调用【半径】命令
输入选项 [距离(D)/半径(R)/角度(A)/面积(AR)/体积(V)] <距离>:_radius
选择圆弧或圆:                                                         //选择大圆
半径 = 35.0000
直径 = 70.0000
输入选项 [距离(D)/半径(R)/角度(A)/面积(AR)/体积(V)/退出(X)] <半径>:*取消*    //按 Esc 键
```

4.3.3　查询角度

使用【角度】命令可以查询两直线之间夹角的度数。

1. 命令调用方法

- 单击【默认】选项卡|【实用工具】面板|【角度】按钮。
- 选择【工具】|【查询】|【角度】菜单命令。
- 单击【查询】工具栏上的【角度】按钮。
- 在命令行输入 "measuregeom/mea" 命令，并按 Enter 键。

2. 查询角度

调用【角度】命令后，只需指定要查询角度的两条直线即可，具体操作步骤如下。

step 01 打开"素材\Ch04\查询.dwg"文件，如图 4-43 所示。

step 02 选择【工具】|【查询】|【角度】菜单命令，再分别选择直线 A1 和直线 A2，即可查询这两条线的角度，然后按 Esc 键结束命令，如图 4-44 所示。

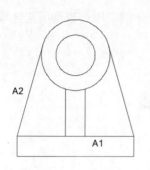

图 4-43　素材文件

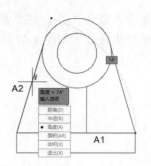

图 4-44　查询出两条线的角度

命令行提示如下：

```
命令：_MEASUREGEOM                                            //调用【角度】命令
输入选项 [距离(D)/半径(R)/角度(A)/面积(AR)/体积(V)] <距离>: _angle
选择圆弧、圆、直线或 <指定顶点>：                              //选择直线 A1
选择第二条直线：                                              //选择直线 A2
角度 = 74°
输入选项 [距离(D)/半径(R)/角度(A)/面积(AR)/体积(V)/退出(X)] <角度>: *取消*  //按 Esc 键
```

4.3.4　查询面积/周长

使用【面积】命令可以查询指定区域的面积和周长。

1. 命令调用方法

- 单击【默认】选项卡 |【实用工具】面板 |【面积】按钮🔲。
- 选择【工具】|【查询】|【面积】菜单命令。
- 单击【查询】工具栏上的【面积】按钮🔲。
- 在命令行输入"area"命令，并按 Enter 键。

2. 查询面积

调用【面积】命令后，需指定要查询的图形区域，具体操作步骤如下。

step 01　打开"素材\Ch04\查询.dwg"文件，如图 4-45 所示。

step 02　选择【工具】|【查询】|【面积】菜单命令，依次单击 A、B、C、D 四点，形成矩形区域，如图 4-46 所示。

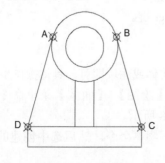

图 4-45　素材文件

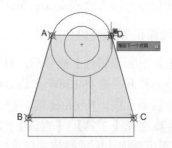

图 4-46　依次单击四个点形成矩形区域

step 03 输入命令 "a" ，然后单击 A 点，并按 Enter 键，即可查询所选区域的面积和周长，按 Esc 键结束命令，如图 4-47 所示。

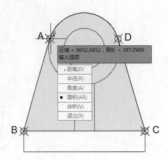

图 4-47　查询出所选区域的面积和周长

命令行提示如下：

```
命令：MEASUREGEOM                                        //调用【面积】命令
输入选项 [距离(D)/半径(R)/角度(A)/面积(AR)/体积(V)] <距离>：_area
指定第一个角点或 [对象(O)/增加面积(A)/减少面积(S)/退出(X)] <对象(O)>：     //捕捉 A 点
指定下一个点或 [圆弧(A)/长度(L)/放弃(U)]：                    //捕捉 B 点
指定下一个点或 [圆弧(A)/长度(L)/放弃(U)]：                    //捕捉 C 点
指定下一个点或 [圆弧(A)/长度(L)/放弃(U)/总计(T)] <总计>：        //捕捉 D 点
指定下一个点或 [圆弧(A)/长度(L)/放弃(U)/总计(T)] <总计>：a   //输入命令 a
指定圆弧的端点(按住 Ctrl 键以切换方向)或[角度(A)/圆心(CE)/闭合(CL)/方向(D)/直线(L)/
半径(R)/第二个点(S)/放弃(U)]：                              //捕捉 A 点
指定圆弧的端点(按住 Ctrl 键以切换方向)或[角度(A)/圆心(CE)/闭合(CL)/方向(D)/直线(L)/
半径(R)/第二个点(S)/放弃(U)]：
区域 = 9652.5852，周长 = 397.2906                    //按 Enter 键查询结果
输入选项 [距离(D)/半径(R)/角度(A)/面积(AR)/体积(V)/退出(X)] <面积>：*取消*   //按 Esc 键
```

4.3.5　查询面域/质量特性

使用【面域/质量特性】命令可以查询实体或面域的面积、周长、质心、惯性矩、惯性积等信息。

1. 命令调用方法

- 选择【工具】|【查询】|【面域/质量特性】菜单命令。
- 单击【查询】工具栏上的【面域/质量特性】按钮。
- 在命令行输入 "massprop/mas" 命令，并按 Enter 键。

2. 查询面积/质量特性

调用【面积/质量特性】命令后，只需指定要查询的实体或面域即可，具体操作步骤如下。

step 01 打开 "素材\Ch04\查询.dwg" 文件，选择【绘图】|【面域】菜单命令，然后依次选择下方四条直线，按 Enter 键，创建面域，如图 4-48 所示。

step 02 选择【工具】|【查询】|【面域/质量特性】菜单命令，然后选中创建的面域，按 Enter 键，即可查询该面域的相关信息，如图 4-49 所示。

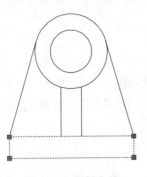

图 4-48　素材文件

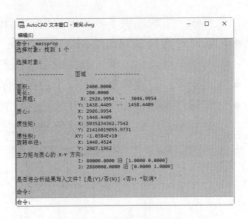

图 4-49　面域的相关信息

4.4　使用视图缩放和平移功能

视图是按一定比例、观察位置和角度所显示的图形。利用视图缩放和平移功能，可以帮助用户更好地观察图形。

4.4.1　缩放视图

缩放视图是指改变图形在屏幕上的显示比例，同时保持真实尺寸不变，这样既可查看图形的全貌，也可查看图形的某一细节。

在绘图区滚动鼠标滚轮，即可缩放视图，这是最常用的方法。此外，主要有以下几种方法缩放视图。

- 选择【视图】|【缩放】子菜单命令，如图 4-50 所示。
- 单击【缩放】工具栏中相应的按钮，如图 4-51 所示。
- 在命令行输入"zoom"，并按 Enter 键。

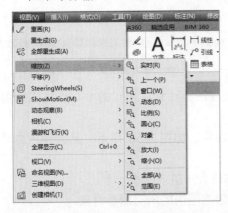

图 4-50　在【缩放】子菜单列表中选择命令

图 4-51　单击【缩放】工具栏中相应的按钮

由上可知，系统提供了多种缩放模式，其说明如下。

- 实时：选择该项，绘图区内将出现一个放大镜图标🔍，按住鼠标左键不放，向上或向下拖动鼠标，即可放大或缩小图形。
- 上一个：设置恢复到上一个视图显示的图形状态。
- 窗口：选择该项，需要在绘图区设置一个矩形窗口，如图 4-52 所示。设置完成后，矩形窗口内包含的图形对象将以最大化显示，效果如图 4-53 所示。

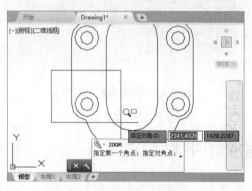

图 4-52　设置一个矩形窗口

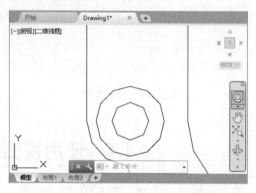

图 4-53　矩形窗口内的对象以最大化显示

- 动态：设置以动态方式缩放视图。
- 比例：以指定的比例因子来缩放视图。图 4-54 所示为原图，将比例设置为 0.5，效果如图 4-55 所示。

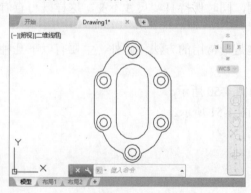

图 4-54　原图

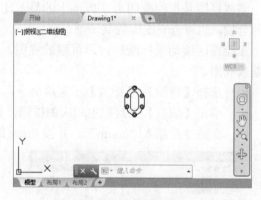

图 4-55　将比例设置为 0.5 的效果

- 圆心：以指定的中心点和缩放比例来缩放视图。注意，指定的中心点将成为缩放后新视图的中心点。
- 对象：选择该项，需要在绘图区选择图形对象，如图 4-56 所示，从而使所选对象最大化显示，效果如图 4-57 所示。
- 放大/缩小：选择该项，视图将比当前状态放大一倍或缩小一半。
- 全部：选择该项，将显示整个模型空间界限范围内的所有图形对象。
- 范围：使所有图形对象最大化地显示在屏幕上。

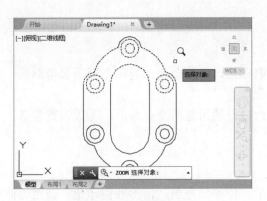

图 4-56 选择图形对象

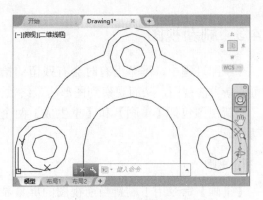

图 4-57 使所选对象最大化显示

 提示　除上述方法外，双击鼠标中间的小滚轮，也可使所有图形对象最大化显示，从而实现范围缩放。

4.4.2 平移视图

平移视图是指重新定义当前图形在屏幕中的位置，以便于浏览图形的其他部分，该操作不会改变图形的实际位置。

在绘图区中按住鼠标滚轮不放，光标会变为小手形状，此时拖动鼠标，即可平移视图。此外，选择【视图】|【平移】菜单命令，在子菜单中可以看到，系统还提供了多种方法用于平移视图，如图 4-58 所示。

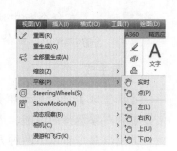

图 4-58 【平移】子菜单

各视图平移选项说明如下。

- 实时：选择该项，光标会变为小手形状，拖动鼠标可平移视图。图 4-59 为原图，平移后效果如图 4-60 所示。此外，在命令行中输入"pan"，按 Enter 键，同样可实现该功能。

图 4-59 原图

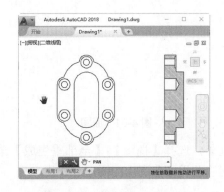

图 4-60 平移视图后的效果

- 点：通过指定起始点和第二点来平移图形对象。
- 左/右/上/下：选择该项，图形将向相应方向移动一段距离。

4.4.3 刷新视图

在绘图过程中，屏幕上有时会有残留的拾取标记，可能会使当前图形画面显得混乱，此时可刷新当前视图，从而观察到图形的最终效果。

刷新视图包括【重画】和【重生成】两个命令，调用这两个命令后，无须设置参数，可自动完成。

1. 重画

【重画】命令用于刷新当前视图的屏幕显示，使屏幕重画，消除残留印记。调用该命令有以下两种方法。

- 选择【视图】|【重画】菜单命令。
- 在命令行输入"redrawall/redraw/ra"命令，并按 Enter 键。

提示　在命令行中输入"redraw"命令，将从当前视口中消除残留印记；若输入"redrawall"命令，将从所有视口中消除残留印记。

2. 重生成

【重生成】命令用于重新计算所有图形的屏幕坐标，重新创建图形数据库索引，从而优化显示和对象选择的性能。该命令比【重画】命令执行速度慢，更新屏幕花费时间较长。

调用该命令有以下两种方法。

- 选择【视图】|【重生成】菜单命令。
- 在命令行输入"regen/e"命令，并按 Enter 键。

对如图 4-61 所示的图形执行命令，效果如图 4-62 所示。

图 4-61　原图　　　　　　　　图 4-62　执行【重生成】命令后的效果

此外，选择【视图】|【全部重生成】菜单命令，可对所有图形重生成，而【重生成】命令仅对当前视图范围内的图形起作用。

4.5　综合实战——绘制连杆

本例将使用【图层特性】、【圆】、【偏移】、【圆角】、【对象捕捉】等命令绘制连杆，具体操作步骤如下。

step 01 选择【格式】|【图层】菜单命令，打开【图层特性管理器】选项板，在其中新建"中心线层"和"粗实线层"，并设置"中心线层"的线型和颜色，如图 4-63 所示。

step 02 将"中心线层"设置为当前图层，按 F8 键打开正交模式，然后调用【构造线】命令，绘制水平和垂直构造线，调用【偏移】命令，将垂直构造线向右偏移 75，如图 4-64 所示。

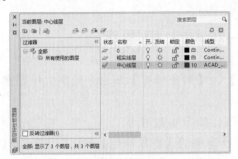

图 4-63 【图层特性管理器】选项板

图 4-64 绘制构造线

step 03 将"粗实线层"设置为当前图层，调用【圆】命令，在左侧绘制半径为 7 和 9 的同心圆，在右侧绘制半径为 13 和 20 的同心圆，如图 4-65 所示。

step 04 调用【直线】命令，捕捉左侧圆的切点作为起点，捕捉右侧圆的切点作为终点，绘制两条公切线，如图 4-66 所示。

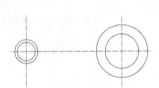

图 4-65 绘制同心圆

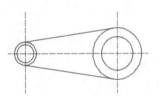

图 4-66 绘制两条公切线

step 05 调用【偏移】命令，将水平构造线分别向上和向下偏移 3，将右侧垂直构造线向左侧偏移 17，如图 4-67 所示。

step 06 调用【修剪】命令，对图形进行修剪操作，效果如图 4-68 所示。

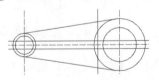

图 4-67 偏移构造线

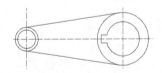

图 4-68 对图形进行修剪

step 07 调用【偏移】命令，将两条公切线分别向内部偏移 4.5，将左侧垂直构造线向右偏移 18，将右侧垂直构造线向左偏移 30，如图 4-69 所示。

step 08 调用【圆角】命令，设置圆角半径为 3，对图形进行倒圆角操作，如图 4-70 所示。

step 09 再次调用【圆角】命令，设置圆角半径为 5，对右侧图形进行倒圆角操作。至此，即完成连杆的绘制，效果如图 4-71 所示。

115

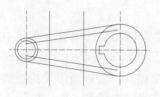

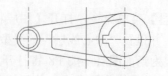

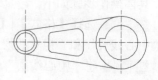

图 4-69　偏移构造线　　　　图 4-70　对图形进行倒圆角操作　　　　图 4-71　连杆

4.6　综合实战——绘制太极图案

本例将使用【圆】、【修剪】、【图案填充】、【对象捕捉】等命令绘制太极图案，具体操作步骤如下。

step 01　调用【圆】命令，绘制半径为 10 的圆，如图 4-72 所示。

step 02　按 F3 键开启对象捕捉功能，在底部状态栏的【对象捕捉】按钮上单击鼠标右键，在弹出的快捷菜单中选择【端点】、【中点】、【圆心】和【象限点】4 个特殊点，如图 4-73 所示。

step 03　单击【默认】选项卡 | 【绘图】面板 | 【圆】按钮的下拉按钮，在弹出的下拉列表中选择【两点】选项，如图 4-74 所示。

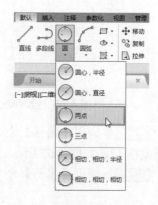

图 4-72　绘制圆　　　　图 4-73　选择特殊点　　　　图 4-74　选择【两点】选项

　在命令行输入 "C" 调用【圆】命令时，默认以指定圆心和半径法绘制圆。

step 04　分别捕捉象限点和大圆的圆心作为圆的两点，绘制圆，如图 4-75 所示。

step 05　重复步骤 3 和 4，再次绘制一个圆，如图 4-76 所示。

step 06　调用【修剪】命令，对两个圆进行修剪，只保留半圆，效果如图 4-77 所示。

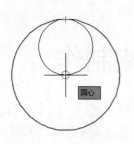

图 4-75　绘制圆

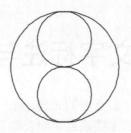

图 4-76　再次绘制圆

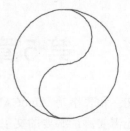

图 4-77　对两个圆进行修剪

step 07　调用【圆】命令，以指定圆心和半径法绘制圆，这里捕捉圆弧圆心作为小圆的圆心，设置半径为 1.5，绘制两个小圆，如图 4-78 所示。

step 08　调用【图案填充】命令，为图形填充黑色。至此，即完成太极图案的绘制，效果如图 4-79 所示。

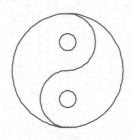

图 4-78　绘制两个小圆

图 4-79　太极图案

4.7　高　手　甜　点

甜点 1：怎样删除约束？

答：选中使用了约束的对象，单击【参数化】选项卡 |【管理】面板 |【删除约束】按钮，或者选择【参数】|【删除约束】菜单命令，即可删除该对象中使用的约束。

甜点 2：如何修复图形对象？

答：当文件损坏后，使用【修复】命令可以查找并更正错误，从而修复部分或全部数据。选择【文件】|【图形实用工具】|【修复】菜单命令，打开【选择文件】对话框，在计算机中选择要修复的文件，单击【打开】按钮，系统将自动修复所选的文件。

第 5 章　文字标注与表格制作

文字和表格是 AutoCAD 图形中很重要的元素，在一张完整的图纸中，除了绘制的图形外，还需要添加必要的文字注释、技术要求或明细表等非图形信息，为施工人员或生产人员提供足够的使用信息。本章主要介绍文字、字段以及表格的创建和编辑方法。

本章学习目标(已掌握的在方框中打钩)

- □　掌握创建和修改文字的方法。
- □　掌握查找和替换文字的方法。
- □　掌握加入特殊符号的方法。
- □　掌握定义文字样式的方法。
- □　掌握插入和更新字段的方法。
- □　掌握定义表格样式的方法。
- □　掌握插入和编辑表格的方法。

重点案例效果

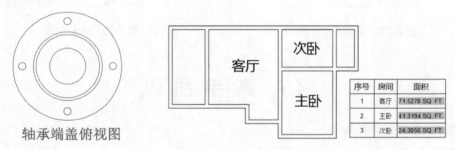

轴承端盖俯视图

序号	房间	面积
1	客厅	71.5278 SQ. FT.
2	主卧	41.3194 SQ. FT.
3	次卧	24.3056 SQ. FT.

5.1　单行文字与多行文字

文字是制图中不可缺少的组成部分，通常用于对图形进行注释或补充说明。AutoCAD 共提供了两种类型的文字，分别是单行文字和多行文字。

5.1.1　单行文字

使用单行文字命令可以创建一行或多行文字，其中，每行文字都是一个独立对象，可对其进行单独编辑。

1. 命令调用方法

- ●　单击【默认】选项卡 | 【注释】面板 | 【单行文字】按钮A。
- ●　单击【注释】选项卡 | 【文字】面板 | 【单行文字】按钮A。

- 选择【绘图】|【文字】|【单行文字】菜单命令。
- 单击【文字】工具栏中的【单行文字】按钮。
- 在命令行输入"text/dtext/dt"命令，并按 Enter 键。

2. 创建单行文字

在创建单行文字时，需要指定文字起点、文字高度、文字旋转角度等元素，具体操作步骤如下。

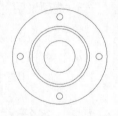

图 5-1　素材文件

step 01　打开"素材\Ch05\单行文字.dwg"文件，如图 5-1 所示。

step 02　单击【默认】选项卡 |【注释】面板 |【单行文字】按钮，在图形底部合适位置处单击，指定文字起点，如图 5-2 所示。

step 03　在命令行中输入文字高度为 11，按 Enter 键，如图 5-3 所示。

step 04　命令行提示指定文字的旋转角度，默认为 0，这里按 Enter 键，保持默认设置不变，如图 5-4 所示。

图 5-2　指定文字起点　　　图 5-3　输入文字高度为 11　　　图 5-4　指定文字的旋转角度

step 05　此时起点处会出现一个带光标的矩形框，如图 5-5 所示。

step 06　在矩形框内输入文字"轴承端盖俯视图"，然后在其他位置处单击，按 Esc 键结束命令，如图 5-6 所示。

提示

输入一行文字后，在其他位置处单击可输入另一行文字，若按 Enter 键，光标将跳转到下一行，在其中同样可输入另一行文字，从而达到输入多行文字的目的，但每行文字都是独立对象。

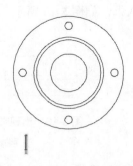

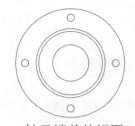

轴承端盖俯视图

图 5-5　出现带光标的矩形框　　　　图 5-6　在矩形框内输入文字

命令行提示如下：

```
命令：TEXT                                    //调用【单行文字】命令
当前文字样式："Standard" 文字高度：2.5 注释性：否 对正：左
指定文字的起点 或 [对正(J)/样式(S)]：         //单击指定文字起点
指定高度 <2.5>：11                            //输入文字高度为 11
```

指定文字的旋转角度 <0d0'>:   //按 Enter 键

3. 选项说明

- 样式(S)：设置当前文字所使用的样式。
- 对正(J)：设置文字的对齐方式，AutoCAD 提供了多种对齐方式，包括左、居中、右、中间、布满、左上、中上、右下等。

5.1.2 多行文字

多行文字是由任意数目的文字行或段落所组成的，与单行文字所不同的是，无论行数多少，多行文字均是一个整体。此外，用户可以为多行文字中不同的文字设置不同的格式。

1. 命令调用方法

- 单击【默认】选项卡|【注释】面板|【多行文字】按钮 A。
- 单击【注释】选项卡|【文字】面板|【多行文字】按钮 A。
- 选择【绘图】|【文字】|【多行文字】菜单命令。
- 单击【文字/绘图】工具栏中的【多行文字】按钮 A。
- 在命令行输入"mtext/mt"命令，并按 Enter 键。

2. 创建多行文字

在创建多行文字时，需要指定文字输入框的大小，具体操作步骤如下。

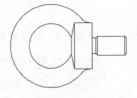

图 5-7　素材文件

step 01 打开"素材\Ch05\多行文字.dwg"文件，如图 5-7 所示。

step 02 单击【默认】选项卡|【注释】面板|【多行文字】按钮 A，在图形右下角合适位置处单击，指定文字输入框的第一角点，如图 5-8 所示。

step 03 拖动鼠标并单击，指定文字输入框的对角点，按 Enter 键，如图 5-9 所示。

step 04 此时指定位置处会出现一个带光标的文字输入框，如图 5-10 所示。

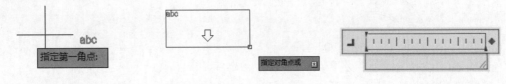

图 5-8　指定文字输入框的　　图 5-9　指定文字输入框的　　图 5-10　出现带光标的
　　　　　第一角点　　　　　　　　　　对角点　　　　　　　　　文字输入框

step 05 在框内输入多行文字，在输入时按 Enter 键可实现换行。输入完成后，将光标定位至右下角，拖动鼠标调整输入框的大小，如图 5-11 所示。

step 06 在其他位置处单击，结束输入，如图 5-12 所示。

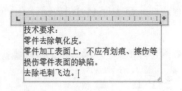

图 5-11　在框内输入多行文字

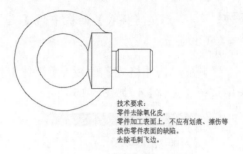

图 5-12　在其他位置处单击

命令行提示如下：

命令：_mtext　　　　　　　　　　　　　　　　　　//调用【多行文字】命令
当前文字样式："Standard"　文字高度：2.5　注释性：否
指定第一角点：　　　　　　　　　　　　　　　　//单击指定第一角点
指定对角点或 [高度(H)/对正(J)/行距(L)/旋转(R)/样式(S)/宽度(W)/栏(C)]：
// 单击指定对角点

3. 选项说明

- 高度(H)：设置文字输入框的高度。
- 对正(J)：设置文字的对齐方式。
- 行距(L)：设置多行文字中行与行之间的距离。
- 旋转(R)：设置文字的旋转角度。
- 样式(S)：设置当前文字所使用的样式。
- 宽度(W)：设置文字输入框的宽度。
- 栏(C)：指定文字的栏类型以及栏数。

4. 设置文字格式

在创建多行文字输入框后，功能区中会增加【文字编辑器】选项卡，利用其中的【样式】、【格式】、【段落】等面板，可以为指定的文字设置字体、字号、字形、对齐方式、行距、项目符号和编号等格式，如图 5-13 所示。

提示　　　　单行文字并没有【文字编辑器】选项卡，若要设置单行文字的字体格式，只能通过应用不同的文字样式来实现。

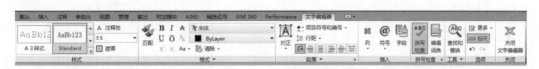

图 5-13　【文字编辑器】选项卡

设置文字格式的具体操作步骤如下。

step 01 接上面的操作步骤，双击多行文字，进入编辑状态，选择"技术要求："文字，在【样式】面板 | 【注释性】框内输入"3.5"，按 Enter 键，设置字号，如图 5-14 所示。

提示   通过【样式】面板中的【遮罩】按钮，可为多行文字添加背景颜色，从而突出显示。

step 02 单击【格式】面板|【粗体】按钮 **B**，然后单击【字体】按钮，在弹出的下拉列表中选择【黑体】，如图 5-15 所示。

图 5-14　设置字号

图 5-15　设置字体

step 03 即可设置所选文字的字号、字体和加粗效果，如图 5-16 所示。

step 04 选择其余四行文字，单击【段落】面板|【项目符号和编号】按钮，在弹出的下拉列表中选择【以数字标记】选项，如图 5-17 所示。

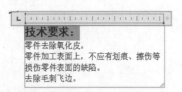

图 5-16　设置文字格式后的效果

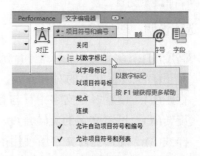

图 5-17　选择【以数字标记】选项

step 05 即可为所选文字添加编号，如图 5-18 所示。

step 06 向左拖动输入框顶部的标尺，调整文字的缩进量，如图 5-19 所示。

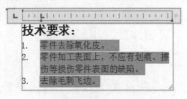

图 5-18　为所选文字添加编号

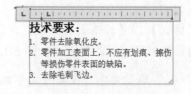

图 5-19　调整文字的缩进量

5.1.3　修改文字

无论是单行文字还是多行文字，在创建完成后，都可对其内容及特性进行修改。

1. 修改文字内容

若要修改文字的内容，首先需进入文字编辑状态，主要有以下几种方法来实现。

- 选择【修改】|【对象】|【文字】|【编辑】菜单命令。
- 单击【文字】工具栏中的【编辑】按钮 ✎。

- 在命令行输入"textedit/ddedit/ed"命令，并按 Enter 键。
- 双击需修改的文字。

执行上述任一操作，均可使文字进入编辑状态，如图 5-20 所示。在其中修改内容后，在其他位置处单击，或者按 Esc 键退出编辑状态即可，如图 5-21 所示。

 对于多行文字，进入编辑状态后，不仅可修改文字内容，此时功能区中还会增加【文字编辑器】选项卡，利用该选项卡，用户可修改多行文字的格式。

轴承端盖俯视图   轴承端盖

图 5-20 文字进入编辑状态   图 5-21 修改内容

2. 修改文字特性

修改文字特性是指修改文字的高度、对齐方式、旋转角度、文字样式等特性，主要有以下几种方法来实现该操作。

- 选择【修改】|【对象】|【文字】|【比例/对正】菜单命令，根据命令行的提示操作，可分别修改文字的高度及对齐方式。
- 单击【注释】选项卡|【文字】面板|【缩放】按钮 🄰 /【对正】按钮 🄰，同样可修改文字的高度和对齐方式。
- 选择要修改的文字，然后选择【修改】|【特性】菜单命令，即可打开【特性】选项板，在该选项板的【文字】区域可设置文字的样式、方向、高度、旋转等特性，如图 5-22 所示。

图 5-22 【特性】选项板

 选择【工具】|【选项板】|【特性】菜单命令，单击【视图】选项卡|【选项板】面板|【特性】按钮 🄳，或者在命令行输入"properties/pr"命令，均可打开【特性】选项板。

5.1.4 查找、替换文字

若图形文件中包含的文字较多，当需要查找某个特定的内容时，就可以使用 AutoCAD 提供的查找功能。若需要将查找出的文本替换为其他内容，则可使用替换功能，从而轻松修改文字内容。

调用【查找和替换】命令共有以下几种方法。

- 选择【编辑】|【查找】菜单命令。
- 单击【文字】工具栏中的【查找】按钮 🄰。
- 在命令行输入"find"命令，并按 Enter 键。

执行上述任一操作，均可打开【查找和替换】对话框，如图 5-23 所示。在【查找内容】

下拉列表框中输入要查找的文本，单击【查找】按钮，光标即可跳转到目标文本上，在【替换为】下拉列表框中输入替换后的文本，单击【替换】按钮，可替换当前位置的文本，单击【全部替换】按钮，可批量替换所有查找出的文本。

图 5-23 【查找和替换】对话框

 选中【列出结果】复选框，那么单击【查找】按钮后，所有符合条件的结果都在下方的列表框中显示出来，如图 5-24 所示。此外，单击【更多选项】按钮，将显示【搜索选项】和【文字类型】区域，在其中可设置更为精确的查找条件和文字类型，如图 5-25 所示。

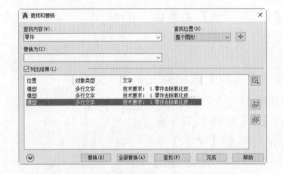

图 5-24 查找结果在列表框中显示出来

图 5-25 显示出更多选项

5.1.5 加入特殊符号

在制图过程中，有些特殊符号无法直接从键盘输入，如公差、角度、文字的上划线等，此时需要使用 AutoCAD 提供的控制码来输入。

每个特殊符号都对应有一个控制码，常用特殊符号的控制码如表 5-1 所示。进入文字编辑状态后，输入对应的控制码，系统就会自动将其转换为相应的特殊符号。

表 5-1 特殊字符代码一览表

控 制 码	特殊符号
%%c	直径标注符号(ϕ)
%%d	角度符号(°)
%%p	正/负公差符号(±)
%%o	添加或删除上画线
%%u	添加或删除下画线

续表

控　制　码	特殊符号
\u+2260	不相等(≠)
\u+2248	几乎等于(≈)
\u+0394	差值(Δ)

例如，输入数字 45 后，输入两个%符号，如图 5-26 所示，当继续输入字母 d 时，该组控制码自动转换为角度这一特殊符号，如图 5-27 所示。

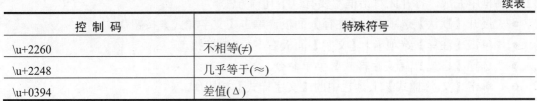

图 5-26　输入数字 45 后再输入两个%符号　　　　图 5-27　转换为角度

此外，对于多行文字，除了使用控制码来输入特殊符号外，用户还有以下两种方法输入。

- 进入文字的编辑状态，单击【文字编辑器】选项卡 |【插入】面板 |【符号】按钮，在弹出的下拉列表中选择要插入的特殊符号即可，如图 5-28 所示。
- 进入文字的编辑状态，在目标位置处单击鼠标右键，在弹出的快捷菜单中选择【符号】菜单命令，然后在子菜单中选择相应的特殊符号即可，如图 5-29 所示。

图 5-28　【符号】下拉列表

图 5-29　在【符号】子菜单中选择符号

5.1.6　定义文字样式

文字样式是指字体、字号、旋转角度、方向等格式的集合，在创建文字时，系统默认使用的是 "Standard" 样式。此外，用户可根据需要自定义文字样式。该操作需要在【文字样式】对话框中完成，打开此对话框主要有以下几种方法。

- 展开【默认】选项卡|【注释】面板，单击【文字样式】按钮 。
- 单击【注释】选项卡|【文字】面板右下角的 按钮。
- 选择【格式】|【文字样式】菜单命令。
- 单击【文字/样式】工具栏中的【文字样式】按钮 。
- 在命令行输入"style/st"命令，并按 Enter 键。

执行上述任一操作，均可打开【文字样式】对话框，在其中可完成自定义文字样式的操作，具体操作步骤如下。

step 01 选择【格式】|【文字样式】菜单命令，打开【文字样式】对话框，单击【新建】按钮，如图 5-30 所示。

step 02 打开【新建文字样式】对话框，在【样式名】文本框中输入名称，如输入"建筑样式"，单击【确定】按钮，如图 5-31 所示。

图 5-30 【文字样式】对话框　　　　　　图 5-31 【新建文字样式】对话框

step 03 返回至【文字样式】对话框，单击【字体名】右侧的下拉按钮，在弹出的下拉列表中选择【黑体】，如图 5-32 所示。

step 04 在【高度】文本框中输入"3.5"，单击【应用】按钮，然后单击【关闭】按钮，关闭对话框即可，如图 5-33 所示。

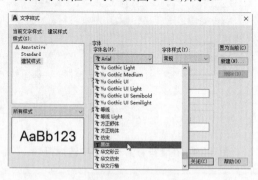

图 5-32 设置字体　　　　　　　　　　图 5-33 设置高度

【文字样式】对话框中主要选项说明如下。

- 字体名：设置文字的字体。
- 高度：设置文字的字号。

- 颠倒：设置文字的翻转效果，如图 5-34 所示。
- 反向：设置文字的反向效果，如图 5-35 所示。
- 宽度因子：设置文字的宽度，默认为 1，若大于 1，文字将变宽。
- 倾斜角度：设置文字的倾斜角度，图 5-36 是设置为 60 度的效果。

| 图 5-34　文字的翻转效果 | 图 5-35　文字的反向效果 | 图 5-36　文字的倾斜效果 |

提示 　在【样式】列表框中的样式上单击鼠标右键，在弹出的快捷菜单中选择【重命名】菜单命令，可对文字样式进行重命名，若选择【删除】菜单命令，可删除所选中的文字样式，如图 5-37 所示。需注意的是，用户无法删除已经被使用了的文字样式、被置为当前的文字样式以及默认的 Standard 样式。

图 5-37　在快捷菜单中选择菜单命令

5.2　字段的使用

在制图时，经常会遇到一些在设计过程中发生变化的文字和数据，例如引用的视图方向、重新编号后的图纸、更改后的图纸尺寸和日期等。当这些数据发生变化时，用户往往需要手动修改，这样不仅会降低工作效率，而且容易出错。此时可以使用字段解决这一问题，字段也是文字，又称作"智能文字"，当字段所代表的文字或数据发生变化时，无须手动修改，字段会自动更新。

5.2.1　插入字段

简单来说，字段是可以自动更新的文字，包括多种类型，如打印比例、打印方向、文件大小、日期和时间、图纸尺寸等。

1. 命令调用方法

- 单击【插入】选项卡|【数据】面板|【字段】按钮 。
- 选择【插入】|【字段】菜单命令。
- 在命令行输入"field/fie"命令，并按 Enter 键。
- 当文本或表格处于可编辑状态时，在要插入字段处单击鼠标右键，在弹出的快捷菜单中选择【插入字段】菜单命令。
- 当文本处于编辑状态时，单击【文字编辑器】选项卡|【插入】面板|【字段】按钮 。

 提示 前三种方法适用于单独插入字段，后两种方法则适用于在多行文字和表格中插入字段。

2. 插入字段

用户既可以在多行文字和表格中插入字段，也可以单独插入字段。下面以在多行文字中插入字段为例进行介绍，具体操作步骤如下。

step 01 打开"素材\Ch05\插入字段.dwg"文件，双击多行文字，进入可编辑状态，将光标定位在最后一行，如图 5-38 所示。

step 02 单击鼠标右键，在弹出的快捷菜单中选择【插入字段】菜单命令，如图 5-39 所示。

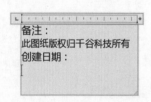

图 5-38　将光标定位在最后一行　　　　图 5-39　选择【插入字段】菜单命令

step 03 打开【字段】对话框，单击【字段类别】按钮，在弹出的下拉列表中显示了所有的字段类别，这里选择【日期和时间】类别，如图 5-40 所示。

step 04 在【字段名称】列表框中选择【日期】选项，然后在【样例】列表框中字段名称和日期格式，单击【确定】按钮，如图 5-41 所示。

图 5-40　选择字段类别　　　　　　　　图 5-41　选择字段名称和日期格式

step 05 即可在光标所在位置插入日期和时间类型的字段，该日期和时间是系统当前的日期和时间，如图 5-42 所示。

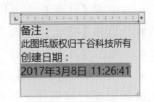

图 5-42　插入日期和时间类型的字段

5.2.2　更新字段

对字段进行更新操作，那么字段就会显示为最新的值。用户既可单独更新字段，也可在文字对象中更新所有字段。更新字段的具体操作步骤如下。

step 01 接上一节的操作，进入文字编辑状态，选择要更新的字段，单击鼠标右键，在弹出的快捷菜单中选择【更新字段】菜单命令，如图 5-43 所示。

提示　在快捷菜单中选择【编辑字段】菜单命令，将打开【字段】对话框，在其中可对字段重新编辑；若选择【将字段转换为文字】菜单命令，可将所选字段转换为文字。

step 02 即可更新所选的字段，如图 5-44 所示。

图 5-43　选择【更新字段】菜单命令

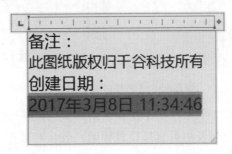

图 5-44　更新所选的字段

除了上述方法外，用户还可直接输入命令完成更新字段的操作。在命令行输入"upd"命令，按 Enter 键，然后选择要更新的字段即可。

5.3　表　格　制　作

表格是由包含注释(以文字为主，也包含多个块)的单元构成的矩形阵列。在工程制图中经常会用到表格，从而可以更为直观、清晰地表达数据。

5.3.1　定义表格样式

表格样式是指填充颜色、对齐方式、线宽、线型等格式的集合，在创建表格时，系统默认使用的是"Standard"样式。此外，用户可根据需要自定义表格样式。该操作需要在【表格样式】对话框中完成，打开此对话框主要有以下几种方法。

● 展开【默认】选项卡|【注释】面板，单击【表格样式】按钮 。

- 单击【注释】选项卡 |【表格】面板右下角的按钮。
- 选择【格式】|【表格样式】菜单命令。
- 单击【样式】工具栏中的【表格样式】按钮 。
- 在命令行输入"tablestyle/ts"命令，并按 Enter 键。

执行上述任一操作，均可打开【表格样式】对话框，在其中可完成创建表格样式的操作，具体操作步骤如下。

step 01 打开"素材\Ch05\插入表格.dwg"文件，选择【格式】|【表格样式】菜单命令，打开【表格样式】对话框，单击【新建】按钮，如图 5-45 所示。

step 02 打开【创建新的表格样式】对话框，在【新样式名】文本框中输入名称，如输入"明细样式"，单击【继续】按钮，如图 5-46 所示。

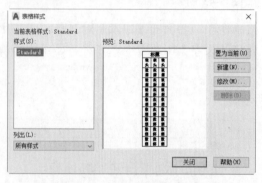

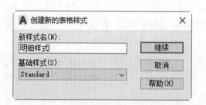

图 5-45 【表格样式】对话框 　　　　图 5-46 【创建新的表格样式】对话框

step 03 打开【新建表格样式:明细样式】对话框，单击【单元样式】下拉按钮，在弹出的下拉列表中可选择设置标题、表头和数据 3 种类型的表格样式，这里选择【数据】选项，如图 5-47 所示。

step 04 在【常规】选项卡下可对表格的背景填充颜色、对齐方式、数据类型和页边距等进行设置，这里将【对齐】设置为【正中】，如图 5-48 所示。

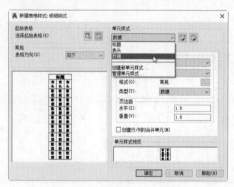

图 5-47 选择单元样式 　　　　　图 5-48 设置对齐方式

step 05 在【文字】选项卡下可对表格中文本的样式、高度、颜色、角度进行设置，这里将【文字高度】设置为"4"，如图 5-49 所示。

step 06 在【边框】选项卡下可对表格的线宽、线型、边框颜色等进行设置，这里将

【线宽】设置为 0.20mm，如图 5-50 所示。

图 5-49　设置文字高度

图 5-50　设置线宽

设置完成后，单击【确定】按钮，返回至【表格样式】对话框，单击【置为当前】按钮，即可将创建的表格样式设置为当前的表格样式，然后单击【关闭】按钮，关闭对话框即可，如图 5-51 所示。

 插入表格前，单击【注释】选项卡 |【表格】面板 | Standard 按钮，在弹出的下拉列表中列出了所有的表格样式，选择【明细样式】，同样可将其设置为当前的表格样式，如图 5-52 所示。

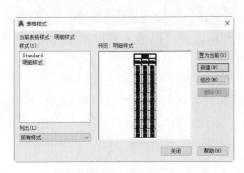

图 5-51　单击【置为当前】按钮

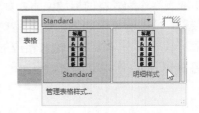

图 5-52　选择【明细样式】

5.3.2　插入表格

将创建的表格样式设置为当前的表格样式，然后选择要插入表格的图层，接下来就可以插入表格了。

1. 命令调用方法

- 单击【默认】选项卡 |【注释】面板 |【表格】按钮▦。
- 单击【注释】选项卡 |【表格】面板 |【表格】按钮▦。
- 选择【绘图】|【表格】菜单命令。
- 单击【绘图】工具栏中的【表格】按钮▦。
- 在命令行输入"table/tb"命令，并按 Enter 键。

2. 插入表格

在插入表格时，需要指定表格的行列数、行高、列宽以及插入点等元素，具体操作步骤如下。

step 01 接上一小节的操作，单击【默认】选项卡 |【注释】面板 |【表格】按钮 ，打开【插入表格】对话框，如图 5-53 所示。

step 02 将【列数】和【列宽】分别设置为"4"和"30"，将【数据行数】和【行高】分别设置为"6"和"1"，然后单击【确定】按钮，如图 5-54 所示。

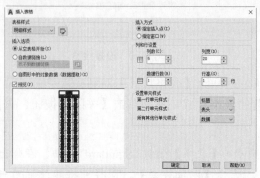

图 5-53　【插入表格】对话框　　　　　　图 5-54　设置参数

step 03 在绘图窗口的合适位置处单击鼠标，指定在该点插入表格，如图 5-55 所示。

step 04 插入表格后，第 1 行中显示有闪烁光标，表示已进入编辑状态，在其中输入"材料明细表"作为表格的标题文本，如图 5-56 所示。

step 05 按下键盘上的方向键，移动光标至其他单元格，或者双击目标单元格，使该单元格进入可编辑状态，在其中输入相应的文本，然后在表格外其他位置处单击，结束输入即可，如图 5-57 所示。

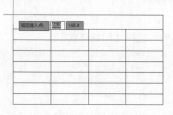

	A	B	C	D
1		材料明细表		
2				
3				
4				
5				
6				
7				
8				

材料明细表			
零件名称	数量	材料	规格
螺母	2	Q253	GB57-86
螺栓	2	Q253	GB57-86
弹簧垫圈	2	65Mn	GB93-87

图 5-55　插入表格　　　图 5-56　输入表格的标题文本　　　图 5-57　输入其他文本

【插入表格】对话框中主要选项说明如下。

- 表格样式：设置表格要应用的样式，单击其右侧的【表格样式】按钮 ，将打开【表格样式】对话框，在其中可修改或新建表格样式。
- 插入选项：设置是创建空白表格，还是链接外部表格中的数据来创建表格。
- 插入方式：设置表格的插入方式。【指定插入点】表示指定一个点作为表格左上角的位置，从而插入表格；【指定窗口】表示在绘图窗口中拖动鼠标来定义表格的大小和位置，行和列设置中始终只能设置一项参数，另一项则根据拖动范围自行设置。

- 列和行设置：设置表格的行列数、行高和列宽。
- 设置单元样式：设置表格中第一行、第二行以及其他行所使用的单元样式。

5.3.3 编辑表格

插入表格后，用户可以根据需要对表格进行编辑，包括在表格中插入行和列、删除行和列、合并单元格、调整行高和列宽、修改表格文本、设置文本格式等操作。

1. 编辑单元格

单击选中目标单元格，此时功能区中会增加【表格单元】选项卡，在其中可对表格中的行和列、对齐方式、表格边框等进行编辑，如图 5-58 所示。

图 5-58　【表格单元】选项卡

编辑单元格的具体操作步骤如下。

step 01 接上一小节的操作，单击选中单元格 A2，然后单击【表格单元】选项卡 |【列】面板 |【从左侧插入】按钮，如图 5-59 所示。

step 02 即可在原单元格 A2 的左侧插入一个空白列，如图 5-60 所示。

图 5-59　单击【从左侧插入】按钮 　　　　图 5-60　在左侧插入一个空白列

step 03 双击单元格 A2，进入可编辑状态，在其中输入"序号"，如图 5-61 所示。

step 04 按下键盘上的方向键，使光标跳转到其他单元格，在其中输入相应的序号，如图 5-62 所示。

图 5-61　在单元格 A2 中输入文本 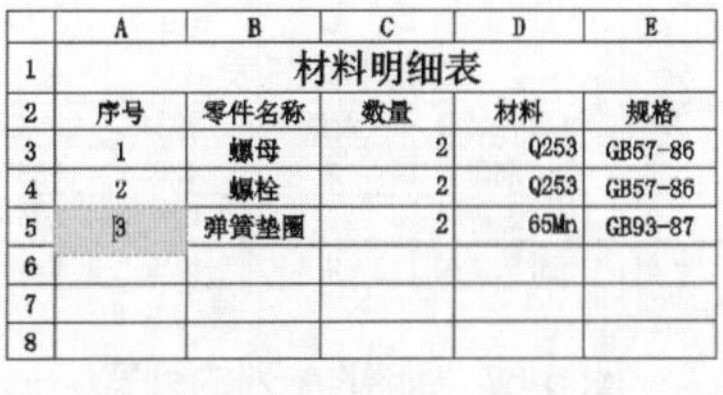　　　　图 5-62　在其他单元格中输入序号

step 05 拖动鼠标选择单元格区域 A6:A8，然后单击【表格单元】选项卡 |【行】面板 |【删除行】按钮，如图 5-63 所示。

step 06 即可删除目标单元格区域所在的行，如图 5-64 所示。

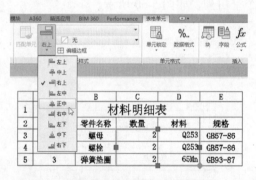

图 5-63　单击【删除行】按钮

图 5-64　删除目标单元格区域所在的行

step 07 拖动鼠标选择单元格区域 C3:D5，然后单击【表格单元】选项卡 |【单元样式】面板 |【右上】按钮，在弹出的下拉列表中选择【正中】选项，设置对齐方式，如图 5-65 所示。

step 08 拖动鼠标选择单元格区域 A2:E2，然后单击【表格单元】选项卡 |【单元样式】面板 |【无】按钮，在弹出的下拉列表中选择淡蓝色作为填充颜色，如图 5-66 所示。

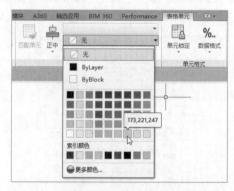

图 5-65　设置对齐方式

图 5-66　设置填充颜色

step 09 选中单元格 A2，将光标定位在右侧控制点上，向左拖动鼠标，可调整 A 列的列宽，如图 5-67 所示。

step 10 编辑完成后，在表格外其他位置处单击，取消选中状态即可，效果如图 5-68 所示。

图 5-67　调整 A 列的列宽

图 5-68　完成编辑的效果

【表格单元】选项卡中各面板说明如下。

- 行：从目标单元格的上方或下方插入一行，或者删除目标单元格所在的行。
- 列：从目标单元格的左侧或右侧插入一列，或者删除目标单元格所在的列。
- 合并：将选中的多个单元格区域合并成一个单元格，或者取消合并操作。
- 单元样式：设置表格中文本的对齐方式、目标单元格的填充颜色以及边框样式等。
- 单元格式：设置是否锁定目标单元格的内容及格式，还可设置文本的数据格式。
- 插入：插入图块、字段以及公式等元素。
- 数据：设置链接外部表格中的数据。

2. 编辑表格中的文本

双击表格中的目标单元格，进入可编辑状态，此时功能区中会增加【文字编辑器】选项卡，在其中可对文字样式、文字格式、段落格式等进行设置，如图 5-69 所示。

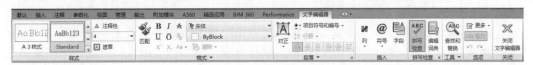

图 5-69　【文字编辑器】选项卡

【文字编辑器】选项卡的用法与 5.1.2 节设置多行文字格式中所使用的【文字编辑器】选项卡是完全相同的，这里不再赘述。

5.4　综合实战——完善户型图纸

本例将结合所学的知识，在一张简单的户型图纸中，添加相关文字说明，并插入表格和字段来表示每个房间的面积，从而完善该图纸，具体操作步骤如下。

step 01　打开"素材\Ch05\户型图.dwg"文件，如图 5-70 所示。

step 02　选择【格式】|【文字样式】菜单命令，打开【文字样式】对话框，单击【新建】按钮，如图 5-71 所示。

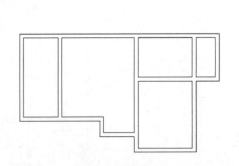

图 5-70　素材文件

图 5-71　【文字样式】对话框

step 03　打开【新建文字样式】对话框，在【样式名】文本框中输入"户型样式"，单击【确定】按钮，如图 5-72 所示。

step 04 返回至【文字样式】对话框，将【字体名】设置为【微软雅黑】，将【高度】设置为"14"，然后依次单击【应用】按钮和【置为当前】按钮，如图 5-73 所示。设置完成后，单击【关闭】按钮，关闭对话框。

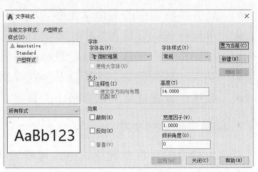

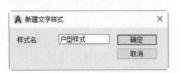

图 5-72　【新建文字样式】对话框　　　　　　图 5-73　设置参数

step 05 调用【单行文字】命令，在绘图区合适位置处输入单行文字，如图 5-74 所示。

step 06 单击其他位置，继续在该处输入单行文字，然后按 Ctrl+Enter 组合键结束命令，如图 5-75 所示。

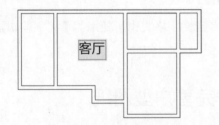

图 5-74　输入单行文字　　　　　　　　图 5-75　在其他处输入单行文字

step 07 在命令行输入"tb"，并按 Enter 键，打开【插入表格】对话框，将【列数】和【列宽】分别设置为"3"和"40"，将【数据行数】和【行高】均设置为"2"，将单元样式均设置为【数据】，然后单击【确定】按钮，如图 5-76 所示。

step 08 在绘图区右下方单击，指定表格的位置，即可创建表格，如图 5-77 所示。

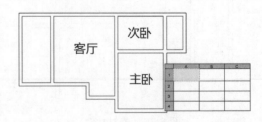

图 5-76　【插入表格】对话框　　　　　　图 5-77　创建表格

step 09 此时单元格 A1 处于编辑状态，在其中输入"序号"，然后按键盘上的方向键，跳转至其他单元格，在其中输入相应文本，如图 5-78 所示。

step 10 双击单元格 A1，选择其中的文本，在【文字编辑器】选项卡|【样式】面板中，将【文字高度】设置为 "8"，然后在【格式】面板中，将【字体】设置为【微软雅黑】，如图 5-79 所示。

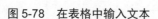

图 5-78　在表格中输入文本

图 5-79　设置单元格 A1 中文本的格式

step 11 使用同样的方法，分别设置其他单元格中文本的格式，效果如图 5-80 所示。

step 12 拖动鼠标选择单元格区域 A2:C4，单击【表格单元】选项卡|【单元样式】面板|【对齐】按钮，在弹出的下拉列表中选择【正中】选项，设置对齐方式，如图 5-81 所示。

图 5-80　设置其他单元格中文本的格式

图 5-81　设置对齐方式

step 13 双击单元格 C2，使其处于可编辑状态，然后单击鼠标右键，在弹出的快捷菜单中选择【插入字段】菜单命令，如图 5-82 所示。

step 14 打开【字段】对话框，将【字段类别】设置为【对象】，然后单击【对象类型】文本框右侧的【选择对象】按钮，如图 5-83 所示。

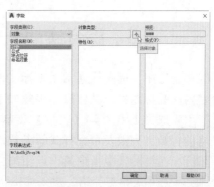

图 5-82　选择【插入字段】菜单命令　　　　图 5-83　【字段】对话框

step 15 此时光标变为方块形状，在绘图窗口中单击"客厅"所在方框的任意位置，那么【字段】对话框中的【对象类型】显示为"多线段"，然后在【特性】列表框中选择【面积】选项，在【格式】列表框中选择【建筑】选项，单击【确定】按钮，如图 5-84 所示。

step 16 即可在单元格 C2 中插入字段，用于获取"客厅"的面积。使用同样的方法，在单元格 C3 和 C4 中插入字段，分别获取"主卧"和"次卧"的面积，如图 5-85 所示。

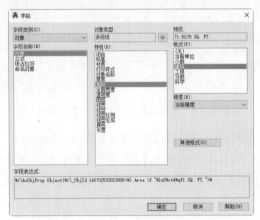

序号	房间	面积
1	客厅	71.5278 SQ. FT.
2	主卧	41.3194 SQ. FT.
3	次卧	24.3056 SQ. FT.

图 5-84　设置字段类别及特性　　　　　　　图 5-85　插入字段

step 17 单击选中单元格 A1，向左拖动右侧的控制点，调整 A 列的列宽，如图 5-86 所示。

step 18 使用同样的方法，调整其他列的列宽。然后在命令行输入"m"，并按 Enter 键，移动表格的位置，最终效果如图 5-87 所示。

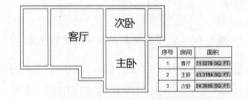

图 5-86　调整 A 列的列宽　　　　　　　　图 5-87　移动表格的位置

5.5　综合实战——创建室内简易标题栏

在工程施工中，标题栏通常用来标注设计单位、图纸信息和工程名称等内容。本例将创建一个室内简易标题栏，具体操作步骤如下。

step 01 选择【绘图】|【表格】菜单命令，打开【插入表格】对话框，在其中根据需要设置表格的行数、列数及单元样式等参数，然后单击【确定】按钮，如图 5-88 所示。

step 02 在绘图区中指定第一点和第二点，创建表格，如图 5-89 所示。

step 03 选中表格单元格，进入编辑状态，然后拖动鼠标选择要合并的单元格，如图 5-90 所示。

step 04 ▶ 单击【表格单元】选项卡 |【合并】面板 |【合并单元】按钮，在弹出的下拉列表中选择【合并全部】选项，合并所选的单元格，效果如图 5-91 所示。

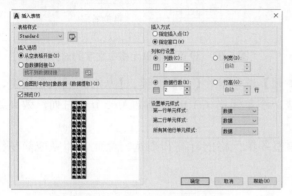

图 5-88　【插入表格】对话框

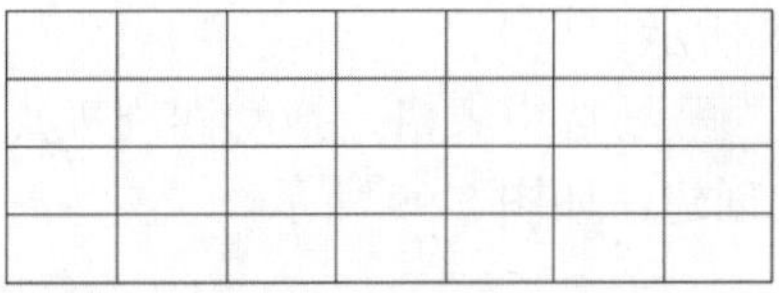

图 5-89　创建表格

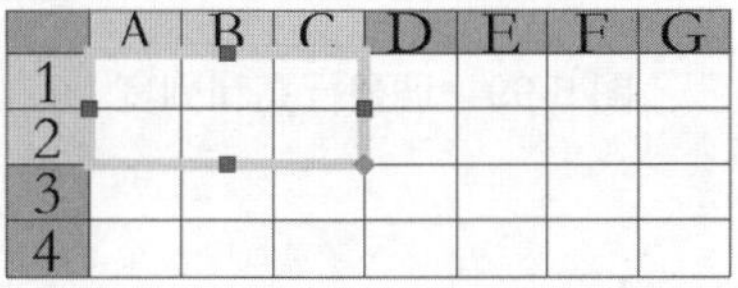

图 5-90　选择要合并的单元格

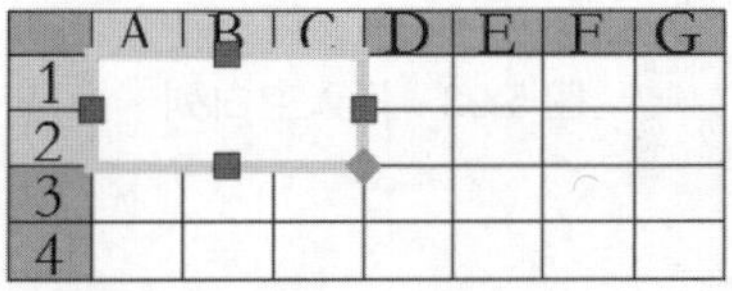

图 5-91　合并所选的单元格

step 05 ▶ 再次拖动鼠标选择其他要合并的单元格，如图 5-92 所示。

step 06 ▶ 重复步骤 4，将所选单元格进行合并，效果如图 5-93 所示。

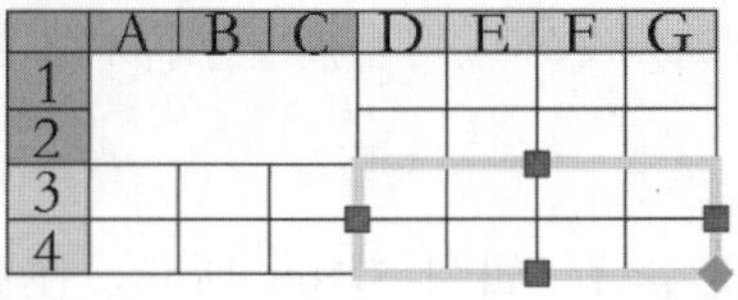

图 5-92　选择其他要合并的单元格

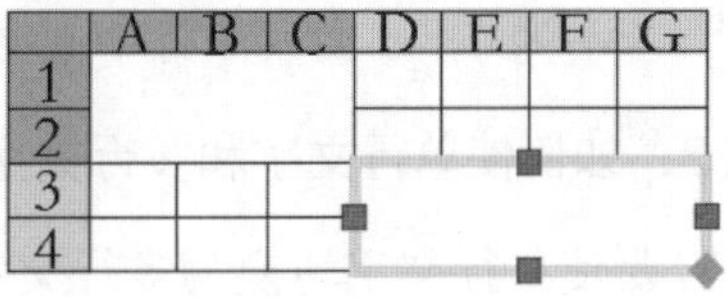

图 5-93　将所选单元格进行合并

step 07 ▶ 双击单元格 A1，进入可编辑状态，在其中输入文字，如图 5-94 所示。

step 08 ▶ 单击单元格 A1 的边框，选中该单元格，然后单击【表格单元】选项卡 |【单元样式】面板 |【中上】按钮，在弹出的下拉列表中选择【正中】选项，设置单元格中文字的对齐方式，如图 5-95 所示。

图 5-94　在单元格 A1 中输入文字

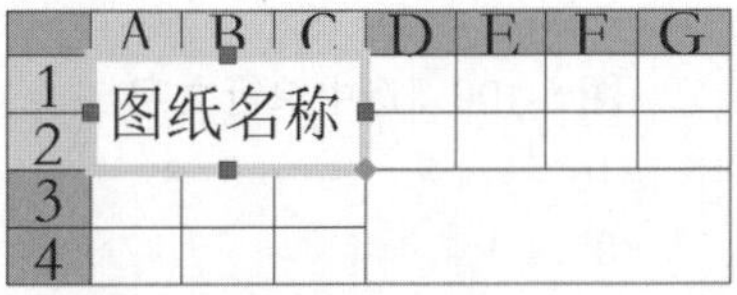

图 5-95　设置对齐方式

step 09 ▶ 选中其他单元格，在其中输入相应的文字，如图 5-96 所示。

step 10 ▶ 重复步骤 8，设置其他单元格中的文字的对齐方式，如图 5-97 所示。

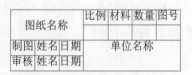

图纸名称			比例	材料	数量	图号
制图	姓名	日期	单位名称			
审核	姓名	日期				

图 5-96　在单元格中输入文字

图纸名称			比例	材料	数量	图号
制图	姓名	日期	单位名称			
审核	姓名	日期				

图 5-97　设置其他单元格中文字的对齐方式

step 11 选中单元格 B3，单击【表格单元】选项卡 | 【列】面板 | 【从右侧插入】按钮，在其右侧插入一个空白列。使用同样的方法，在单元格 C3 的右侧插入一个空白列，效果如图 5-98 所示。

step 12 选中表格，拖动四周夹点，调整各单元格的行高和列宽。至此，即完成简易标题栏的创建，如图 5-99 所示。

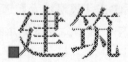

图纸名称					比例	材料	数量	图号
制图	姓名		日期		单位名称			
审核	姓名		日期					

图 5-98　插入空白列

图纸名称					比例	材料	数量	图号
制图	姓名		日期		单位名称			
审核	姓名		日期					

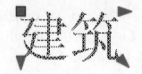

图 5-99　调整行高和列宽

5.6 高 手 甜 点

甜点 1：在创建文字时，为何有时命令行不提示设置文字高度？

答：在创建文字时，若当前文字样式中的文字高度为 0，那么命令行中会提示用户设置文字高度。若不为 0，那么命令行中不会提示，而是自动为文字应用当前文字样式中的高度。

甜点 2：如何使单行文字和多行文字相互转换？

答：若要使单行文字转换为多行文字，选中单行文字后，如图 5-100 所示，在命令行输入“txt2mtxt”，按 Enter 键，即可完成转换，效果如图 5-101 所示。同理，若要使多行文字转换为单行文字，使用“explode”命令可实现。

图 5-100　选中单行文字

图 5-101　将单行文字转换为多行文字

第6章 制图中的尺寸标注

由于绘制的图形只能反映物体对象的形状，并不能清楚表达图形的精确尺寸，因此，无论是利用计算机绘图还是手工绘图，对图形对象进行尺寸标注是必不可缺的，利用尺寸标注可以确定图形中各个对象的真实大小以及各个部分之间的相互位置。AutoCAD 2018 提供了丰富的尺寸标注类型，本章主要介绍这些尺寸标注的创建和编辑方法。

本章学习目标(已掌握的在方框中打钩)

☐ 了解尺寸标注的组成和规则。
☐ 掌握新建和管理标注样式的方法。
☐ 掌握创建尺寸标注的方法。
☐ 掌握编辑尺寸标注的方法。

重点案例效果

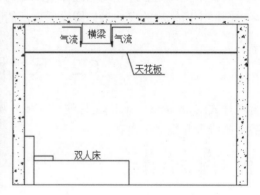

6.1 认识尺寸标注

尺寸标注可以让工程人员清楚地知道图形的尺寸和材料等信息，方便进行加工、制造、检验以及备案工作。本节主要介绍尺寸标注的组成元素以及相关规则。

6.1.1 尺寸标注的组成

一个完整的尺寸标注通常包括以下元素：标注文字、尺寸线、尺寸界线、尺寸箭头，如图 6-1 所示。

- 标注文字：用于显示测量值的字符串，可位于尺寸线上，也可位于尺寸线之间。
- 尺寸线：用于指示标注的方向与范围，通常为直线形式，对于角度标注，则显示为一段圆弧。

- 尺寸界线：用于指定标注的界限。通常情况下，尺寸界线与尺寸线相互垂直。
- 尺寸箭头：又称为终止符号，显示在尺寸线的两端，用于确定测量的起点和终点。

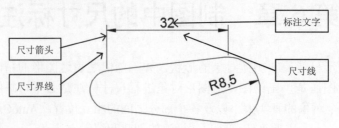

图 6-1　尺寸标注的组成

6.1.2　尺寸标注的规则

尺寸标注有详细的国家标准，应遵循以下 3 个原则。
- 物体的真实大小应以图样上所标注的尺寸数值为依据。
- 图样中的尺寸以 mm(毫米)为单位时，用户无须标注计量单位的代号或名称。若采用其他单位，则必须注明相应计量单位的代号或名称。
- 图样中所标注的尺寸为该图样所表示的物体最后完工的尺寸，否则应另加说明。

6.2　尺寸标注样式

标注样式(Dimension Style)是标注格式和外观的集合，包括标注文字的格式、箭头大小、尺寸界线的线型和线宽等内容。

6.2.1　新建标注样式

创建标注时，系统默认使用 Standard 样式。此外，用户可根据需要新建标注样式。该操作需要在【标注样式管理器】对话框中完成，打开此对话框主要有以下几种方法。
- 展开【默认】选项卡 |【注释】面板，单击【标注样式】按钮 。
- 单击【注释】选项卡 |【标注】面板右下角的 按钮。
- 选择【格式】|【标注样式】菜单命令。
- 单击【文字/样式】工具栏中的【标注样式】按钮 。
- 在命令行输入"dimstyle"命令，并按 Enter 键。

执行上述任一操作，均可打开【标注样式管理器】对话框，在其中可完成新建标注样式的操作，具体操作步骤如下。

step 01　选择【格式】|【标注样式】菜单命令，打开【标注样式管理器】对话框，单击【新建】按钮，如图 6-2 所示。

step 02　打开【创建新标注样式】对话框，在【新样式名】文本框中输入名称，如输入"机械样式"，单击【继续】按钮，如图 6-3 所示。

提示 　　【创建新标注样式】对话框中的【基础样式】参数默认是 Standard 样式，表示新样式将基于该基础样式进行设置。

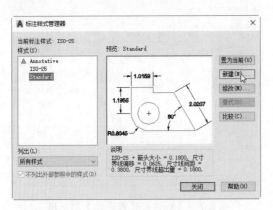

图 6-2 　【标注样式管理器】对话框

图 6-3 　【创建新标注样式】对话框

step 03 打开【新建标注样式:机械样式】对话框，切换至【符号和箭头】选项卡，单击【箭头】区域中的【第一个】下拉按钮，在弹出的下拉列表中选择尺寸箭头的样式，如选择【直角】样式，如图 6-4 所示。

step 04 在【箭头大小】微调框中输入"0.15"，作为尺寸箭头的大小，如图 6-5 所示。

图 6-4 选择尺寸箭头的样式

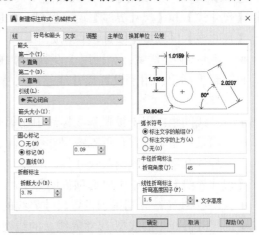

图 6-5 设置尺寸箭头的大小

step 05 切换至【文字】选项卡，单击【文字位置】区域中的【垂直】下拉按钮，在弹出的下拉列表中选择标注文字在垂直方向上的位置，如选择【外部】选项。设置完成后，单击【确定】按钮，如图 6-6 所示。

step 06 返回至【标注样式管理器】对话框，在预览框内可预览效果，单击【关闭】按钮，关闭对话框，即完成新建标注样式的操作，如图 6-7 所示。

143

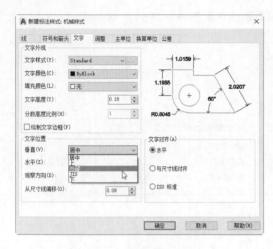 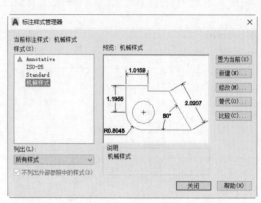

图 6-6 设置文字位置　　　　图 6-7 【标注样式管理器】对话框

【新建标注样式:机械样式】对话框中包含多个选项卡，每个选项卡下包含众多参数可对标注样式进行设置，下面简单介绍。

1.【线】选项卡

【线】选项卡主要用于设置尺寸线及尺寸界线的颜色、线型、线宽、基线间距等属性，包括【尺寸线】和【尺寸界线】两个区域，如图 6-8 所示。

【尺寸线】区域中主要选项说明如下。

- 颜色/线型/线宽：分别用于设置尺寸线的颜色、线型和线的宽度。
- 超出标记：用于设置尺寸线超出尺寸界线的距离。注意，当尺寸线两端为箭头时，该项无效。
- 基线间距：用于设置基线标注中相邻两尺寸线之间的距离。
- 隐藏：用于设置是否隐藏尺寸线。注意，【尺寸线 1】和【尺寸线 2】分别用于表示标注文字两侧的两条尺寸线。

【尺寸界线】区域中主要选项说明如下。

- 颜色/线宽：分别用于设置尺寸界线的颜色和线的宽度。
- 尺寸界线 1 的线型/尺寸界线 2 的线型：用于设置两条尺寸界线的线型样式。
- 超出尺寸线：用于设置尺寸界线超出尺寸线的距离。
- 起点偏移量：用于设置尺寸界线与标注对象之间的距离。
- 固定长度的尺寸界线：用于设置所有的尺寸界线为固定的长度。
- 隐藏：用于设置是否隐藏尺寸界线。

2.【符号和箭头】选项卡

【符号和箭头】选项卡主要用于设置箭头样式、箭头大小、折断大小、折弯角度等属性，包括【箭头】、【圆心标记】、【折断标注】、【弧长符号】、【半径折弯标注】和【线性折弯标注】六个区域，如图 6-9 所示。

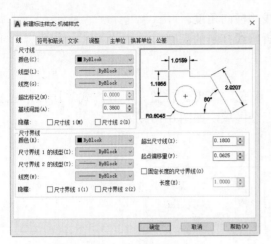

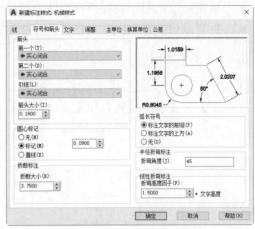

图 6-8 【线】选项卡   图 6-9 【符号和箭头】选项卡

【箭头】区域中主要选项说明如下。

- 第一个/第二个：用于设置尺寸线两端的箭头样式。注意，当设置第一个箭头的样式时，第二个箭头会默认与第一个保持一致。
- 引线：用于设置引线标注中的箭头样式。
- 箭头大小：用于设置箭头的大小。

其他区域中主要选项说明如下。

- 无/标记/直线：设置使用圆心标记时的标记样式，效果分别如图 6-10～图 6-12 所示。

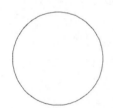   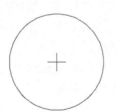   

图 6-10 【圆心标记】为【无】   图 6-11 【圆心标记】为【标记】   图 6-12 【圆心标记】为【直线】

- 折断大小：用于设置折断标注的大小。
- 标注文字的前缀/标注文字的上方/无：设置使用弧长标注时弧长符号的放置位置。效果分别如图 6-13～图 6-15 所示。

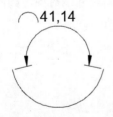   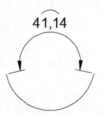   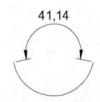

图 6-13 弧长符号放置在文字的前缀   图 6-14 弧长符号放置在文字的上方   图 6-15 无弧长符号

- 折弯角度：用于设置折弯标注中尺寸线的横向角度。
- 折弯高度因子：用于设置折弯标注中折弯线打断的高度。

3. 【文字】选项卡

【文字】选项卡主要用于设置文字样式、颜色、高度、位置、对齐方式等属性，包括【文字外观】、【文字位置】和【文字对齐】三个区域，如图 6-16 所示。

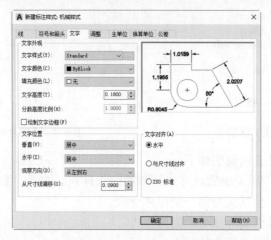

图 6-16　【文字】选项卡

【文字外观】区域中主要选项说明如下。

- 文字样式：用于设置文字所使用的样式。单击右侧的▭按钮，将打开【文字样式】对话框，在其中可新建和修改文字样式，具体方法参考 5.1.6 节。
- 文字颜色/填充颜色：分别设置文字的颜色和文字的背景颜色。
- 文字高度：用于设置文字的高度。
- 分数高度比例：用于设置文字中的分数相对于其他标注文字的比例。
- 绘制文字边框：用于设置文字边框效果。

其他区域中主要选项说明如下。

- 垂直：用于设置文字相对于尺寸线在垂直方向上的对齐方式。
- 水平：用于设置文字相对于尺寸界线在水平方向上的对齐方式。
- 从尺寸线偏移：用于设置文字与尺寸线的距离。
- 水平/与尺寸线对齐/ISO 标准：设置标注文字的对齐方式。【水平】表示文字沿水平方向放置，如图 6-17 所示；【与尺寸线对齐】表示文字与尺寸线对齐，如图 6-18 所示；【ISO 标准】表示文字按 ISO 标准放置，如图 6-19 所示。

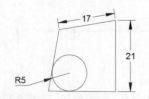

图 6-17　文字沿水平方向放置

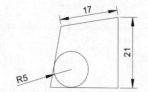

图 6-18　文字与尺寸线对齐

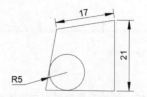

图 6-19　文字按 ISO 标准放置

4.【调整】选项卡

【调整】选项卡主要用于设置文字、箭头、引线和尺寸线的位置等属性，包括【调整选项】、【文字位置】、【标注特征比例】和【优化】四个区域，如图 6-20 所示。

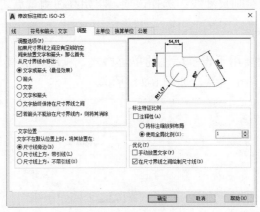

图 6-20　【调整】选项卡

当尺寸界线之间没有足够的空间放置箭头和文字时，将按照【调整选项】区域中用户所设置的选项，来调整箭头和文字的放置位置。

【调整选项】区域主要选项说明如下。

- 文字或箭头：系统将按照最佳效果自动调整文字或箭头的位置。
- 箭头：系统会优先将箭头移出尺寸界线。
- 文字：系统会优先将文字移出尺寸界线。
- 文字和箭头：系统会将文字和箭头都移出尺寸界线。
- 文字始终保持在尺寸界线之间：系统会始终将文字放置在尺寸界线之间。
- 若箭头不能放在尺寸界线内，则将其消除：若尺寸界线内没有足够的空间，系统会隐藏箭头。

其他区域主要选项说明如下。

- 尺寸线旁边/尺寸线上方，带引线/尺寸线上方，不带引线：设置当文字不在默认位置上时，放置文字的位置。效果分别如图 6-21～图 6-23 所示。

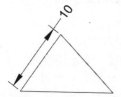 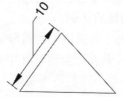 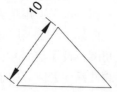

图 6-21　文字在尺寸线旁边　图 6-22　文字在尺寸线上方并带引线　图 6-23　文字线在尺寸线上方不带引线

- 注释性：选择该项，可将标注设置为可注释性对象。
- 将标注缩放到布局：选择该项，可根据当前模型空间视口与图纸空间之间的缩放关系设置比例。

- 使用全局比例：选择该项，可为所有标注样式设置一个比例。注意，该比例不改变标注的测量值。
- 手动放置文字：选择该项，可自行指定标注文字的放置位置。
- 在尺寸界线之间绘制尺寸线：选择该项，将始终在测量点之间绘制尺寸线。

5. 【主单位】选项卡

【主单位】选项卡主要用于设置标注的单位格式、精度、前缀、后缀等属性，包括【线性标注】和【角度标注】两个区域，如图 6-24 所示。

图 6-24   【主单位】选项卡

【线性标注】区域中主要选项说明如下。

- 单位格式：用于设置除角度标注外的其他标注类型的尺寸单位，包括【科学】、【小数】、【工程】、【建筑】、【分数】等选项。
- 精度：用于设置标注文字的尺寸精度。
- 分数格式：当单位格式为【建筑】和【分数】时，该项可设置分数的格式。
- 小数分隔符：用于设置小数的分隔符，包括逗号、句号和空格三种类型。
- 舍入：用于设置尺寸测量值的舍入值，类似于数学中的四舍五入。
- 前缀/后缀：在相应的文本框中输入字符，可为标注文字添加前缀或后缀。
- 比例因子：用于设置测量尺寸的缩放比例。
- 前导/后续：用于设置是否显示尺寸测量值中的前导零和后续零。

【角度标注】区域中的各选项主要用于设置角度标注中角度的单位、尺寸精度等，其含义与【线性标注】区域中各选项的含义类似，这里不再赘述。

6. 【换算单位】选项卡

【换算单位】选项卡主要用于设置换算单位的格式和精度，其各选项的含义与【主单位】选项卡类似，这里不再赘述，如图 6-25 所示。注意，【显示换算单位】复选框默认并不选择。

通过换算单位，用户可以在同一测量值上表现出两种单位的效果，但一般情况下较少采用该项。

7.【公差】选项卡

【公差】选项卡主要用于设置公差的方式、精度、偏差等属性，包括【公差格式】和【换算单位公差】两个区域，如图 6-26 所示。

图 6-25　【换算单位】选项卡

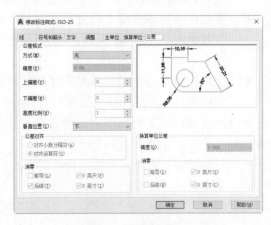

图 6-26　【公差】选项卡

【公差格式】区域中主要选项说明如下。

- 方式：设置标注公差的方式，包括无、对称公差、极限偏差、极限尺寸等类型。
- 上偏差/下偏差：分别设置尺寸的上偏差和下偏差。
- 高度比例：用于设置公差文字的高度比例因子。
- 垂直位置：用于设置公差文字相对于尺寸文字的位置，包括上、中和下三种。

6.2.2　管理标注样式

管理标注样式是指对标注样式进行修改、重命名、删除和置为当前等操作，这些操作均是在【标注样式管理器】对话框中完成的，如图 6-27 所示。打开该对话框的方法可参考 6.2.1 节，这里不再赘述。

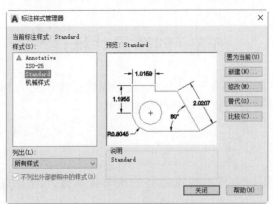

图 6-27　【标注样式管理器】对话框

【标注样式管理器】对话框中主要选项说明如下。

● 置为当前：将【样式】列表框中所选中的样式设置为当前的样式。

● 新建：新建一个标注样式。

● 修改：单击该按钮，将打开【修改标注样式】对话框，在其中可对选中的标注样式进行修改。操作完成后，所有应用该样式的标注均会发生相应的改变。

● 替代：单击该按钮，将打开【替代当前样式】对话框，在其中可对标注样式设置临时替代值。操作完成后，之后创建的标注将会发生相应的改变，而之前的保持不变。

● 比较：单击该按钮，将打开【比较标注样式】对话框，在其中可以比较两个标注样式或列出一个标注样式的所有特性。

此外，在【样式】列表框中的样式名称上单击鼠标右键，在弹出的快捷菜单中提供了三个菜单命令，如图 6-28 所示。

● 置为当前：将样式设置为当前的样式。

● 重命名：对样式进行重命名操作。

● 删除：删除所选中的样式。注意，用户无法删除图形中已使用的样式以及当前的样式。

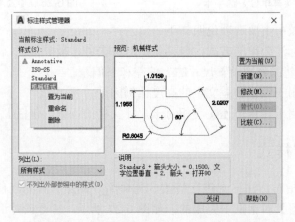

图 6-28　快捷菜单中提供了三个菜单命令

6.3　创建尺寸标注

AutoCAD 提供了多种类型的尺寸标注，包括线性标注、对齐标注、角度标注、半径标注、直径标注等。本节主要介绍这些标注的创建方法。

6.3.1　线性标注

线性标注用于标注图形中任意两点之间的水平或垂直方向上的距离，是最基本的标注类型。

1. 命令调用方法

● 单击【默认】选项卡 |【注释】面板 |【线性】按钮⊓。

● 单击【注释】选项卡 |【标注】面板 |【线性】按钮⊓。

● 选择【标注】|【线性】菜单命令。

● 单击【标注】工具栏中的【线性】按钮⊓。

● 在命令行输入"dimlinear/dli"命令，并按 Enter 键。

2. 标注线性尺寸

调用【线性】命令后，需指定两个测量点和尺寸线的位置，具体操作步骤如下。

step 01 ▶ 打开"素材\Ch06\线性标注.dwg"文件，如图 6-29 所示。

step 02 ▶ 选择【标注】|【线性】菜单命令，依次捕捉 A 点和 B 点，如图 6-30 所示。

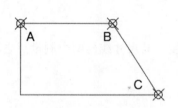

图 6-29　素材文件

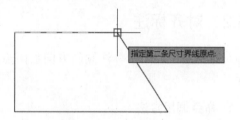

图 6-30　捕捉 A 点和 B 点

step 03 ▶ 向上拖动鼠标，在合适位置处单击指定尺寸线的位置，如图 6-31 所示。

step 04 ▶ 即可标注 A、B 两点间的水平尺寸，如图 6-32 所示。

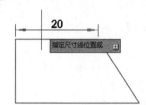

图 6-31　指定尺寸线的位置

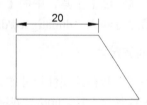

图 6-32　标注 A、B 两点间的水平尺寸

提示　　　标注两个呈倾斜方向的测量点时(如 B 点和 C 点)，在指定尺寸线位置时，若上下拖动鼠标，则显示水平尺寸，如图 6-33 所示。若左右拖动鼠标，则显示垂直尺寸，如图 6-34 所示。

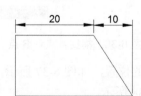

图 6-33　上下拖动鼠标时显示水平尺寸

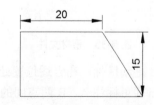

图 6-34　左右拖动鼠标时显示垂直尺寸

命令行提示如下：

```
命令: _dimlinear                                        //调用【线性】命令
指定第一个尺寸界线原点或 <选择对象>:                      //捕捉 A 点
指定第二个尺寸界线原点:                                   //捕捉 B 点
指定尺寸线位置或[多行文字(M)/文字(T)/角度(A)/水平(H)/垂直(V)/旋转(R)]:
//指定尺寸线的位置
标注文字 = 20
```

3．选项说明

- 多行文字(M)/文字(T)：分别以多行文字和单行文字的模式重新编辑标注文字。
- 角度(A)：设置标注文字的旋转角度。
- 水平(H)/垂直(V)：设置标注水平尺寸还是垂直尺寸。
- 旋转(R)：设置尺寸线的旋转角度。

6.3.2　对齐标注

对齐标注主要用于标注倾斜方向上两点之间的长度，其尺寸线与两个测量点之间的线连平行。

1．命令调用方法

- 单击【默认】选项卡 | 【注释】面板 | 【对齐】按钮 。
- 单击【注释】选项卡 | 【标注】面板 | 【对齐】按钮 。
- 选择【标注】|【对齐】菜单命令。
- 单击【标注】工具栏中的【对齐】按钮 。
- 在命令行输入"dimaligned/dal"命令，并按 Enter 键。

2．标注对齐尺寸

标注对齐尺寸和标注线性尺寸的方法一致，具体操作步骤如下。

step 01 打开"素材\Ch06\对齐标注.dwg"文件，如图 6-35 所示。

step 02 选择【标注】|【对齐】菜单命令，依次捕捉 A 点和 B 点，如图 6-36 所示。

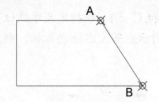

图 6-35　素材文件

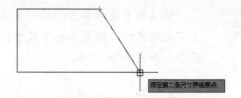

图 6-36　捕捉 A 点和 B 点

step 03 拖动鼠标，在合适位置处单击，指定尺寸线的位置，如图 6-37 所示。

step 04 即可标注 A、B 两点间的对齐尺寸，如图 6-38 所示。

命令行提示如下：

```
命令: _dimaligned                                      //调用【对齐】命令
```

指定第一个尺寸界线原点或 <选择对象>：　　　　　　//捕捉 A 点
指定第二个尺寸界线原点：　　　　　　　　　　　　//捕捉 B 点
指定尺寸线位置或[多行文字(M)/文字(T)/角度(A)]：　//指定尺寸线的位置
标注文字 = 18.03

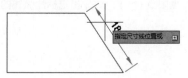

图 6-37　指定尺寸线的位置　　　　　　图 6-38　标注 A、B 两点间的对齐尺寸

6.3.3　角度标注

角度标注用于标注圆、圆弧、两条非平行直线或三个点之间的角度。

1. 命令调用方法

- 单击【默认】选项卡|【注释】面板|【角度】按钮△。
- 单击【注释】选项卡|【标注】面板|【角度】按钮△。
- 选择【标注】|【角度】菜单命令。
- 单击【标注】工具栏中的【角度】按钮△。
- 在命令行输入"dimangular/dan"命令，并按 Enter 键。

2. 标注角度尺寸

调用【角度】命令后，需指定要标注的对象以及标注的位置，具体操作步骤如下。

step 01 打开"素材\Ch06\角度标注.dwg"文件，如图 6-39 所示。

step 02 选择【标注】|【角度】菜单命令，依次单击直线 A1 和 A2 上任意一点，选中这两条直线，如图 6-40 所示。

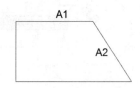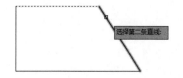

图 6-39　素材文件　　　　　　　　图 6-40　选中 A1 和 A2 两条直线

step 03 拖动鼠标调整标注弧线的位置，如图 6-41 所示。

step 04 即可标注直线 A1 和 A2 间的角度，如图 6-42 所示。

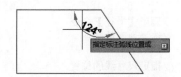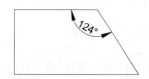

图 6-41　调整标注弧线的位置　　　　　图 6-42　标注直线 A1 和 A2 间的角度

153

命令行提示如下：

命令：_dimangular   //调用【角度】命令
选择圆弧、圆、直线或 <指定顶点>：   //选择直线 A1
选择第二条直线：   //选择直线 A2
指定标注弧线位置或 [多行文字(M)/文字(T)/角度(A)/象限点(Q)]：   //指定标注弧线的位置
标注文字 = 124

6.3.4 半径/直径标注

半径标注和直径标注用于标注圆或圆弧的半径和直径。

1. 命令调用方法

- 单击【默认】选项卡 | 【注释】面板 | 【半径】按钮⊘/【直径】按钮⊘。
- 单击【注释】选项卡 | 【标注】面板 | 【半径】按钮⊘/【直径】按钮⊘。
- 选择【标注】|【半径/直径】菜单命令。
- 单击【标注】工具栏中的【半径】按钮⊘/【直径】按钮⊘。
- 在命令行输入"dimradius(半径)/dimdiameter(直径)"命令，并按 Enter 键。

2. 标注半径尺寸

调用【半径】命令后，需指定要标注的圆或圆弧，然后指定尺寸线的位置即可，具体操作步骤如下。

step 01 打开"素材\Ch06\半径标注.dwg"文件，如图 6-43 所示。

step 02 选择【标注】|【半径】菜单命令，单击内部圆弧上任意一点，然后拖动鼠标，调整尺寸线的位置，如图 6-44 所示。

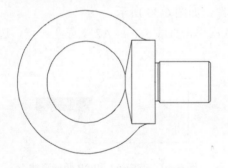

图 6-43 素材文件

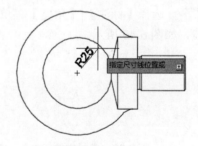

图 6-44 调整尺寸线的位置

step 03 即可标注内部圆弧的半径，如图 6-45 所示。

命令行提示如下：

命令：_dimradius   //调用【半径】命令
选择圆弧或圆：   //选择内部的圆弧
标注文字 = 25
指定尺寸线位置或 [多行文字(M)/文字(T)/角度(A)]： //指定尺寸线的位置

标注直径尺寸与标注半径尺寸的方法一致，这里不再赘述，效果如图 6-46 所示。

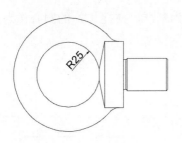

图 6-45　标注内部圆弧的半径

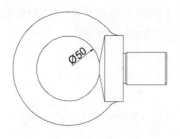

图 6-46　标注内部圆弧的直径

6.3.5　基线标注

基线标注又称基准标注或平行尺寸标注，是指以同一尺寸界线为基准的一系列尺寸标注。注意，基线标注默认以上一个标注的第一条尺寸线为基准，来标注下一段尺寸。

1．命令调用方法

● 单击【注释】选项卡 | 【标注】面板 | 【基线】按钮┝。

● 选择【标注】| 【基线】菜单命令。

● 单击【标注】工具栏中的【基线】按钮┝。

● 在命令行输入"dimbaseline/dba"命令，并按 Enter 键。

2．基线标注

标注基线尺寸前，用户必须先创建或选择一个线性、对齐、角度等标注作为基准标注，具体操作步骤如下。

step 01 打开"素材\Ch06\基线标注.dwg"文件，参考 6.3.1 节的步骤，调用【线性】命令，创建 A 点(直线底部端点)到 C1 的圆心间的线性标注，效果如图 6-47 所示。

step 02 选择【格式】| 【标注样式】菜单命令，打开【标注样式管理器】对话框，单击【修改】按钮，如图 6-48 所示。

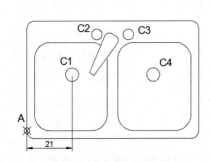

图 6-47　素材文件

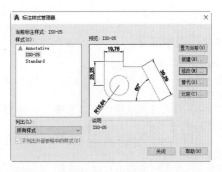

图 6-48　【标注样式管理器】对话框

step 03 打开【修改标注样式:ISO-25】对话框，在【线】选项卡下【基线间距】微调框中输入"5"，单击【确定】按钮，如图 6-49 所示。

step 04 返回至【标注样式管理器】对话框，单击【关闭】按钮关闭对话框，然后选择

155

【标注】|【基线】菜单命令，此时默认以左侧尺寸线为基准，捕捉 C2 的圆心作为第二个尺寸界线原点，如图 6-50 所示。

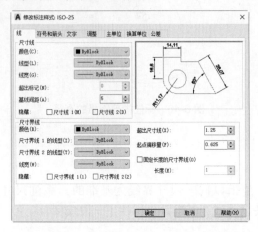

图 6-49 　【修改标注样式:ISO-25】对话框

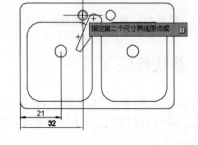

图 6-50 　指定第二个尺寸界线原点

step 05 继续捕捉 C3 和 C4 的圆心作为下一个尺寸界线原点，然后按 Esc 键结束命令，即可成功创建基线标注，如图 6-51 所示。

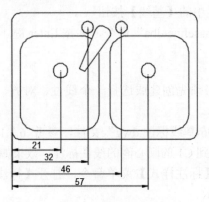

图 6-51 　创建基线标注

命令行提示如下：

```
命令: _dimbaseline                                           //调用【基线】命令
指定第二个尺寸界线原点或 [选择(S)/放弃(U)] <选择>:         //捕捉 C2 的圆心
标注文字 = 32
指定第三个尺寸界线原点或 [选择(S)/放弃(U)] <选择>:         //捕捉 C3 的圆心
标注文字 = 46
指定第四个尺寸界线原点或 [选择(S)/放弃(U)] <选择>:         //捕捉 C4 的圆心
标注文字 = 57
指定第五个尺寸界线原点或 [选择(S)/放弃(U)] <选择>: *取消* //按 Esc 键结束命令
```

3. 选项说明

● 选择(S)：设置基准标注。

● 放弃(U)：撤销上一次所选择的尺寸界线原点。

6.3.6 连续标注

连续标注是指一系列首尾相连的标注形式。与基线标注所不同的是，连续标注默认以上一个标注的第二条尺寸线为基准，来标注下一段尺寸。

1. 命令调用方法

- 单击【注释】选项卡 |【标注】面板 |【连续】按钮 ⑾。
- 选择【标注】|【连续】菜单命令。
- 单击【标注】工具栏中的【连续】按钮 ⑾。
- 在命令行输入"dimcontinue/dco"命令，并按 Enter 键。

2. 连续标注

标注连续尺寸前，同样需要创建或选择一个线性、对齐、角度等标注作为基准标注，具体操作步骤如下。

step 01 打开"素材\Ch06\连续标注.dwg"文件，参考 6.3.1 节的步骤，调用【线性】命令，创建 A 点(直线底部端点)到 C1 的圆心间的线性标注，效果如图 6-52 所示。

step 02 选择【标注】|【连续】菜单命令，此时默认以右侧尺寸线为基准，捕捉 C2 的圆心作为第二个尺寸界线原点，如图 6-53 所示。

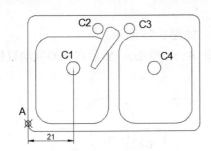

图 6-52 素材文件

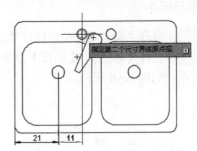

图 6-53 指定第二个尺寸界线原点

step 03 继续捕捉 C3 和 C4 的圆心作为下一个尺寸界线原点，然后按 Esc 键结束命令，即可成功创建连续标注，如图 6-54 所示。

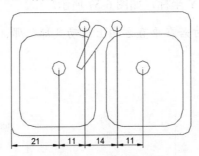

图 6-54 创建连续标注

命令行提示如下:

```
命令: _dimcontinue                                      //调用【连续】命令
指定第二个尺寸界线原点或 [选择(S)/放弃(U)] <选择>:        //捕捉 C2 的圆心
标注文字 = 11
指定第三个尺寸界线原点或 [选择(S)/放弃(U)] <选择>:        //捕捉 C3 的圆心
标注文字 = 14
指定第四个尺寸界线原点或 [选择(S)/放弃(U)] <选择>:        //捕捉 C4 的圆心
标注文字 = 11
指定第五个尺寸界线原点或 [选择(S)/放弃(U)] <选择>: *取消*   //按 Esc 键结束命令
```

6.3.7 坐标标注

坐标标注用于标注指定点的 X 或 Y 坐标值。

1. 命令调用方法

- 单击【默认】选项卡 | 【注释】面板 | 【坐标】按钮。
- 单击【注释】选项卡 | 【标注】面板 | 【坐标】按钮。
- 选择【标注】| 【坐标】菜单命令。
- 单击【标注】工具栏中的【坐标】按钮。
- 在命令行输入"dimordinate/dor"命令,并按 Enter 键。

2. 坐标标注

step 01 打开"素材\Ch06\坐标标注.dwg"文件,如图 6-55 所示。

step 02 选择【标注】| 【坐标】菜单命令,捕捉 A 点(圆心),然后向左侧拖动鼠标指定引线的端点,如图 6-56 所示。

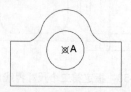

图 6-55 素材文件

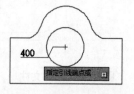

图 6-56 指定引线的端点

step 03 即可标注 A 点的 Y 坐标,如图 6-57 所示。

 提示　指定引线端点时若在垂直方向上拖动鼠标,那么会标注 A 点的 X 坐标,如图 6-58 所示。

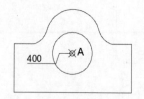

图 6-57 标注 A 点的 Y 坐标

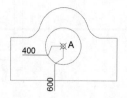

图 6-58 标注 A 点的 X 坐标

命令行提示如下：

```
命令：_dimordinate                                    //调用【坐标】命令
指定点坐标：                                           //捕捉 A 点
指定引线端点或 [X 基准(X)/Y 基准(Y)/多行文字(M)/文字(T)/角度(A)]://指定引线端点
标注文字 = 600
```

3. 选项说明

- 基准(X)：该项将标注点的 X 坐标。
- 基准(Y)：该项将标注点的 Y 坐标。

6.3.8 圆心标记

圆心标记主要用于标记圆或圆弧的中心。

1. 命令调用方法

- 选择【标注】|【圆心标记】菜单命令。
- 单击【标注】工具栏中的【圆心标记】按钮 ⊕。
- 在命令行输入"dimcenter/dce"命令，并按 Enter 键。

2. 标记圆心

调用【圆心标记】命令后，只需指定要标记的圆或圆弧即可，具体操作步骤如下。

step 01 打开"素材\Ch06\圆心标记.dwg"文件，如图 6-59 所示。

step 02 选择【标注】|【圆心标记】菜单命令，单击圆上任意一点，即可标记出该圆的
圆心，效果如图 6-60 所示。

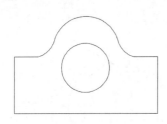

图 6-59 素材文件

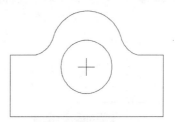

图 6-60 标记出圆心

命令行提示如下：

```
命令：_dimcenter                                      //调用【圆心标记】命令
选择圆弧或圆：
```

6.3.9 快速标注

快速标注允许用户同时选择多个图形对象，从而对其同时进行标注。

1. 命令调用方法

- 单击【注释】选项卡|【标注】面板|【快速】按钮。

- 选择【标注】|【快速标注】菜单命令。
- 单击【标注】工具栏中的【快速标注】按钮。
- 在命令行输入 "qdim" 命令，并按 Enter 键。

2. 快速标注

调用【快速标注】命令后，默认创建的是线性标注，用户可以设置参数来创建其他类型的标注，具体操作步骤如下。

step 01 打开 "素材\Ch06\快速标注.dwg" 文件，如图 6-61 所示。

step 02 选择【标注】|【快速标注】菜单命令，依次单击圆弧 C1、C2 和 C3 上任意一点，选中三个圆弧，然后按 Enter 键，如图 6-62 所示。

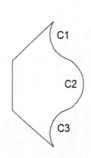

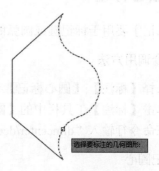

图 6-61 素材文件   图 6-62 选中三个圆弧

step 03 当提示 "指定尺寸线位置或" 时，输入命令 "r"，按 Enter 键，如图 6-63 所示。

step 04 即可快速创建 3 组半径标注，效果如图 6-64 所示。

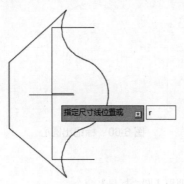

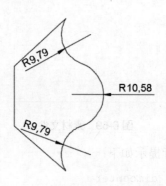

图 6-63 输入命令 "r"   图 6-64 快速创建 3 组半径标注

命令行提示如下：

```
命令：_qdim                              //调用【快速标注】命令
关联标注优先级 = 端点
选择要标注的几何图形：找到 1 个           //选择圆弧 C1
选择要标注的几何图形：找到 1 个，总计 2 个  //选择圆弧 C2
选择要标注的几何图形：找到 1 个，总计 3 个  //选择圆弧 C3
选择要标注的几何图形：                     //按 Enter 键确认
```

指定尺寸线位置或 [连续(C)/并列(S)/基线(B)/坐标(O)/半径(R)/直径(D)/基准点(P)/编辑
(E)/设置(T)] <连续>:r   //输入命令"r",按 Enter 键

3. 选项说明

- 连续(C)/并列(S):设置是标注一系列连续尺寸还是并列尺寸,默认是前者。
- 基线(B):设置标注一系列的基线尺寸。
- 坐标(O):设置标注一系列的坐标尺寸。
- 半径(R)/直径(D):设置标注一系列的半径或直径尺寸。
- 基准点(P):选择该项,将为基线标注定义一个新的基准点。
- 编辑(E):设置对一系列标注尺寸进行编辑。
- 设置(T):设置关联标注优先级是端点还是交点,默认为前者。

6.3.10 折弯标注

折弯标注也称为缩放半径标注,其作用与半径标注相同,都是用于标注圆或圆弧的半径。所不同的是,当圆弧半径过大、圆心无法在当前布局中显示时,使用折弯标注更为合适。

1. 命令调用方法

- 单击【默认】选项卡|【注释】面板|【折弯】按钮 。
- 单击【注释】选项卡|【标注】面板|【折弯】按钮 。
- 选择【标注】|【折弯】菜单命令。
- 单击【标注】工具栏中的【折弯】按钮 。
- 在命令行输入"dimjogged/djo"命令,并按 Enter 键。

2. 折弯标注

调用【折弯】命令时,需指定标注的起始位置、尺寸线的位置以及折弯的位置,具体操作步骤如下。

step 01 打开"素材\Ch06\折弯标注.dwg"文件,如图 6-65 所示。

step 02 选择【标注】|【折弯】菜单命令,单击圆弧 C1 上任意一点,然后拖动鼠标并单击指定图示中心位置,即折弯标注的起点,如图 6-66 所示。

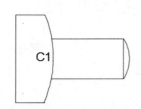

图 6-65　素材文件

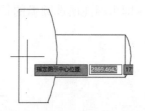

图 6-66　指定折弯标注的起点

step 03 根据命令行提示,拖动鼠标并单击指定尺寸线的位置,如图 6-67 所示。

step 04 根据命令行提示,拖动鼠标并单击指定折弯位置,如图 6-68 所示。

step 05 即可创建折弯标注，从而标注出圆弧的半径值，如图 6-69 所示。

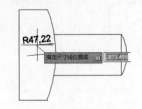

图 6-67 指定尺寸线的位置

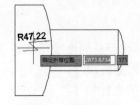

图 6-68 指定折弯位置

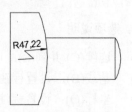

图 6-69 创建折弯标注

命令行提示如下：

```
命令：_dimjogged                                    //调用【折弯】命令
选择圆弧或圆：                                      //选择圆弧
指定图示中心位置：                                  //指定折弯标注的起点
标注文字 = 47
指定尺寸线位置或 [多行文字(M)/文字(T)/角度(A)]：     //指定尺寸线的位置
指定折弯位置：                                      //指定折弯位置
```

6.3.11 弧长标注

弧长标注用于标注圆弧或多段线圆弧的弧线长度。

1. 命令调用方法

- 单击【默认】选项卡 |【注释】面板 |【弧长】按钮。
- 单击【注释】选项卡 |【标注】面板 |【弧长】按钮。
- 选择【标注】|【弧长】菜单命令。
- 单击【标注】工具栏中的【弧长】按钮。
- 在命令行输入"dimarc/dar"命令，并按 Enter 键。

2. 标注弧长尺寸

调用【弧长】命令后，需指定要标注的对象以及标注的位置，具体操作步骤如下。

step 01 打开"素材\Ch06\弧长标注.dwg"文件，如图 6-70 所示。

step 02 选择【标注】|【弧长】菜单命令，单击顶部圆弧上任意一点，然后拖动鼠标调整弧长标注的位置，如图 6-71 所示。

step 03 即可标注所选圆弧的长度，效果如图 6-72 所示。

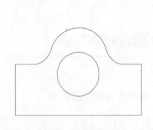

图 6-70 素材文件

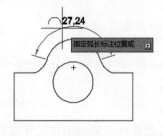

图 6-71 调整弧长标注的位置

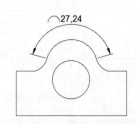

图 6-72 标注圆弧的长度

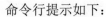

命令行提示如下：

命令： dimarc　　　　　　　　　　　　　　　　　　　//调用【圆心标记】命令
选择弧线段或多段线圆弧段：　　　　　　　　　　　　//选择圆弧
指定弧长标注位置或 [多行文字(M)/文字(T)/角度(A)/部分(P)/引线(L)]://指定弧长标注位置
标注文字 = 27.24

3. 选项说明

● 部分(P)：选择该项，需要指定圆弧上两点，从而可以标注两点间的弧线长度。
● 引线(L)：设置在标注中添加引线。

6.3.12　引线标注

引线是连接注释和图形对象的一条带箭头的线，用户可从图形的任意点创建引线。引线
标注主要用于对图形中的某些特定对象进行注释说明。

1. 新建引线样式

在创建引线时，系统默认使用的是 Standard 样式。若该样式不满足需求，用户可以新建
引线样式。该操作需要在【多重引线样式管理器】对话框中完成，打开此对话框主要有以下
几种方法。

● 展开【默认】选项卡|【注释】面板，单击【多重引线样式】按钮 。
● 单击【注释】选项卡|【引线】面板右下角的 按钮。
● 选择【格式】|【多重引线样式】菜单命令。
● 单击【样式】工具栏中的【多重引线样式】按钮 。
● 在命令行输入"mleaderstyle/mls"命令，并按 Enter 键。

执行上述任一操作，均可打开【多重引线样式管理器】对话框，在其中可完成新建引线
样式的操作，具体操作步骤如下。

step 01 选择【格式】|【多重引线样式】菜单命令，打开【多重引线样式管理器】对话
框，单击【新建】按钮，如图 6-73 所示。

step 02 打开【创建新多重引线样式】对话框，在【新样式名】文本框中输入样式名
称，如输入"样式 1"，单击【继续】按钮，如图 6-74 所示。

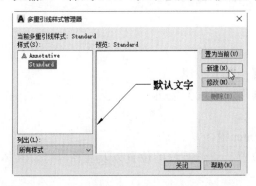

图 6-73　【多重引线样式管理器】对话框

图 6-74　【创建新多重引线样式】对话框

step 03 打开【修改多重引线样式:样式 1】对话框，在【引线格式】选项卡下的【箭头】区域中，将【符号】设置为【直角】，在【大小】微调框中输入"8"，如图 6-75 所示。

step 04 切换至【内容】选项卡，在【文字高度】微调框中输入"8"，单击【确定】按钮，如图 6-76 所示。

图 6-75　设置箭头符号和大小

图 6-76　设置文字高度

step 05 返回至【多重引线样式管理器】对话框，在其中可预览效果，然后单击【关闭】按钮，关闭对话框，即完成新建引线样式的操作，如图 6-77 所示。

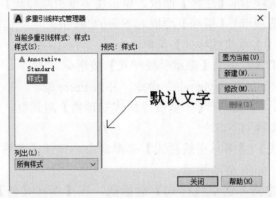

图 6-77　【多重引线样式管理器】对话框

2. 使用引线标注

调用【引线】命令主要有以下几种方法。

- 单击【默认】选项卡 |【注释】面板 |【引线】按钮。
- 单击【注释】选项卡 |【引线】面板 |【多重引线】按钮。
- 选择【标注】|【多重引线】菜单命令。
- 在命令行输入"mleader"命令，并按 Enter 键。

调用【引线】命令后，需指定引线箭头的位置、引线基线的位置以及注释内容，具体操作步骤如下。

step 01 打开"素材\Ch06\引线标注.dwg"文件，如图 6-78 所示。

step 02　选择【标注】|【多重引线】菜单命令，在图形合适位置处单击，指定引线箭头的位置，如图 6-79 所示。

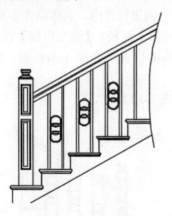

图 6-78　素材文件

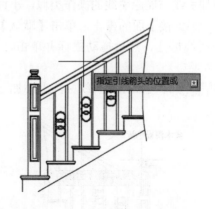

图 6-79　指定引线箭头的位置

step 03　拖动鼠标并在合适位置处单击，指定引线基线的位置，如图 6-80 所示。

step 04　此时引线基线处显示有闪烁的光标，在其中输入注释内容，然后单击其他空白区域，即可创建引线标注，如图 6-81 所示。

图 6-80　指定引线基线的位置

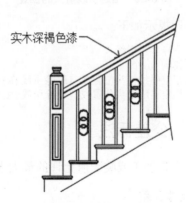

实木深褐色漆

图 6-81　创建引线标注

命令行提示如下：

```
命令：_mleader                                          //调用【引线】命令
指定引线箭头的位置或 [引线基线优先(L)/内容优先(C)/选项(O)] <选项>：//指定引线箭头的位置
指定引线基线的位置：
//拖动鼠标并单击指定引线基线的位置
```

3. 添加/删除引线

当注释内容相同时，用户使用【添加引线】命令，只需指定引线箭头位置，即可添加一条引线，从而避免重复输入注释内容。同理，若不再需要添加的引线，使用【删除引线】命令将其删除即可。

调用【添加引线】/【删除引线】命令的方法主要有以下几种方法。

● 单击【默认】选项卡|【注释】面板|【添加引线】按钮 ⁺ /【删除引线】按钮 ⁺。

- 单击【注释】选项卡 | 【引线】面板 | 【添加引线】按钮 / 【删除引线】按钮 。
- 选择【修改】 | 【对象】 | 【多重引线】 | 【添加引线】 / 【删除引线】菜单命令。

添加引线与删除引线的操作类似，下面以添加引线为例进行介绍，具体操作步骤如下。

step 01 接上面的操作，单击【默认】选项卡 | 【注释】面板 | 【添加引线】按钮 ，单击选中引线标注，然后拖动鼠标并单击，指定引线箭头的位置，并按 Enter 键，如图 6-82 所示。

step 02 即可在原有引线标注上添加一条引线，如图 6-83 所示。

图 6-82　指定引线箭头的位置　　　　　　图 6-83　添加一条引线

命令行提示如下：

```
选择多重引线：                          //选择要添加引线的引线标注
找到 1 个
指定引线箭头位置或 [删除引线(R)]：        //指定引线箭头的位置
指定引线箭头位置或 [删除引线(R)]：        //按 Enter 键确认
```

6.3.13　公差标注

公差是指加工或装配所允许的最大误差，分为尺寸公差和形位公差两种类型。

1. 尺寸公差

尺寸公差是指最大极限尺寸减最小极限尺寸之差的绝对值，即在制造加工过程中零件尺寸允许的变动量。在标注尺寸公差前，用户需要在【标注样式管理器】对话框中设置公差值，具体操作步骤如下。

step 01 打开"素材\Ch06\公差标注.dwg"文件，选择【格式】 | 【标注样式】菜单命令，打开【标注样式管理器】对话框，在【样式】列表框中选择要修改的样式，单击【修改】按钮，如图 6-84 所示。

step 02 打开【修改标注样式: Standard】对话框，切换至【公差】选项卡，将【方式】设置为【极限偏差】，将【精度】设置为 0.0，在【上偏差】和【下偏差】微调框中均输入"0.15"，然后单击【确定】按钮，如图 6-85 所示。

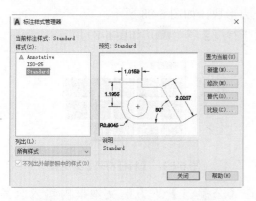

图 6-84 【标注样式管理器】对话框

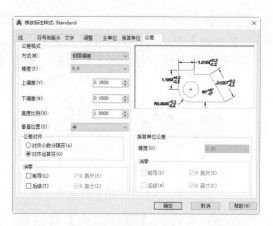

图 6-85 【修改标注样式:Standard】对话框

step 03 返回至【标注样式管理器】对话框,单击【关闭】按钮,关闭对话框,如图 6-86 所示。

step 04 调用【线性】命令,为图形顶部的直线添加线性标注,在其中可以发现,此时已添加了尺寸公差标注,如图 6-87 所示。

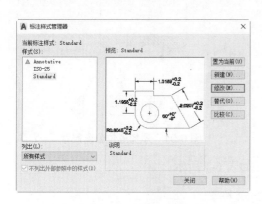

图 6-86 单击【关闭】按钮

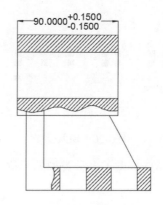

图 6-87 添加尺寸公差标注

2. 形位公差

加工后的零件会有尺寸公差,因此构成零件几何特征的点、线、面的实际形状或相互位置与理想形状和相互位置也存在差异,这种形状上的差异就是形状公差,而相互位置的差异就是位置公差,统称为形位公差。

调用【形位公差】命令主要有以下几种方法。

● 展开【注释】选项卡 |【标注】面板,单击【公差】按钮 ⊞1。

● 选择【标注】|【公差】菜单命令。

● 单击【标注】工具栏中的【公差】按钮 ⊞1。

● 在命令行输入 "tolerance/tol" 命令,并按 Enter 键。

执行上述任一操作,均可打开【形位公差】对话框,在其中需要设置相应的公差符号和数值,具体操作步骤如下。

step 01 打开"素材\Ch06\公差标注.dwg"文件，选择【标注】|【公差】菜单命令，打开【形位公差】对话框，单击【符号】下方的正方形块，如图 6-88 所示。

step 02 打开【特征符号】对话框，单击【平行度】符号，如图 6-89 所示。

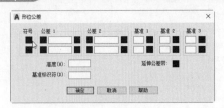

图 6-88 【形位公差】对话框

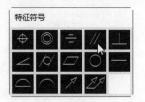

图 6-89 【特征符号】对话框

step 03 返回至【形位公差】对话框，在【公差 1】下方的文本框内输入公差为"0.02"，单击【确定】按钮，如图 6-90 所示。

step 04 此时命令行中提示"输入公差位置"，在图形顶部单击，即可在此处添加形位公差尺寸，效果如图 6-91 所示。

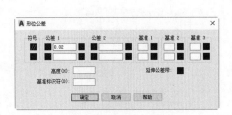

图 6-90 输入公差

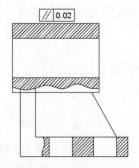

图 6-91 添加形位公差尺寸

AutoCAD 提供了多种类型的形位公差符号，如表 6-1 所示。

表 6-1 形位公差符号

符 号	含 义	符 号	含 义	符 号	含 义
⊕	位置度	⟋	平面度	Ⓜ	最大包容条件
◎	同轴度	◯	圆度	Ⓛ	最小包容条件
⹀	对称度	▬	直线度	Ⓢ	不考虑特征尺寸
⫽	平行度	⌒	面轮廓度	⌀	直径
⊥	垂直度	⌓	线轮廓度	Ⓟ	延伸公差带
∠	倾斜度	↗	圆跳度		
⌭	圆柱度	⫽⫽	全跳度		

6.3.14 智能标注

调用【标注】命令后，可根据所选的图形类型自动创建相应的标注，这一功能即称为智能标注。

调用【标注】命令主要有以下几种方法。

- 单击【默认】选项卡 |【注释】面板 |【标注】按钮 。
- 单击【注释】选项卡 |【标注】面板 |【标注】按钮 。
- 在命令行输入 "dim" 命令，并按 Enter 键。

调用【标注】命令后，将光标定位在线性对象上，会显示出线性或对齐标注的预览效果，如图 6-92 所示。若将光标定位在圆或圆弧对象上，则会显示出半径或直径标注的预览效果，如图 6-93 所示。

图 6-92 线性或对齐标注的预览效果

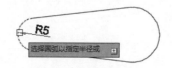

图 6-93 半径或直径标注的预览效果

若用户对系统自动创建的标注类型不满意，可在命令行中输入相应的选项进行设置。调用【标注】命令后，命令行出现以下提示：

选择对象或指定第一个尺寸界线原点或 [角度(A)/基线(B)/连续(C)/坐标(O)/对齐(G)/分发(D)/图层(L)/放弃(U)]：

在其中选择相应的选项，即可创建角度标注、基线标注、连续标注等类型。

6.4 编辑尺寸标注

创建尺寸标注后，若对其不满意，可根据需要编辑尺寸标注，包括替换标注样式、编辑标注文字、调整标注位置等操作。

6.4.1 更新标注样式

执行【更新】命令，可以使用当前的标注样式更新标注对象。

1. 命令调用方法

- 单击【注释】选项卡 |【标注】面板 |【更新】按钮 。
- 选择【标注】|【更新】菜单命令。
- 在命令行输入 "dimstyle" 命令，并按 Enter 键。

2. 更新标注样式

选择标注样式后，调用【更新】命令，然后选择要更新的标注对象即可，具体操作步骤如下。

step 01 打开 "素材\Ch06\标注.dwg" 文件，选中标注，在【注释】选项卡 |【标注】面板中可以看到，该标注使用的是 ISO-25 标注样式，如图 6-94 所示。

step 02 单击【注释】选项卡 |【标注】面板 |【标注样式】按钮，在弹出的下拉列表中选择"建筑"标注样式，从而将其置为当前，如图 6-95 所示。

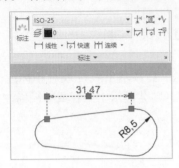

图 6-94 素材文件

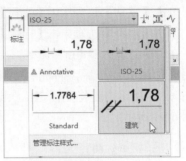

图 6-95 选择"建筑"标注样式

step 03 单击【注释】选项卡 |【标注】面板 |【更新】按钮，根据提示选择图形中的两个标注对象，按 Enter 键，如图 6-96 所示。

step 04 即可将标注对象由 ISO-25 标注样式更新到"建筑"标注样式，效果如图 6-97 所示。

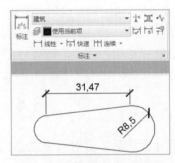

图 6-96 选择两个标注对象

图 6-97 更新标注样式

命令行提示如下：

```
命令: _-dimstyle                                           //调用【更新】命令
当前标注样式: 建筑    注释性: 否
输入标注样式选项
[注释性(AN)/保存(S)/恢复(R)/状态(ST)/变量(V)/应用(A)/?] <恢复>: _apply
选择对象: 找到 1 个
选择对象: 找到 1 个, 总计 2 个                              //选择标注对象
选择对象:                                                  //按 Enter 键
```

6.4.2 编辑标注文字

编辑标注文字包括修改文字内容和文字角度，设置文字的对齐方式等操作，下面分别介绍。

1. 修改文字内容

选择【修改】|【对象】|【文字】|【编辑】菜单命令，然后选择要修改内容的标注，或者直接双击标注文字，均可使文字进入可编辑状态，如图 6-98 所示。在文本编辑框中输入新的

标注内容，然后单击绘图区的空白处，即可完成修改标注文字的操作，效果如图 6-99 所示。

 当标注文字进入编辑状态时，功能区中会增加【文字编辑器】选项卡，在其中可设置标注文字的格式，包括字体、字号、字型、字体颜色等内容。

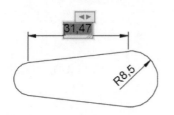

图 6-98　标注文字进入可编辑状态

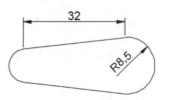

图 6-99　修改标注文字

2. 修改文字角度

选择【标注】|【对齐方式】|【角度】菜单命令，然后根据命令行提示，选择需要修改角度的标注文字，并输入角度，如图 6-100 所示。按 Enter 键，即可修改标注文字的角度，效果如图 6-101 所示。

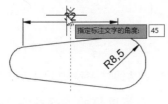

图 6-100　输入角度

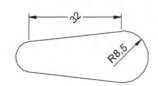

图 6-101　修改标注文字的角度

3. 设置文字的对齐方式

选择【标注】|【对齐方式】|【左/居中/右】菜单命令，然后根据命令行提示，选择标注文字，即可设置所选标注文字的对齐方式。图 6-102～图 6-104 分别是将对齐方式设置为左、居中和右的效果。

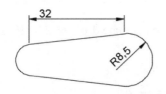

图 6-102　对齐方式为左

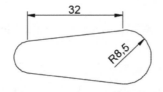

图 6-103　对齐方式为居中

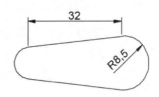

图 6-104　对齐方式为右

6.4.3　分解尺寸标注

当需要对标注对象的文字、尺寸箭头和尺寸线等元素单独进行编辑时，可以利用【分解】命令，将尺寸标注分解，从而使各元素成为单独对象。

选择要分解的尺寸标注，此时其为一个整体，效果如图 6-105 所示。单击【默认】选项

卡 | 【修改】面板 | 【分解】按钮，即可分解尺寸标注，从而将尺寸标注分解为文字、箭头、尺寸线等多个对象，效果如图 6-106 所示。

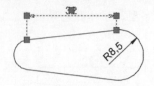

图 6-105　选择要分解的尺寸标注

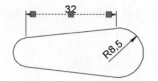

图 6-106　分解所选的尺寸标注

6.4.4　关联标注

默认情况下，用户创建的标注均为关联标注，即标注尺寸会随着对象的变化而自动进行调整。例如，绘制一个半径为 20 的圆，并创建半径标注，效果如图 6-107 所示。选中圆对象，拖动夹点使其放大，此时半径标注尺寸也会随之变化，效果如图 6-108 所示。

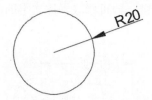

图 6-107　半径为 20 的圆

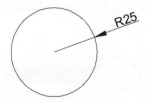

图 6-108　放大圆时半径标注尺寸会随之变化

用户可以根据需要将关联标注修改为非关联标注，也可以将非关联标注修改为关联标注。

1. 将关联标注修改为非关联标注

选择要修改的关联标注后，在命令行输入"dimdisassociate/aad"命令，按 Enter 键，即可将关联标注修改为非关联标注。修改后，对图形对象进行修改，其标注尺寸不会发生变化。

2. 将非关联标注修改为关联标注

选择非关联的尺寸标注和图形对象，在命令行输入"dimreassociate/dre"命令，按 Enter 键，即可使其重建关联。

6.5　综合实战——标注零部件

本例要结合所学知识，新建标注样式，并创建相关标注，从而标注零部件，具体操作步骤如下。

step 01 打开"素材\Ch06\标注零部件.dwg"文件，如图 6-109 所示。

step 02 选择【格式】|【标注样式】菜单命令，打开【标注样式管理器】对话框，单击【新建】按钮，如图 6-110 所示。

第6章 制图中的尺寸标注

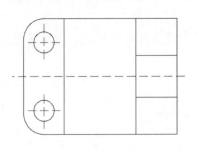

图 6-109　素材文件

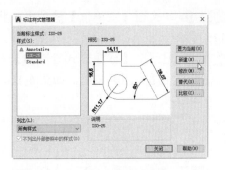

图 6-110　【标注样式管理器】对话框

step 03 打开【创建新标注样式】对话框，在【新样式名】文本框中输入"零部件"，单击【继续】按钮，如图 6-111 所示。

step 04 打开【新建标注样式:零部件】对话框，在【线】选项卡下将尺寸线和尺寸界线的【颜色】均设置为【蓝】，如图 6-112 所示。

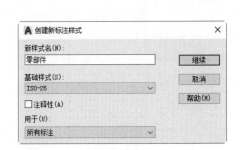

图 6-111　【创建新标注样式】对话框

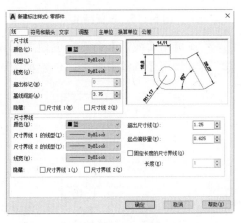

图 6-112　设置尺寸线和尺寸界线的颜色

step 05 切换至【符号和箭头】选项卡，将【箭头大小】设置为3，如图 6-113 所示。

step 06 切换至【文字】选项卡，将【文字颜色】设置为【蓝】，将【文字高度】设置为4，如图 6-114 所示。

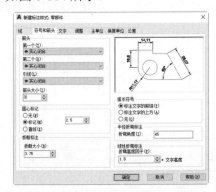

图 6-113　设置箭头大小

图 6-114　设置文字颜色和文字高度

step 07 切换至【主单位】选项卡，将【精度】设置为 0，然后单击【确定】按钮，如图 6-115 所示。

step 08 返回至【标注样式管理器】对话框，选中"零部件"样式，单击【置为当前】按钮，然后单击【关闭】按钮，如图 6-116 所示。

图 6-115 设置精度

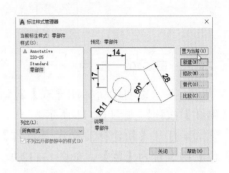

图 6-116 【标注样式管理器】对话框

step 09 调用【线性】命令，创建如图 6-117 所示的线性标注。

step 10 调用【基线】命令，创建如图 6-118 所示的基线标注。

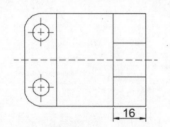

图 6-117 创建线性标注

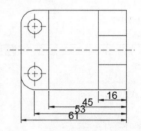

图 6-118 创建基线标注

step 11 单击【注释】选项卡|【标注】面板|【调整间距】按钮，设置间距为 6，调整各标注的间距，如图 6-119 所示。

step 12 再次调用【线性】命令，标注垂直方向上的尺寸，如图 6-120 所示。

step 13 调用【半径】命令，分别标注圆和圆弧的尺寸。至此，即完成标注零部件的操作，如图 6-121 所示。

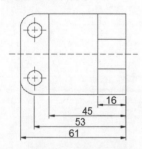
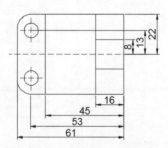
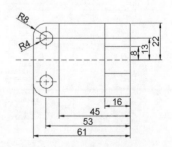

图 6-119 调整各标注的间距　图 6-120 标注垂直方向上的尺寸　图 6-121 标注圆和圆弧的尺寸

6.6　高手甜点

甜点 1：为何使用【删除引线】命令，无法删除当前引线？

答：【删除引线】命令仅用于删除使用【添加引线】命令创建的引线，无法删除使用【引线】命令单独创建的引线。若要删除单独创建的引线，选中引线后，按 Delete 键即可。

甜点 2：如何使多个引线标注对齐显示？

答：单击【注释】选项卡 | 【引线】面板 | 【对齐】按钮 ，根据命令行提示，选择要对齐的多个引线标注，然后选择要对齐到的引线标注，即可使多个引线标注对齐显示。

第7章 精通图层管理

为了便于绘制某些较为复杂的图形，AutoCAD 引入了图层的概念，图层相当于绘图中使用的重叠图纸，是使用 AutoCAD 时不可缺少的管理和组织图形对象的工具。通过设置和管理图层，用户可控制不同对象的可见性和可操作性，从而提高绘制复杂图形的准确性和效率。

本章学习目标(已掌握的在方框中打钩)

□ 了解图层的概念。
□ 掌握新建图层的方法。
□ 掌握设置图层特性的方法。
□ 掌握图层的基本操作方法。
□ 掌握创建室内设计图层的方法。

重点案例效果

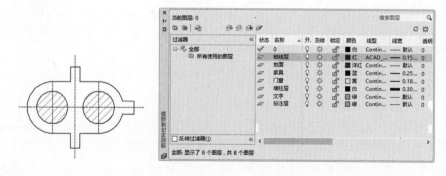

7.1 认 识 图 层

图层相当于一张张堆叠在一起的透明纸，一张透明纸就是一个图层，在绘制图形时可以将不同的对象绘制在不同的图层上，这样可以单独处理某个图层中的对象，而不会影响某他图层，从而使图形层次分明、有条理。由此可知，图层可以有效地组织和管理图形，对于绘制复杂图形时尤其有用。

例如，绘制室内装饰施工图纸时，可以在不同图层上分别绘制墙、柱、门窗、家具、尺寸标注、文字说明等图形，所有图层堆叠起来就是一个完整的图形。绘制完成后，用户只需对各图层进行关闭、冻结、隐藏、锁定等操作，即可设置隐藏部分对象，或者只能对指定图层进行编辑。

综上，AutoCAD 图层具有以下特点。

● 用户可以在一张图纸中创建任意数量的图层，系统对图层的数量没有限制，对图层上的对象数量也没有任何限制。

- 每个图层均有名称，除 0(零)层外，其他图层的名称可由用户自定义。
- 图层有颜色、线型以及线宽等特性，同一图层中的所有对象默认应用该图层所对应的特性。
- 当前所在的图层称为当前层，用户可以同时创建多个图层，但只能在当前层上绘图。
- 各图层具有相同的坐标系、图形界限及显示时的缩放倍数，用户可以对位于不同图层上的对象同时进行编辑操作。

7.2　新 建 图 层

创建新的图形文件时，系统将自动创建一个默认的 0 图层。但在绘制复杂图形时，一个图层往往不能满足设计需求，此时可以根据需要新建图层。

　　　　0 图层是系统默认图层，不能进行重命名和删除操作，但可以更改其特性。此外，通常 0 图层并不绘制任何图形，主要用于定义图块。

新建图层需要在【图层特性管理器】选项板中完成，打开此选项板的方法主要有以下几种。

- 单击【默认】选项卡 |【图层】面板 |【图层特性】按钮 。
- 选择【格式】|【图层】菜单命令。
- 选择【工具】|【选项板】|【图层】菜单命令。
- 单击【文字/样式】工具栏中的【图层特性管理器】按钮 。
- 在命令行输入 "layer/la" 命令，并按 Enter 键。

执行上述任一操作，均可打开【图层特性管理器】选项板，在其中可完成新建图层的操作，具体操作步骤如下。

step 01 新建一个图形文件，选择【格式】|【图层】菜单命令，打开【图层特性管理器】选项板，单击【新建图层】按钮 ，如图 7-1 所示。

step 02 即可新建一个名为 "图层 1" 的新图层，并且名称默认处于编辑状态，如图 7-2 所示。

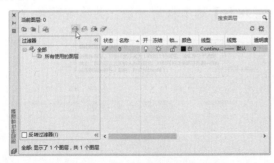

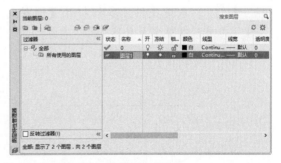

图 7-1　单击【新建图层】按钮　　　　　　　图 7-2　新建 "图层 1"

step 03 输入图层的新名称 "墙柱"，按 Enter 键，即完成新建图层的操作，如图 7-3 所示。

在【图层特性管理器】选项板右侧的空白位置处单击鼠标右键，在弹出的快捷菜单中选择【新建图层】菜单命令，也可新建一个图层，如图 7-4 所示。

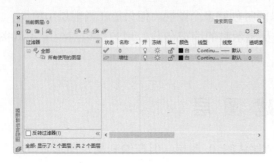

图 7-3 输入图层的新名称

图 7-4   选择【新建图层】菜单命令

7.3   设置图层的特性

每个图层均具有颜色、线型、线宽等特性，设置图层特性后，该图层中的所有对象都将应用该特性，从而提高绘图效率，同时节省存储空间。注意，设置图层特性需要在【图层特性管理器】选项板中完成。

7.3.1   设置图层颜色

为了区分图层，用户应该为不同的图层设置不同的颜色。注意，选择图层颜色时，应以线宽的粗细为依据，线型越宽，图层颜色相应地会越亮。设置图层颜色的具体操作步骤如下。

step 01 打开"素材\Ch07\设置图层特性.dwg"文件，如图 7-5 所示。

step 02 选择【格式】|【图层】菜单命令，打开【图层特性管理器】选项板，单击"轮廓实线层"图层中的【颜色】按钮，如图 7-6 所示。

系统提供了多种打开【图层特性管理器】选项板的方法，具体请参考 7.2 节，这里不再赘述。

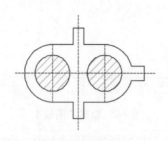

图 7-5   素材文件

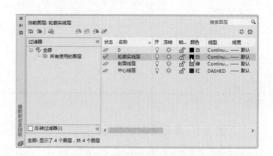

图 7-6   单击【颜色】按钮

step 03 打开【选择颜色】对话框，在其中可选择图层颜色，如选择【索引颜色】选项卡下的"蓝色"，单击【确定】按钮，如图 7-7 所示。

step 04 返回至【图层特性管理器】选项板，在其中可看到，"轮廓实线层"图层的颜色已被设置为"蓝色"，如图 7-8 所示。

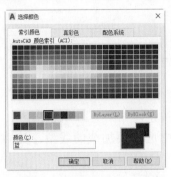

图 7-7　【选择颜色】对话框

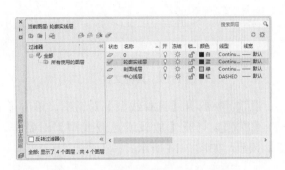

图 7-8　【图层特性管理器】选项板

step 05 此时"轮廓实线层"图层中的所有对象的颜色均发生相应的变化，如图 7-9 所示。

提示

　　　　有时设置图层颜色后，该图层中的对象颜色并未发生相应的变化，此时用户需设置对象属性。单击【默认】选项卡 |【特性】面板 |【对象颜色】按钮，在弹出的下拉列表中选择 ByLayer 属性即可，如图 7-10 所示。其中，ByLayer 表示随层，即对象属性使用所在图层的属性；ByBlock 表示随块，即对象属性使用所在图块的属性。

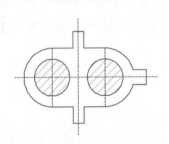

图 7-9　设置图层颜色后的效果

图 7-10　选择 ByLayer 属性

7.3.2　设置图层线型

　　新建图层时，默认线型为 Continuous 类型，用户可根据需要将其设置为其他类型，具体操作步骤如下。

step 01 打开"素材\Ch07\设置图层特性.dwg"文件，如图 7-11 所示。

step 02 选择【格式】|【图层】菜单命令，打开【图层特性管理器】选项板，单击"轮廓实线层"图层中的【线型】按钮，如图 7-12 所示。

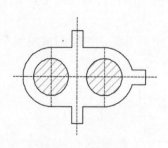

图 7-11 素材文件

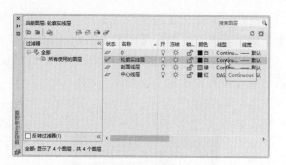

图 7-12 单击【线型】按钮

step 03 打开【选择线型】对话框，单击【加载】按钮，如图 7-13 所示。

step 04 打开【加载或重载线型】对话框，在其中选择要加载的线型，然后单击【确定】按钮，如图 7-14 所示。

图 7-13 【选择线型】对话框

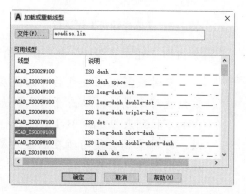

图 7-14 【加载或重载线型】对话框

step 05 返回至【选择线型】对话框，在其中选择已加载的线型，然后单击【确定】按钮，如图 7-15 所示。

step 06 返回至【图层特性管理器】选项板，在其中可看到，"轮廓实线层"图层的线型已发生改变，如图 7-16 所示。

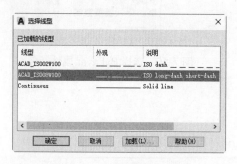

图 7-15 选择已加载的线型

图 7-16 【图层特性管理器】选项板

step 07 此时"轮廓实线层"图层中的所有对象的线型均发生相应的变化，效果如图 7-17 所示。

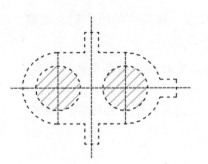

图 7-17　设置图层线型后的效果

7.3.3　设置图层线宽

为图层设置不同的线宽，可以进一步区分不同图层中的对象，具体操作步骤如下。

step 01　打开"素材\Ch07\设置图层特性.dwg"文件，如图 7-18 所示。

step 02　选择【格式】|【图层】菜单命令，打开【图层特性管理器】选项板，单击"轮廓实线层"图层中的【线宽】按钮，如图 7-19 所示。

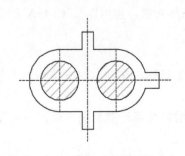

图 7-18　素材文件　　　　　　　　　图 7-19　单击【线宽】按钮

step 03　打开【线宽】对话框，在其中选择线宽，单击【确定】按钮，如图 7-20 所示。

step 04　返回至【图层特性管理器】选项板，在其中可看到，"轮廓实线层"图层的线宽已发生改变，如图 7-21 所示。

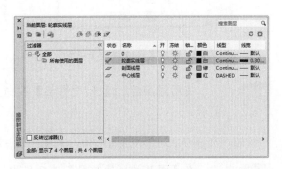

图 7-20　【线宽】对话框　　　　　　图 7-21　【图层特性管理器】选项板

step 05 此时"轮廓实线层"图层中的所有对象的线宽均发生相应的变化，如图 7-22 所示。

 有时设置图层线宽后，该图层中的对象线宽并未发生相应的变化，此时用户只需单击底部状态栏中的【显示/隐藏线宽】按钮，即可显示出线宽。

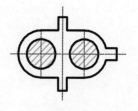

图 7-22　设置图层线宽后的效果

7.4　图层的基本操作

本节主要介绍图层的基本操作，包括打开、关闭、冻结、解冻、锁定、删除等操作，掌握这些基本操作是灵活使用图层的前提条件。

7.4.1　打开/关闭图层

默认情况下，图层处于打开状态，若将其关闭，那么该图层中的所有对象都不可见，同时不能被打印出来，但用户可以在该图层中绘制新的图形对象，也可以按 Ctrl+A 组合键选中该图层中的对象，并对其进行删除、复制等编辑操作。

打开和关闭图层主要有以下两种方法。

- 单击【默认】选项卡|【图层】面板|【图层】按钮，在弹出的下拉列表中单击图层左侧的【开/关图层】按钮，如图 7-23 所示。
- 选择【格式】|【图层】菜单命令，打开【图层特性管理器】选项板，单击图层中的【开】按钮，如图 7-24 所示。

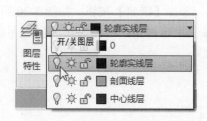

图 7-23　单击【开/关图层】按钮

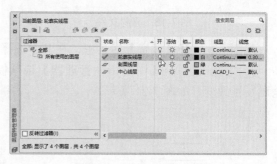

图 7-24　单击【开】按钮

 关闭图层后，【开/关图层】按钮呈灰色显示，打开图层后，该按钮则高亮显示。

例如，在图 7-25 所示的图形中，关闭"轮廓实线层"图层，效果如图 7-26 所示。

 在【图层特性管理器】选项板中，若按住 Ctrl 键或 Shift 键选中多个图层，那么对其进行关闭、锁定、冻结等基本操作时，可同时操作多个图层。

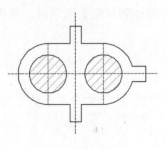

图 7-25　原图

图 7-26　关闭图层后的效果

7.4.2　锁定/解锁图层

默认情况下，图层处于解锁状态，若将其锁定，该图层中的对象是可见的，但无法对其进行编辑操作。此外，用户可以在锁定的图层中绘制新的图层对象。

锁定和解锁图层主要有以下两种方法。

● 单击【默认】选项卡｜【图层】面板｜【图层】按钮，在弹出的下拉列表中单击图层左侧的【锁定或解锁图层】按钮，如图 7-27 所示。

● 选择【格式】｜【图层】菜单命令，打开【图层特性管理器】选项板，单击图层中的【锁定】按钮，如图 7-28 所示。

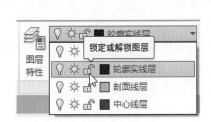

图 7-27　单击【锁定或解锁图层】按钮

图 7-28　单击【锁定】按钮

提示　锁定图层后，【锁定或解锁图层】按钮呈锁定状态，解锁图层后，该按钮呈解锁状态。

7.4.3　冻结/解冻图层

冻结图层综合了关闭和锁定图层的功能，冻结图层后，该图层中的对象不可见，不能被打印，无法进行编辑操作，也不能在其中绘制新的图形对象。

对于无须显示的图层，可以将其冻结，从而提高系统的运行速度。注意，用户无法冻结当前图层。冻结和解冻图层主要有以下几种方法。

● 单击【默认】选项卡｜【图层】面板｜【图层】按钮，在弹出的下拉列表中单击图层左侧的【在所有视口中冻结/解冻】按钮，如图 7-29 所示。

- 选择【格式】|【图层】菜单命令，打开【图层特性管理器】选项板，单击图层中的
  【冻结】按钮，如图 7-30 所示。

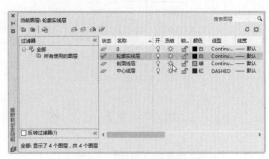

图 7-29　单击【在所有视口中冻结/解冻】按钮　　　　图 7-30　单击【冻结】按钮

 冻结图层后，【在所有视口中冻结/解冻】按钮呈雪花显示，解冻图层
后，该按钮呈太阳花显示。

7.4.4　置为当前层

置为当前层是指将选定的图层设置为当前的工作图层，操作完成后，接下来所绘制的对
象都将位于该图层中。

置为当前层主要有以下几种方法。

- 单击【默认】选项卡|【图层】面板|【图层】按钮，在弹出的下拉列表中选择某图
  层，即可将其设置为当前图层，如图 7-31 所示。
- 选择【格式】|【图层】菜单命令，打开【图层特性管理器】选项板，选择要置为当
  前层的图层，然后单击【置为当前】按钮即可，如图 7-32 所示。
- 在【图层特性管理器】选项板中，双击图层名称或【状态】按钮，也可完成置为当
  前层的操作。

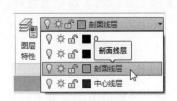

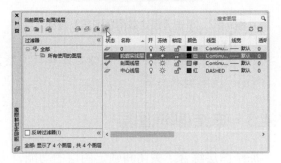

图 7-31　选择图层　　　　　　　　　图 7-32　单击【置为当前】按钮

7.4.5　改变图形所在图层

在绘图过程中，经常需要改变某些图形所在的图层，从而达到目的。改变图形所在图层
的方法非常简单，具体操作步骤如下。

step 01　打开"素材\Ch07\设置图层特性.dwg"文件，如图 7-33 所示。

step 02　选择两个圆，此时在【默认】选项卡 |【图层】面板 |【图层】栏中可以看到，该对象属于"轮廓实线层"图层，如图 7-34 所示。

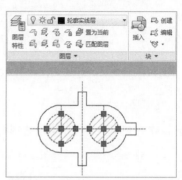

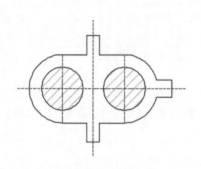

图 7-33　素材文件

图 7-34　两个圆属于"轮廓实线层"图层

step 03　单击【默认】选项卡 |【图层】面板 |【图层】按钮，在弹出的下拉列表中选择要转换的图层，如选择"中心线层"图层，如图 7-35 所示。

step 04　即可将所选图形由"轮廓实线层"图层转变为"中心线层"图层，此时两个圆属于"中心线层"图层，将会应用"中心线层"图层的特性，效果如图 7-36 所示。

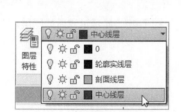

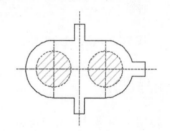

图 7-35　选择要转换的图层

图 7-36　转换两个圆所在图层

7.4.6　过滤图层

过滤图层是指根据指定的颜色、线型、线宽、冻结状态、锁定状态等因素，对图层进行筛选操作，从而筛选出一系列具有相同特性的图层，具体操作步骤如下。

step 01　打开"素材\Ch07\过滤图层.dwg"文件，选择【格式】|【图层】菜单命令，打开【图层特性管理器】选项板，单击【新建特性过滤器】按钮 🗅，如图 7-37 所示。

step 02　打开【图层过滤器特性】对话框，在【过滤器名称】文本框中输入名称，如输入"0.25 线宽"，如图 7-38 所示。

step 03　在【过滤器定义】区域中设置过滤条件，这里将【线宽】设置为"0.25mm"，在下方的【过滤器预览】区域中可预览符合过滤条件的图层，然后单击【确定】按钮，如图 7-39 所示。

step 04　返回至【图层特性管理器】选项板，在左侧的【过滤器】列表中可查看新建的过滤器，选择该过滤器，在右侧即可显示出设置过滤条件过滤后的图层，如图 7-40 所示。

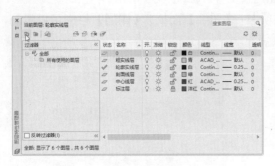

图 7-37　【图层特性管理器】选项板

图 7-38　【图层过滤器特性】对话框

图 7-39　设置过滤条件

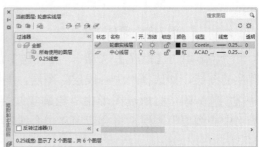

图 7-40　显示过滤后的图层

7.4.7　删除图层

当无须使用某图层时，用户可将其删除。删除图层主要有以下两种方法。

- 选择【格式】|【图层】菜单命令，打开【图层特性管理器】选项板，选择要删除的图层，单击【删除图层】按钮 即可，如图 7-41 所示。
- 在【图层特性管理器】选项板中的图层上单击鼠标右键，在弹出的快捷菜单中选择【删除图层】菜单命令，如图 7-42 所示。

图 7-41　单击【删除图层】按钮

图 7-42　选择【删除图层】菜单命令

提示 当前层、0 层、Defpoints 层、包含图形的层以及依赖外部参照的图层不能被删除。

7.5 综合实战——创建室内设计图层

本例将结合所学的知识，创建简单的室内设计图纸中的图层，并为图层设置相关特性。设置完成后，用户只需在每个图层中绘制相应类型的图形，即可完成室内设计图纸的绘制，具体操作步骤如下。

step 01 新建图层。新建一个空白文件，选择【格式】|【图层】菜单命令，打开【图层特性管理器】选项板，在其中单击【新建图层】按钮 ，如图 7-43 所示。

step 02 即可新建一个图层，将其命名为"轴线层"，如图 7-44 所示。

图 7-43 单击【新建图层】按钮

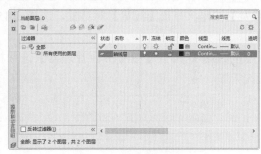

图 7-44 新建"轴线层"

step 03 设置图层颜色。单击"轴线层"图层中的【颜色】按钮，打开【选择颜色】对话框，在其中选择"红色"，单击【确定】按钮，如图 7-45 所示。

step 04 设置图层线型。返回至【图层特性管理器】选项板，单击"轴线层"图层中的【线型】按钮，打开【选择线型】对话框，在其中单击【加载】按钮，如图 7-46 所示。

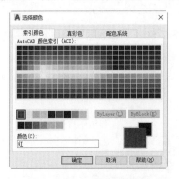

图 7-45 设置图层颜色

图 7-46 【选择线型】对话框

step 05 打开【加载或重载线型】对话框，选择 ACAD_ISO02W100 线型，然后单击【确定】按钮，如图 7-47 所示。

step 06 返回至【选择线型】对话框，在其中选择已加载的线型，然后单击【确定】按钮，如图 7-48 所示。

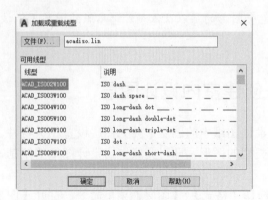

图 7-47　【加载或重载线型】对话框　　　　　　图 7-48　选择线型

step 07　设置图层线宽。返回至【图层特性管理器】选项板，单击"轴线层"图层中的【线宽】按钮，打开【线宽】对话框，选择 0.15mm 线宽，然后单击【确定】按钮，如图 7-49 所示。

step 08　返回至【图层特性管理器】选项板，此时"轴线层"图层创建完毕，如图 7-50 所示。

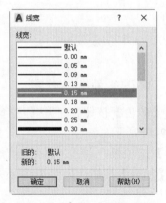

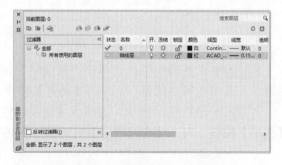

图 7-49　设置图层线宽　　　　　　图 7-50　"轴线层"图层创建完毕

step 09　使用同样的方法，创建"墙柱层""家具""地面"以及"标注层"等图层，并分别设置其特性。至此，室内设计图纸中的图层创建完毕，效果如图 7-51 所示。

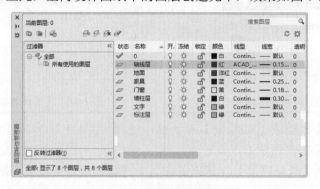

图 7-51　创建其他图层

7.6 高手甜点

甜点 1：简述 0 层和 Defpoints 图层的作用以及区别。

答：0 层和 Defpoints 图层均是系统图层，不能被删除，但可以更改其特性。此外，0 层可以被打印，Defpoints 则不能被打印。

0 层通常用于创建块文件，具有随层属性；Defpoints 图层用于放置标注的定义点，只要在文件中创建过标注，系统就会自动生成该图层。

甜点 2：如何实现图层的合并？

答：合并图层时，需要选择要合并的图层以及目标图层。首先选择【格式】|【图层】菜单命令，打开【图层特性管理器】选项板，在要合并的图层上单击鼠标右键，在弹出的快捷菜单中选择【将选定图层合并到】菜单命令，打开【合并到图层】对话框，在其中选择目标图层，单击【确定】按钮，即可实现图层的合并。

甜点 3：如何删除顽固图层？

答：若文件中包含一些顽固图层，使用常规方法无法将其删除，那么可使用以下两种方法。

方法 1：在命令行输入"pu"命令，并按 Enter 键，打开【清理】对话框，在其中单击【全部清理】按钮即可。

方法 2：关闭需要删除的图层，然后在绘图区选中所有图形，按 Ctrl+C 组合键进行复制，并按 Ctrl+V 组合键将复制的图形粘贴到另一空白文件中，可以发现，在该空白文件中之前关闭的图层已被删除。

第8章　图块、外部参照及设计中心

在绘制图形时，若经常需要绘制重复的对象，或者要绘制的图形与已有的图形文件相同，那么可以把要重复绘制的图形创建为块，在需要时直接将其插入文件中。此外，用户还可把图形文件以参照的形式插入当前图形中，或是通过设计中心来快速插入图形、块、标注、图层等不同的资源文件，以此提高绘图效率。

本章学习目标(已掌握的在方框中打钩)

☐　掌握创建和插入图块的方法。
☐　掌握定义、编辑和管理块属性的方法。
☐　掌握外部参照的使用方法。
☐　掌握设计中心的使用方法。
☐　掌握创建燃气灶图块的方法。

重点案例效果

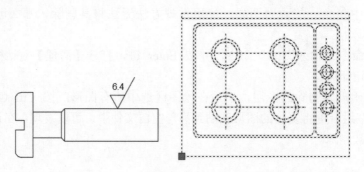

8.1　图块的基本操作

在绘图过程中，经常需要绘制一些相同的图形，只需将这些图形创建为块，即可重复调用。由此可知，块是图形对象的集合，可以有效地避免重复性工作，提高绘图效率。

8.1.1　创建内部块

内部块是存储在当前文件中的图块，因此只能在当前文件中使用，而不能在其他文件中调用。

1. 命令调用方法

● 单击【默认】选项卡|【块】面板|【创建】按钮。
● 单击【插入】选项卡|【块定义】面板|【创建块】按钮。

- 选择【绘图】|【块】|【创建】菜单命令。
- 单击【绘图】工具栏中的【创建块】按钮 。
- 在命令行输入"block/b"命令，并按 Enter 键。

2. 创建内部块

在创建内部块时，需要指定块的名称、拾取点以及块中所包含的图形对象，具体操作步骤如下。

step 01 打开"素材\Ch08\创建块.dwg"文件，如图 8-1 所示。

step 02 单击【默认】选项卡 |【块】面板 |【创建】按钮，打开【块定义】对话框，在【名称】下拉列表框中输入块的名称，如输入"椅子"，然后单击【拾取点】按钮，如图 8-2 所示。

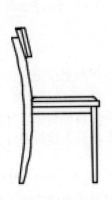

图 8-1　素材文件　　　　　　　　图 8-2　【块定义】对话框

step 03 此时将暂时隐藏【块定义】对话框，返回到绘图区域，在其中捕捉左下角的端点作为块的基点，如图 8-3 所示。

step 04 再次显示出【块定义】对话框，在其中单击【选择对象】按钮，然后选择绘图区域内的所有对象，并按 Enter 键，如图 8-4 所示。

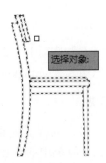

图 8-3　指定块的插入基点　　　　　图 8-4　选择绘图区域内的所有对象

step 05 返回至【块定义】对话框，单击【确定】按钮，即完成内部块的创建，如图 8-5 所示。

step 06 此时选择图形对象的任意部分，都可选中所有的图形对象，表示该对象是一个图块，效果如图 8-6 所示。

图 8-5 【块定义】对话框

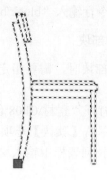

图 8-6 创建内部块

【块定义】对话框中主要选项说明如下。

- 名称：设置内部块的名称。
- 基点：设置图块在插入时的基准点。用户可以直接在屏幕上指定，也可以通过拾取点指定，还可以直接输入坐标值。
- 对象：设置块中所包含的图形对象以及创建块后是否保留或删除该对象。【保留】选项表示创建块后将保留源对象不变；【转换为块】选项表示将源对象直接转换为块；【删除】选项表示创建块后将删除源对象。
- 方式：设置块的特定方式，如是否按统一比例缩放块、是否允许分解块等。
- 在块编辑器中打开：选择该项后，将在块编辑器中打开所创建的块，从而对其进行编辑操作。

8.1.2 创建外部块

外部块不仅可在当前文件中使用，还可作为一个独立文件保存，从而在其他文件中调用。

1. 命令调用方法

- 单击【插入】选项卡 | 【块定义】面板 | 【写块】按钮 。
- 在命令行输入"wblockw/w"命令，并按 Enter 键。

2. 创建外部块

在创建外部块时，同样需要指定块的名称、拾取点以及块中所包含的图形对象。此外，还需指定外部块在计算机中的存放路径，具体操作步骤如下。

step 01 打开"素材\Ch08\创建块.dwg"文件，如图 8-7 所示。

step 02 单击【插入】选项卡 | 【块定义】面板 | 【写块】按钮 ，打开【写块】对话框，然后单击【拾取点】按钮 ，如图 8-8 所示。

【源】区域中的【块】选项表示选择当前已有的块作为外部块的源对象，若当前文件中没有块，该按钮不可用；【整个图形】选项表示将当前文件中的所有图形保存为外部块；【对象】选项是默认选项，表示由用户来选择外部块的源对象。

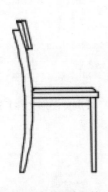

图 8-7　素材文件

图 8-8　【写块】对话框

step 03 此时将暂时隐藏【写块】对话框，返回到绘图区域，在其中捕捉左下角的端点作为块的基点，如图 8-9 所示。

step 04 再次显示出【写块】对话框，在其中单击【选择对象】按钮 ✛，然后选择绘图区域内的所有对象，并按 Enter 键，如图 8-10 所示。

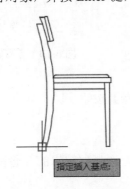

图 8-9　指定块的插入基点

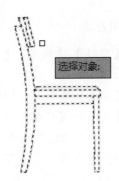

图 8-10　选择绘图区域内的所有对象

step 05 返回至【写块】对话框，单击【文件名和路径】下拉列表框右侧的按钮，如图 8-11 所示。

用户也可直接在【文件名和路径】下拉列表框内输入存放路径以及文件名称。

step 06 打开【浏览图形文件】对话框，在计算机中选择外部块的存放路径，然后在【文件名】下拉列表框中输入外部块的名称"椅子"，单击【保存】按钮，如图 8-12 所示。

第8章　图块、外部参照及设计中心

193

图 8-11　单击 ⋯ 按钮

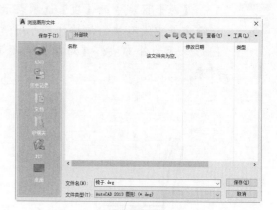

图 8-12　【浏览图形文件】对话框

step 07　返回至【写块】对话框，单击【确定】按钮，即完成外部块的创建，如图 8-13 所示。

8.1.3　创建动态块

动态块是指可以自由调整属性参数的图块，通过设置不同的参数，可方便地更改块中元素的长度、旋转角度、位置等信息，同时会保持块的完整性不变，使其更具有灵活性和智能性。

图 8-13　【写块】对话框

1. 命令调用方法

- 单击【默认】选项卡 |【块】面板 |【编辑】按钮。
- 单击【插入】选项卡 |【块定义】面板 |【块编辑器】按钮。
- 选择【工具】|【块编辑器】菜单命令。
- 在命令行输入"be"命令，并按 Enter 键。

注意，执行上述命令，将打开【编辑块定义】对话框，选择要编辑的普通块后，即可进入块编辑状态。

2. 创建动态块

在块编辑状态中，为普通块添加相应的参数和动作，可以使其变为动态块，具体操作步骤如下。

step 01　打开"素材\Ch08\动态块.dwg"文件，该文件中已经将图形对象创建为名为"螺栓"的普通块，如图 8-14 所示。

step 02　单击【默认】选项卡 |【块】面板 |【编辑】按钮，打开【编辑块定义】对话框，选择"螺栓"块，单击【确定】按钮，如图 8-15 所示。

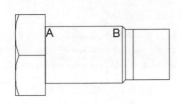

图 8-14　素材文件

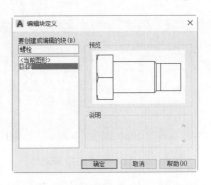

图 8-15　【编辑块定义】对话框

step 03　进入块编辑状态，此时功能区中会增加【块编辑器】选项卡，同时会打开【块编写选项板】选项板，如图 8-16 所示。

提示　在块上单击鼠标右键，在弹出的快捷菜单中选择【块编辑器】菜单命令，可直接进入块编辑状态。

step 04　为块添加参数。在【块编辑选项板-所有选项板】的【参数】选项卡中，单击【线性】按钮，根据命令行提示，分别捕捉 A 点和 B 点作为线性参数的起点和端点，然后指定参数的位置，从而为"螺栓"块添加线性参数，如图 8-17 所示。命令行提示如下：

命令：_BParameter 线性
指定起点或 [名称(N)/标签(L)/链(C)/说明(D)/基点(B)/选项板(P)/值集(V)]：
//捕捉 A 点作为起点
指定端点：　　　　　　　　　　　　　//捕捉 B 点作为端点
指定标签位置：　　　　　　　　　　　//向上拖动鼠标，指定线性参数的位置

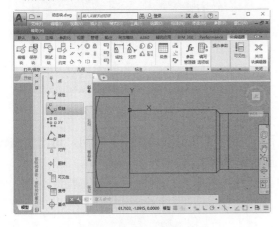

图 8-16　进入块编辑状态

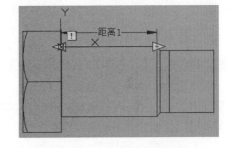

图 8-17　为块添加线性参数

step 05　为参数添加动作。在【块编辑选项板】中切换至【动作】选项卡，单击【拉伸】按钮，根据命令行提示，选择上一步添加的线性参数，然后捕捉 B 点作为参数点，如图 8-18 所示。

step 06　从右向左拖动鼠标，指定拉伸框架，如图 8-19 所示。

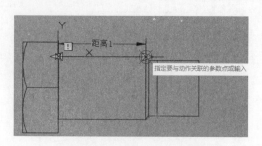

图 8-18 为参数添加拉伸动作

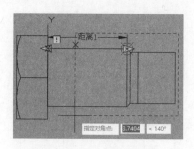

图 8-19 指定拉伸框架

step 07 再次从右向左拖动鼠标，框选出右侧图像作为要拉伸的对象，按 Enter 键确认选择，如图 8-20 所示。命令行提示如下：

```
命令：_BActionTool 拉伸
选择参数：                                    //选择添加的线性参数
指定要与动作关联的参数点或输入 [起点(T)/第二点(S)] <起点>://捕捉 B 点作为参数点
指定拉伸框架的第一个角点或 [圈交(CP)]：
指定对角点：                                  //从右向左拖动鼠标指定拉伸框架
指定要拉伸的对象
窗交(C) 套索  按空格键可循环浏览选项找到 15 个
选择对象：                                    //框选出要拉伸的对象
```

step 08 单击【块编辑器】选项卡 | 【打开/保存】面板 | 【保存块】按钮，保存所做的操作。至此，即完成动态块的创建，如图 8-21 所示。

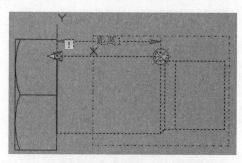

图 8-20 选择要拉伸的对象

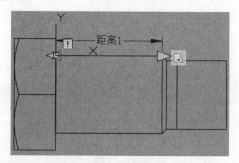

图 8-21 完成动态块的创建

step 09 单击【块编辑器】选项卡 | 【关闭】面板 | 【关闭块编辑器】按钮，退出块编辑状态，选中"螺栓"块，将出现两个夹点，如图 8-22 所示。

step 10 向左或向右拖动箭头夹点，即可改变螺栓的长度，同时保留其完整性不变，如图 8-23 所示。

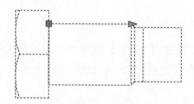

图 8-22 选中块时出现两个夹点

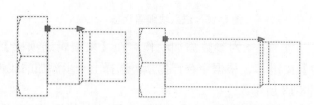

图 8-23 向左或向右拖动夹点将改变螺栓的长度

3. 认识【块编写选项板-所有选项板】选项板

利用【块编写选项板-所有选项板】选项板为普通块添加参数和动作，才能成功创建动态块。该选项板包括【参数】、【动作】、【参数集】和【约束】4个选项卡，如图8-24所示。

- 参数：参数用于指定几何图形在块中的位置、距离和角度等。将参数添加到块中，可定义块的自定义特性。
- 动作：动作用于定义块中的几何图形将如何移动或修改。将动作与参数相关联，可操作块的自定义特性。
- 参数集：参数集是参数和动作的集合，利用该选项卡可以向块添加成对的参数和动作。
- 约束：约束用于约束块中的参数，约束后的参数包含参数信息，可以显示或编辑参数值。

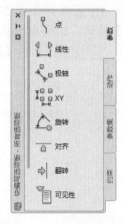

图 8-24 【块编写选项板-所有选项板】选项板

8.1.4 插入图块

插入图块这一操作并不仅仅是指插入内部块或外部块，任何.dwg 格式的文件均可作为图块插入文件中。

1. 命令调用方法

- 单击【默认/插入】选项卡 |【块】面板 |【插入】按钮。
- 选择【插入】|【块】菜单命令。
- 单击【绘图】工具栏中的【插入块】按钮。
- 在命令行输入"insert/i"命令，并按 Enter 键。

2. 插入图块

在插入图块时，只需指定插入点即可。此外，用户可根据需要设置图块比例和旋转角度，具体操作步骤如下。

step 01 打开"素材\Ch08\插入块.dwg"文件，如图8-25所示。

step 02 单击【默认】选项卡 |【块】面板 |【插入】按钮，打开【插入】对话框，单击【浏览】按钮，如图8-26所示。

图 8-25 素材文件

图 8-26 【插入】对话框

step 03 打开【选择图形文件】对话框，在计算机中选择要插入的图块，然后单击【打开】按钮，如图 8-27 所示。

step 04 返回至【插入】对话框，单击【确定】按钮，如图 8-28 所示。

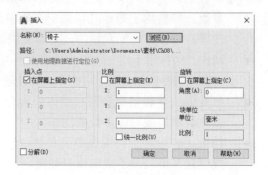

图 8-27 【选择图形文件】对话框   图 8-28 【插入】对话框

step 05 在绘制区的合适位置处单击，指定图块的插入点，如图 8-29 所示。

step 06 即可成功插入图块，如图 8-30 所示。

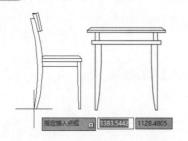
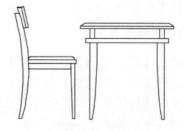

图 8-29 指定图块的插入点   图 8-30 插入图块

【插入】对话框中主要选项说明如下。

● 名称：在其下拉列表框中可选择要插入的内部块或当前文件中已调用的块，单击【浏览】按钮，可选择要插入的外部块或.dwg 格式的文件。

● 插入点：指定插入点的方式，即可在屏幕上单击指定插入点，也可直接输入坐标值来指定。

● 比例：设置块在 X、Y、Z 方向上的缩放比例，默认为 1∶1∶1。用户可在屏幕上指定或直接输入缩放比例，若选中【统一比例】复选框，那么在 3 个方向上的缩放比例相同。

● 旋转：设置插入块时的旋转角度。

● 分解：设置在插入块时，是否对其进行分解操作。

提示

单击【默认】选项卡|【块】面板|【插入】按钮后，若当前文件中包含内部块或已调用的块，那么将会弹出下拉列表，并在其中显示相关选项，选择其中一项，即可插入该块，若选择【更多选项】，即可打开【插入】对话框，如图 8-31 所示。

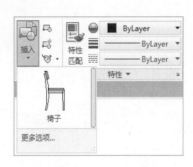

图 8-31　弹出下拉列表

8.2　块的属性

块的属性是将数据附着在块上的标签或标记，是块的组成部分，通常为文字或数字，属性中可以包含的数据包括零件编号、价格、物品名称、图框标题栏、明细表等。

在插入具有属性的块时，系统将通过属性提示要求用户输入属性值，因此对于同一个属性块，在不同的插入点可以有不同的属性值，从而增加图块的通用性。

8.2.1　定义块的属性

块的属性通常在创建块之前进行定义，在创建块时，会将属性定义和图块对象一并添加到块中，从而创建出具有属性的块，该类块通常称为属性块。

1. 命令调用方法

● 单击【默认】选项卡|【块】面板|【定义属性】按钮 。
● 单击【插入】选项卡|【块定义】面板|【定义属性】按钮 。
● 选择【绘图】|【块】|【定义属性】菜单命令。
● 在命令行输入 "attdef/att" 命令，并按 Enter 键。

2. 定义块的属性

下面以创建粗糙度属性块为例，介绍定义属性的具体操作步骤。

step 01　打开 "素材\Ch08\定义图块属性.dwg" 文件，如图 8-32 所示。

step 02　单击【插入】选项卡|【块定义】面板|【定义属性】按钮 ，打开【属性定义】对话框，在【标记】文本框中输入 "Ra"，在【提示】文本框中输入 "粗糙度数值"，在【默认】文本框中输入 "6.4"，然后在【文字设置】区域中将【对正】设置为【居中】，将【文字高度】设置为 "2"，单击【确定】按钮，如图 8-33 所示。

step 03　在绘图区的合适位置处单击，指定该属性定义的放置点，如图 8-34 所示。

step 04　执行【创建块】命令，打开【块定义】对话框，拾取粗糙度图形的底部端点作为基点，然后选择粗糙度图形和创建的属性定义作为块所包含的对象(具体步骤参考 8.1.1 节)，如图 8-35 所示。

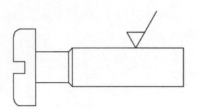

图 8-32　素材文件

图 8-33　【属性定义】对话框

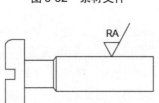

图 8-34　指定属性定义的放置点

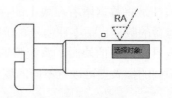

图 8-35　选择块所包含的对象

step 05　返回至【块定义】对话框，在【名称】下拉列表框中输入"粗糙度"，然后单击【确定】按钮，如图 8-36 所示。

step 06　打开【编辑属性】对话框，保持默认不变，单击【确定】按钮，如图 8-37 所示。

图 8-36　【块定义】对话框

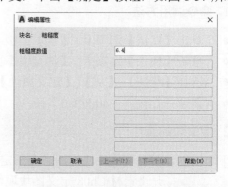

图 8-37　【编辑属性】对话框

step 07　即可创建属性块，用于标识粗糙度数值，效果如图 8-38 所示。

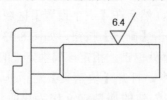

图 8-38　创建属性块

【属性定义】对话框中主要选项说明如下。

- 模式：设置块中属性的模式，包括属性是否可见、是否固定等。
- 属性：设置块的属性。【标记】用于设置属性的显示标记；【提示】用于设置插入包含该属性定义的块时显示的提示信息；【默认】用于设置属性的默认值。
- 插入点：设置属性定义的插入方式。
- 文字设置：用于设置属性文字的对正方式、文字样式、文字高度等格式。

8.2.2　编辑块的属性

插入带属性的块时，用户可以根据需要重新编辑其属性，包括编辑属性值、文字格式以及块所在图层的特性等内容。

1. 命令调用方法

- 单击【默认/插入】选项卡 | 【块】面板 | 【编辑属性】按钮 。
- 选择【修改】|【对象】|【属性】|【单个】菜单命令。
- 在命令行输入"eattedit"命令，并按 Enter 键。
- 直接双击需要编辑属性的块。

2. 编辑块的属性

执行上述命令后，均会打开【增强属性编辑器】对话框，在其中即可编辑块的属性，具体操作步骤如下。

step 01 接上一小节的操作，双击"粗糙度"属性块，打开【增强属性编辑器】对话框，在【属性】选项卡下的【值】文本框中可修改属性值，如输入"3.2"，如图 8-39 所示。

step 02 切换至【文字选项】选项卡，在其中可设置属性文字的相关格式，如图 8-40 所示。

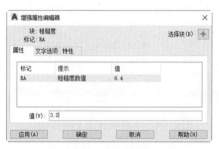

图 8-39　【属性】选项卡　　　　　　　　图 8-40　【文字选项】选项卡

step 03 切换至【特性】选项卡，在其中可修改属性块所在的图层以及图层的颜色、线型、线宽等特性，如图 8-41 所示。

step 04 设置完成后，单击【确定】按钮，即完成属性的编辑操作，效果如图 8-42 所示。

图 8-41　【特性】选项卡

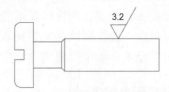

图 8-42　编辑属性后的效果

8.2.3　管理块的属性

上一节介绍了如何编辑单个块的属性，此外，利用【块属性管理器】对话框，用户可集中管理当前文件中所有块的属性。

打开【块属性管理器】对话框主要有以下几种方法。

- 单击【插入】选项卡|【块定义】面板|【管理属性】按钮。
- 选择【修改】|【对象】|【属性】|【块属性管理器】菜单命令。
- 在命令行输入"battman/batt，并按 Enter 键。

执行上述任一操作，均可打开【块属性管理器】对话框，在【块】下拉列表框中选择相应的块，在下方的列表框中会显示出该块的属性，如图 8-43 所示。单击【编辑】按钮，将打开【编辑属性】对话框，在其中同样包含 3 个选项卡，用于编辑属性，如图 8-44 所示。

注意，与【增强属性编辑器】对话框所不同的是，在【编辑属性】对话框中，用户还可修改属性的模式、标记、提示信息和默认值等内容。

图 8-43　【块属性管理器】对话框

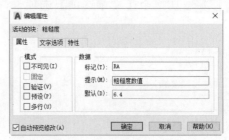

图 8-44　【编辑属性】对话框

8.3　外　部　参　照

外部参照是将已有的图形文件以参照的形式插入当前图形中，该参照文件会随着原图形的更新而更新，从而提供了更为灵活的图形引用方法，使设计图纸之间的共享更为方便、快捷。

提示 图块和外部参照都可作为一个整体对象插入图形中，从而实现共享。所不同的是，外部参照会随着原图形的更新而更新，其相当于一个链接，并不会增加宿主图形的大小。

8.3.1 使用外部参照

用户可以插入多种格式的外部参照，包括.dwg、.dwf、.dgn、.pdf 等格式。

1. 命令调用方法

- 单击【插入】选项卡 |【参照】面板 |【附着】按钮。
- 选择【插入】|【外部参照】菜单命令。
- 单击【参照】工具栏中的【外部参照】按钮。
- 在命令行输入"exter"命令，并按 Enter 键。

注意，执行第一项操作，会直接打开【选择参照文件】对话框，在计算机中选择外部参照文件即可。执行后面三种操作，均会打开【外部参照】选项板，在其中选择要插入的外部参照类型后，才会打开【选择参照文件】对话框。

提示 选择【插入】|【DWG 参照】、【DWF 参考底图】、【DGN 参考底图】、【PDF 参考底图】等菜单命令，如图 8-45 所示，同样会打开【选择参照文件】对话框，所不同的是，在其中只能选择相应格式的外部参照文件。

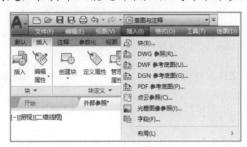

图 8-45 【插入】子菜单

2. 使用外部参照

下面以插入一个.dwg 格式的外部参照文件为例，介绍使用外部参照的具体操作步骤。

step 01 新建一个空白文件，选择【插入】|【外部参照】菜单命令，打开【外部参照】选项板，如图 8-46 所示。

step 02 单击左上角的【附着】按钮，在弹出的下拉列表中列出了不同类型的外部参照文件，这里选择【附着 DWG】选项，如图 8-47 所示。

step 03 打开【选择参照文件】对话框，在计算机中选择要使用的参照文件，单击【打开】按钮，如图 8-48 所示。

step 04 打开【附着外部参照】对话框，保持默认设置不变，单击【确定】按钮，如图 8-49 所示。

图 8-46　【外部参照】选项板

图 8-47　选择【附着 DWG】选项

图 8-48　【选择参照文件】对话框

图 8-49　【附着外部参照】对话框

step 05　即可在空白文件中插入指定的外部参照文件，且外部参照以灰色显示，如图 8-50 所示。

step 06　此时在【外部参照】选项板中可以查看外部参照文件的详细信息，如图 8-51 所示。

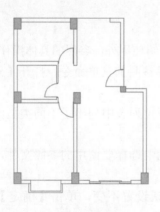

图 8-50　插入外部参照文件

图 8-51　查看外部参照文件的详细信息

提示 在【外部参照】选项板中选中参照文件后，在下方的【详细信息】列表中可更改参照文件类型、路径等信息，如将【类型】由附着型更改为覆盖型，如图8-52所示。

图 8-52　将【类型】由附着型更改为覆盖型

【附着外部参照】对话框中主要选项说明如下。

- 名称：设置外部参照文件的名称。单击【浏览】按钮，可在计算机中选择外部参照文件。
- 参照类型：设置外部参照的参照类型，包括附着型和覆盖型两种，默认为前者。
- 比例：设置外部参照的比例因子。
- 插入点：设置外部参照的插入方式。
- 路径类型：设置外部参照的路径类型，包括完整路径、相对路径和无路径三种。
- 旋转：设置插入外部参照时的旋转角度。

由上可知，外部参照共有两种参照类型：附着型和覆盖型。两者的区别在于如何处理嵌套的参照。嵌套是指在一个外部参照图形中包含另一个外部参照图形。

- 附着型：若外部参照中嵌套有附着型外部参照，那么在使用该外部参照时，其嵌套的外部参照文件也会显示出来。假设在 A 图中附着引用了 B 图，那么当 A 图附着到 C 图时，C 图中既会显示 A 图，也会显示 B 图。
- 覆盖型：若外部参照中嵌套有覆盖型外部参照，那么在使用该外部参照时，其嵌套的外部参照文件不会显示出来。假设 A 图中覆盖引用了 B 图，那么当 A 图附着到 C 图时，将不再关联 B 图。

此外，插入外部参照时，可指定三种路径类型。

- 完整路径：又称为绝对路径，选择该项，将在图形中保存外部参照的完整位置。如果移动了参照文件，即无法在图形中显示。
- 相对路径：选择该项，将在图形中保存外部参照相对于当前图形的位置。在移动参照文件时，只要参照文件相对于当前图形的位置没有变化，即可正常使用。
- 无路径：选择该项，系统将在宿主图形所在的文件夹中查找外部参照。当参照文件与当前图形位于同一文件夹时，此项非常有用。

8.3.2　编辑外部参照

使用 AutoCAD 提供的【在位编辑参照】功能，用户可直接在宿主图形中编辑外部参照。注意，保存编辑后的外部参照，外部参照原文件也会随之更新。因此，在进行编辑操作前，用户可先对参照文件进行备份，具体操作步骤如下。

提示 在编辑外部参照时，外部参照文件必须处于关闭状态，否则将无法编辑。

step 01　接上一小节的操作，选中外部参照，功能区中会增加【外部参照】选项卡，单击【编辑】面板 | 【在位编辑参照】按钮，如图 8-53 所示。

step 02　打开【参照编辑】对话框，选中【自动选择所有嵌套的对象】单选按钮，然后单击【确定】按钮，如图 8-54 所示。

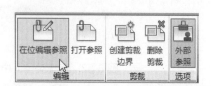

图 8-53　单击【在位编辑参照】按钮

图 8-54　【参照编辑】对话框

step 03　此时参照文件显示为可编辑状态，用户可对其进行编辑操作。操作完成后，单击【外部参照】选项卡 | 【编辑参照】面板 | 【保存修改】按钮，如图 8-55 所示。

　进行编辑操作时，若选择了其他选项卡，则会隐藏【外部参照】选项卡，此时可在命令行中输入"refclose"命令来结束编辑。

step 04　打开 AutoCAD 对话框，单击【确定】按钮，保存对参照的修改即可，如图 8-56 所示。

　当对外部参照改动较大时，使用【在位编辑外部参照】功能会显著增加图形的大小，此时用户可以直接打开参照文件进行编辑。

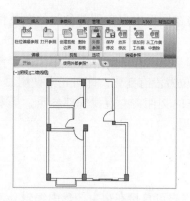

图 8-55　对参照进行编辑和保存

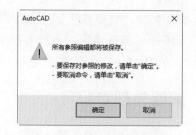

图 8-56　AutoCAD 对话框

8.3.3　绑定外部参照

将外部参照绑定到宿主图形后，外部参照将转换为块，并成为宿主图形中固有的一部分，而不再保持其独立性。那么在更新外部参照原文件时，宿主图形中的外部参照就不会随之更新，具体操作步骤如下。

step 01 在【外部参照】选项板中的参照文件上单击鼠标右键，在弹出的快捷菜单中选择【绑定】菜单命令，如图 8-57 所示。

step 02 打开【绑定外部参照/DGN 参考底图】对话框，将【绑定类型】设置为【绑定】，单击【确定】按钮，即可绑定所选的外部参照，如图 8-58 所示。

提示

系统提供有【绑定】和【插入】两种绑定类型。其相同点在于都会将外部参照转换为块，所不同的是，【绑定】类型会将原图中的各种样式和块等后台对象重命名后并入宿主图形中，即各名称会添加“n”前缀，而【插入】类型并不添加前缀。

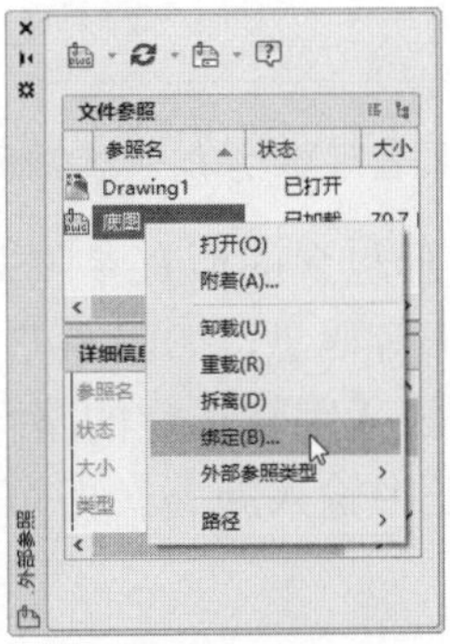

图 8-57　选择【绑定】菜单命令

图 8-58　【绑定外部参照/DGN 参考底图】对话框

8.3.4　参照管理器

Autodesk 的参照管理器是一种外部应用程序，在其中可以查看图形可能附着的所有文件的详细信息，并提供了工具以修改参照路径而无须打开每个图形文件，具体操作步骤如下。

step 01 选择【开始】| Autodesk |【参照管理器】菜单命令，如图 8-59 所示。

step 02 打开【参照管理器】窗口，在其中单击左上角的【添加图形】按钮，如图 8-60 所示。

图 8-59　选择【参照管理器】菜单命令

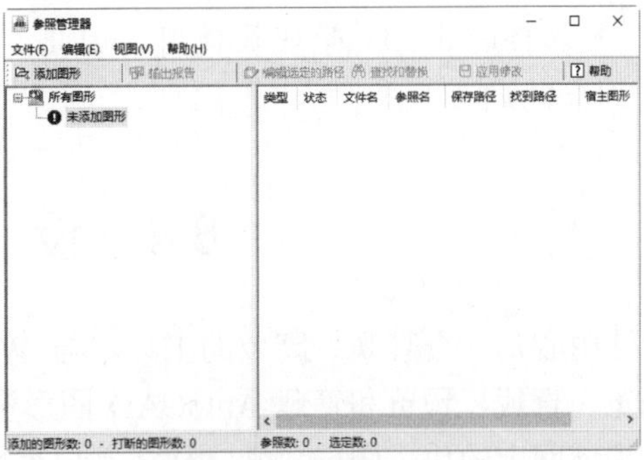

图 8-60　【参照管理器】窗口

step 03 打开【添加图形】对话框，在计算机中找到要查看参照的图形文件，单击【打开】按钮，如图 8-61 所示。

step 04 打开【参照管理器-添加外部参照】对话框，在其中选择【自动添加所有外部参照，而不管嵌套级别】选项，如图 8-62 所示。

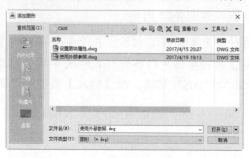
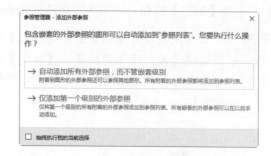

图 8-61　【添加图形】对话框　　　　　　图 8-62　【参照管理器-添加外部参照】对话框

step 05 即可添加文件，并可在参照管理器中查看该图形包含的所有参照文件的详细信息，包括类型、状态、文件名、参照名、保存路径、宿主图形等信息，如图 8-63 所示。

step 06 若要编辑路径，在列表中选择参照文件后，单击【编辑选定的路径】按钮，打开【编辑选定的路径】对话框，在【新保存的路径】文本框中输入新路径即可，如图 8-64 所示。

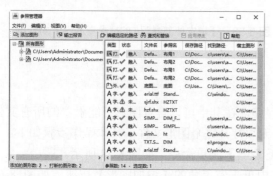
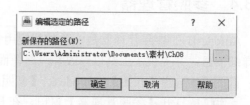

图 8-63　添加文件　　　　　　　　图 8-64　【编辑选定的路径】对话框

使用参照管理器可以立即更改多个路径且无法撤销其动作，适合非常了解路径的 CAD 管理员使用。因此，对于不熟悉保存路径的设计人员要谨慎使用该功能。

8.4　设 计 中 心

设计中心是一个直观、高效的工具，与 Windows 资源管理器类似。利用设计中心，用户可以浏览、查找、预览和管理 AutoCAD 图形资源，也可通过简单的拖放操作，将位于本地计算机、局域网上的块、图层、文字样式等内容快速插入当前图形文件中。

8.4.1 启动设计中心

启动设计中心的方法共有以下几种。

- 单击【视图】选项卡 | 【选项板】面板 | 【设计中心】按钮圖。
- 选择【工具】|【选项板】|【设计中心】菜单命令。
- 单击【标准】工具栏中的【设计中心】按钮圖。
- 在命令行输入"adcenter/adc"命令,并按 Enter 键。

执行上述任一命令,均可打开【设计中心】选项板,如图 8-65 所示。【设计中心】选项板由左右两部分组成,左侧以树状图的形式显示各项目,右侧为内容显示区。在左侧选中某项目后,在右侧即可查看其子项目。

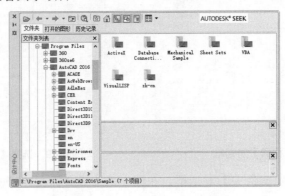

图 8-65　【设计中心】选项板

例如,在左侧选择"底图.dwg"文件,右侧即会显示出该文件中的标注样式、表格样式、图层、块、外部参照等内容,如图 8-66 所示。双击其中的"标注样式"项目,在右侧可查看文件中包含的所有标注样式,如图 8-67 所示。

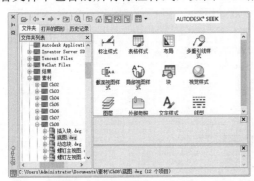

图 8-66　查看文件中的标注样式、图层、块等内容

图 8-67　查看文件中包含的所有标注样式

8.4.2 使用设计中心

由于设计中心功能众多,下面以其搜索功能和插入功能为例进行介绍。

1. 使用设计中心的搜索功能

类似于 Windows 提供的搜索功能，利用设计中心，用户可以设置搜索类型、路径以及名称等搜索条件，从而搜索出特定的图层、图形、块、文字样式等内容，具体操作步骤如下。

step 01 选择【工具】|【选项板】|【设计中心】菜单命令，打开【设计中心】选项板，单击顶部的【搜索】按钮 🔍 ，打开【搜索】对话框，如图 8-68 所示。

step 02 单击【搜索】右侧的下拉按钮，在弹出的下拉列表中可选择搜索的类型，如选择【图层】类型，然后单击【浏览】按钮，如图 8-69 所示。

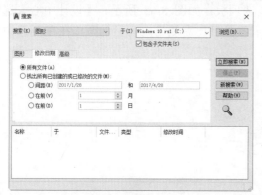
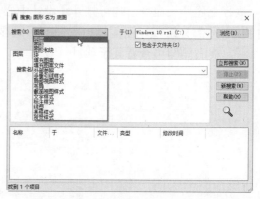

图 8-68 【搜索】对话框　　　　　　　图 8-69 选择【图层】类型

step 03 打开【浏览文件夹】对话框；在其中可选择目标在计算机中的存放路径，如选择【文档】文件夹，单击【确定】按钮，如图 8-70 所示。

step 04 返回至【搜索】对话框，在【搜索名称】下拉列表框内输入名称，如输入"粗实线"，然后单击【立即搜索】按钮，在下方的列表框中即可显示出搜索的结果，如图 8-71 所示。

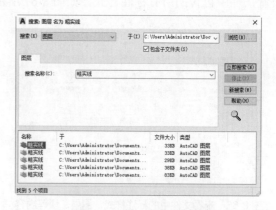

图 8-70 【浏览文件夹】对话框　　　　图 8-71 显示搜索的结果

2. 使用设计中心的插入功能

在【设计中心】选项板中找到要插入的文件、图块、图层、文字样式、标注样式或图像等项目，将其直接拖动至绘图区中，即可将所选项目方便快捷地插入当前图形中。下面以插入图像为例进行介绍。

step 01 打开【设计中心】选项板，然后在其左侧打开目标文件夹，在右侧即可显示出所包含的文件，将要插入的图像直接拖动到绘图区，如图 8-72 所示。

step 02 根据提示设置图像的插入点、比例因子、旋转角度等参数，即可将图像以外部参照的形式插入当前图形中，效果如图 8-73 所示。

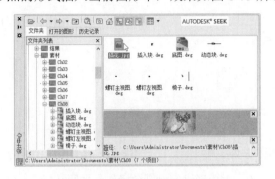

图 8-72 将图像拖动到绘图区

图 8-73 插入图像

命令行提示如下：

命令：
指定插入点 <0,0>：   //指定图像的插入点
基本图像大小：宽：1.000000，高：0.666667，Millimeters
指定缩放比例因子 <1>：1   //按 Enter 键，使用默认的比例因子
指定旋转角度 <0>：   //按 Enter 键，使用默认的旋转角度

 提示 除了使用拖动法插入图像外，还可利用右键的快捷菜单插入图像。在图像上单击鼠标右键，在弹出的快捷菜单中选择【附着图像】菜单命令，如图 8-74 所示。打开【附着图像】对话框，在其中设置路径类型、插入点、缩放比例等参数后，单击【确定】按钮即可，如图 8-75 所示。

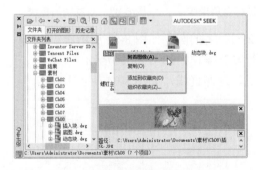

图 8-74 选择【附着图像】菜单命令

图 8-75 【附着图像】对话框

8.5 综合实战——创建燃气灶图块

本例将结合所学知识，绘制和创建一个燃气灶图块，具体操作步骤如下。

step 01 新建一个空白文件，调用【矩形】命令，分别绘制尺寸为 580×700 和 462×609 的矩形，如图 8-76 所示。

step 02 调用【分解】命令，分解矩形，调用【偏移】命令，偏移直线，如图 8-77 所示。

step 03 调用【修剪】命令，修剪多余的直线，如图 8-78 所示。

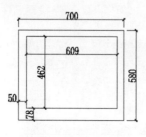

图 8-76　绘制矩形

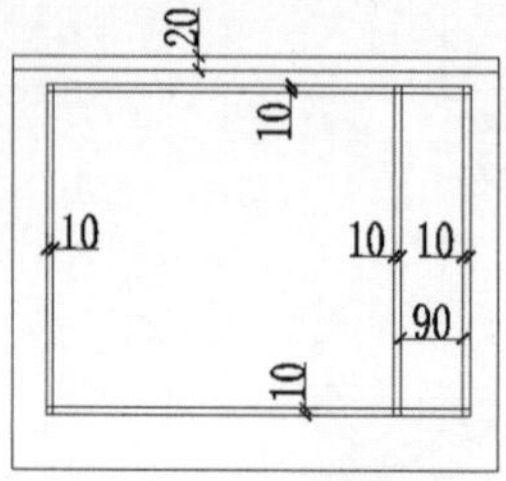

图 8-77　分解矩形并偏移直线

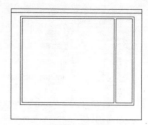

图 8-78　修剪直线

step 04 调用【圆角】命令，设置圆角半径为 20，对矩形进行倒圆角操作，如图 8-79 所示。

step 05 调用【倒角】命令，设置倒角距离为 20，对矩形进行倒角操作，如图 8-80 所示。

step 06 调用【圆】命令，绘制半径为 60 的圆，调用【偏移】命令，将偏移距离设置为 12，向内偏移圆，然后调用【直线】命令，绘制直线，如图 8-81 所示。

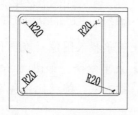

图 8-79　对矩形进行倒圆角操作

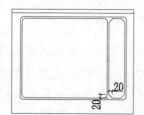

图 8-80　对矩形进行倒角操作

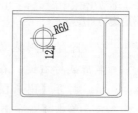

图 8-81　绘制圆与直线

step 07 调用【圆】命令，分别绘制半径为 29 和 18 的圆，如图 8-82 所示。

step 08 调用【复制】命令，对圆和直线进行复制操作，如图 8-83 所示。

step 09 调用【延伸】命令，激活直线的夹点，延伸直线，如图 8-84 所示。

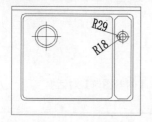

图 8-82　绘制圆

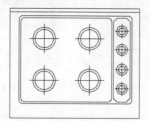

图 8-83　复制圆和直线

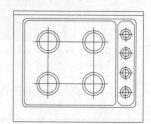

图 8-84　延伸直线

step 10 单击选中直线，可以看到，此时直线并不是完整的对象，如图 8-85 所示。

step 11 调用【合并】命令，对直线进行合并操作，完成燃气灶的绘制，效果如图 8-86

所示。

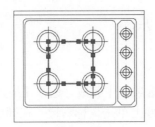

图 8-85　直线不是完整的对象

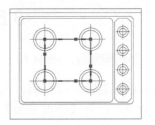

图 8-86　对直线进行合并

step 12　调用【创建块】命令，打开【块定义】对话框，在【名称】下拉列表框中输入"燃气灶"，然后单击【拾取点】按钮，如图 8-87 所示。

step 13　捕捉图形左下角的端点为基点，返回至【块定义】对话框，单击【选择对象】按钮，如图 8-88 所示。

图 8-87　【块定义】对话框

图 8-88　单击【选择对象】按钮

step 14　在绘图区拖动鼠标，选择所有的图形，按 Enter 键，返回至【块定义】对话框，单击【确定】按钮，如图 8-89 所示。

step 15　即可将图形创建为一个图块，效果如图 8-90 所示。

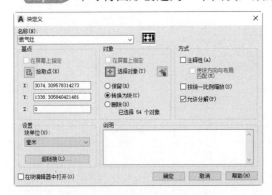

图 8-89　单击【确定】按钮

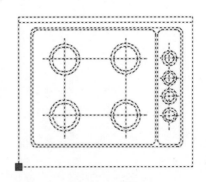

图 8-90　创建图块

8.6 高手甜点

甜点 1：如何删除外部参照？

答： 若要彻底删除外部参照，需要在【外部参照】选项板中完成。选择【插入】|【外部参照】菜单命令，打开【外部参照】选项板，在参照文件上单击鼠标右键，在弹出的快捷菜单中选择【拆离】菜单命令，即可删除所选的外部参照，如图 8-91 所示。

图 8-91 选择【拆离】菜单命令

甜点 2：为何无法编辑外部参照？

答： 当无法编辑外部参照时，可能是在外部参照原文件中进行了设置，不允许对其进行参照编辑。此时需要打开外部参照原文件，在命令行中输入"xedit"命令，然后将其值设置为 1 即可。

第 9 章　图形布局与打印

当在 AutoCAD 中绘制完图形并需要打印时，可以使用 AutoCAD 提供的打印命令。在实际设计工作中，往往先利用打印机打印出小样图，在确认无误后，再利用绘图仪按一定比例来绘制所需图纸。多数情况下，用户往往需要对图形进行适当处理后再打印。本章主要介绍如何对图形进行处理并打印。

本章学习目标(已掌握的在方框中打钩)

- □　熟悉模型空间和布局空间的概念。
- □　掌握新建布局的方法。
- □　掌握新建和设置视口的方法。
- □　掌握设置页面的方法。
- □　掌握打印预览和打印输出的方法。

重点案例效果

 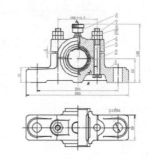

9.1　模型空间和布局空间

AutoCAD 提供了模型空间和布局空间两种类型，分别用于图形的绘制与打印。默认情况下，文件中包含一个模型空间和两个布局空间，单击绘制区左下方的标签，可进行切换，如图 9-1 所示。

图 9-1　文件中默认包含一个模型空间和两个布局空间

9.1.1 模型空间

新建或打开文件时，默认进入模型空间。模型空间是一个无限大的绘图区域，主要用于绘制二维或三维图形，也可在其中添加文字和尺寸标注。在模型空间中进行制图时，通常按1∶1 比例绘制。

绘制三维图形时，用户可在模型空间中创建多个视口，将每个视口设置为不同的视图，即可从不同的角度观察图像，修改其中一个视口的图像，其他视口中的图像也会随之变化，如图 9-2 所示。

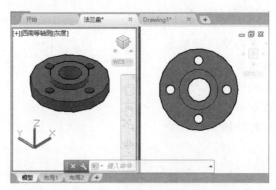

图 9-2 在模型空间中创建多个视口

当然，用户也可在模型空间中出图，但由于模型空间默认没有界限，且比例控制不方便，因此并不提倡。如果只需打印一个方向的视图，可以考虑在模型空间中打印。若有多种视图，最好在布局空间中打印。

9.1.2 布局空间

布局空间也称为图纸空间，主要用于设置打印输出，在其中用户可以方便地设置打印设备、纸张大小、打印比例等参数，从而模拟出最终的打印效果，如图 9-3 所示。

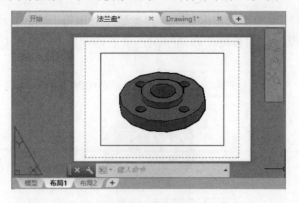

图 9-3 布局空间

布局空间包括 3 个边界，分别是纸张边界、打印边界和视口边界，如图 9-4 所示。其中，纸张边界由设置的纸张大小所决定；打印边界由设置的页边距所决定，只有位于打印边界内部的图形才会被打印出来；视口边界可由用户自定义大小，每个视口可显示不同的图形。

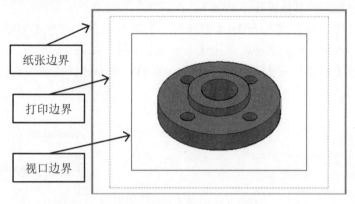

图 9-4 布局空间包括 3 个边界

在布局空间中双击视口边框，视口边框将变粗，此时相当于进入模型空间，用户可对图形进行编辑，如图 9-5 所示。操作完成后，再次双击视口边框，即回到布局空间。

图 9-5 视口边框变粗

9.1.3 新建布局

一个模型空间可对应多个布局空间，当用户需要打印多张不同的图纸时，即可新建布局空间。

1. 命令调用方法

● 选择【工具】|【向导】|【创建布局】菜单命令。
● 在布局空间中，单击【布局】选项卡 |【布局】面板 |【新建】按钮 。
● 单击绘图区左下方【布局】标签右侧的【新建布局】按钮 。
注意，使用后两种方法时，将使用默认设置直接新建布局。使用第一种方法时，将打开【创建布局-开始】对话框，在其中可设置布局使用的打印机、打印方向等参数，并使用向导创建布局。

2. 使用向导新建布局

使用向导新建布局的具体操作步骤如下。

step 01 选择【工具】|【向导】|【创建布局】菜单命令，打开【创建布局-开始】对话框，在文本框内输入新布局的名称，单击【下一步】按钮，如图 9-6 所示。

step 02 打开【创建布局-打印机】对话框，在列表框中选择要使用的打印机，单击【下一步】按钮，如图 9-7 所示。

图 9-6 【创建布局-开始】对话框   图 9-7 【创建布局-打印机】对话框

step 03 打开【创建布局-图纸尺寸】对话框，单击下拉按钮，在弹出的下拉列表中选择打印图纸大小，单击【下一步】按钮，如图 9-8 所示。

step 04 打开【创建布局-方向】对话框，在其中选择图形在图纸上的方向，单击【下一步】按钮，如图 9-9 所示。

图 9-8 【创建布局-图纸尺寸】对话框   图 9-9 【创建布局-方向】对话框

step 05 打开【创建布局-标题栏】对话框，在列表框中选择用于该布局的标题栏，单击【下一步】按钮，如图 9-10 所示。

step 06 打开【创建布局-定义视口】对话框，在【视口设置】区域中选择要添加的视口，单击【下一步】按钮，如图 9-11 所示。

图 9-10 【创建布局-标题栏】对话框   图 9-11 【创建布局-定义视口】对话框

step 07 打开【创建布局-拾取位置】对话框，单击【选择位置】按钮，在绘图区域拖动鼠标指定视口的位置，如图 9-12 所示。

step 08 打开【创建布局-完成】对话框，单击【完成】按钮，如图 9-13 所示。

图 9-12 【创建布局-拾取位置】对话框   图 9-13 【创建布局-完成】对话框

step 09 即可新建布局，效果如图 9-14 所示。

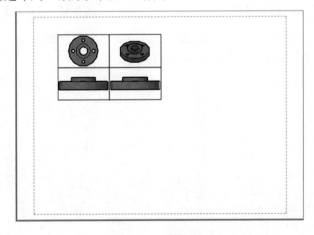

图 9-14 新建布局

9.2 视　口

在 AutoCAD 中，通过视口可以对图形进行多个角度的显示和观察，从而使绘制的图形更加直观。

9.2.1 新建视口

默认情况下，文件中只有一个视口，若要新建视口，需要在【视口】对话框中设置。打开此对话框主要有以下几种方法。

- 选择【视图】|【视口】|【新建视口】菜单命令。
- 单击【视口】工具栏中的【显示"视口"对话框】按钮。
- 在命令行输入"vports"命令，并按 Enter 键。

新建视口的具体操作步骤如下。

step 01 打开"素材\Ch09\视口.dwg"文件，切换至【布局 2】，选中自动创建的视口，按 Delete 键删除，如图 9-15 所示。

step 02 选择【视图】|【视口】|【新建视口】菜单命令，打开【视口】对话框，在【新建视口】选项卡下列出了标准视口配置列表，如选择【三个：右】选项，单击【确定】按钮，如图 9-16 所示。

图 9-15　删除自动创建的视口

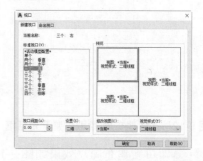

图 9-16　【视口】对话框

step 03 根据命令行提示，拖动鼠标指定视口的第一个角点和对角点，如图 9-17 所示。

step 04 即可创建三个视口，效果如图 9-18 所示。

图 9-17　指定视口的两个角点

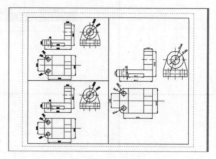

图 9-18　创建三个视口

9.2.2 设置视口

新建多个视口后，用户可对单个视口进行设置，包括剪裁视口、冻结图层、设置视口比例、设置视图等操作。这些操作均可使每个视口显示出不一样的视图与角度，从而使图形更为直观明了。

1. 剪裁视口

剪裁视口是指对选定视口进行裁剪操作，使裁剪界线之外的图形对象隐藏，具体操作步骤如下。

step 01 接上一小节的操作，切换至【布局 1】空间，单击【布局】选项卡|【布局视口】面板|【剪裁】按钮回，拖动鼠标拖出裁剪框，如图 9-19 所示。

step 02 按 Enter 键确认，即可剪裁视口，同时裁剪框外的图形被隐藏，如图 9-20 所示。

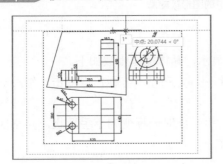

图 9-19 拖出裁剪框

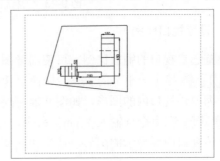

图 9-20 剪裁视口

2. 冻结图层

在选定视口中冻结图层，可使该图层中的对象在此视口中隐藏，具体操作步骤如下。

step 01 接上一小节的步骤，切换至【布局 2】空间中，在右侧视口内双击，此时该视口边框加粗显示，如图 9-21 所示。

step 02 选择【格式】|【图层】菜单命令，打开【图层特性管理器】选项板，选中"标注"图层，单击其右侧的【视口冻结】按钮，冻结该图层，如图 9-22 所示。

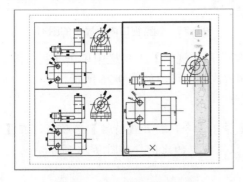

图 9-21 视口边框加粗显示

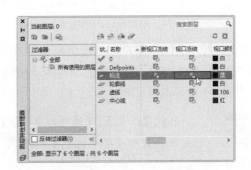

图 9-22 冻结"标注"图层

step 03 此时右侧视口内"标注"图层中的图形对象即被隐藏，在视口外部双击，退出选中状态，效果如图 9-23 所示。

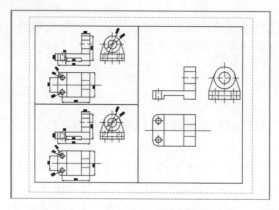

图 9-23 "标注"图层中的图形被隐藏

3. 设置视口比例

设置选定视口的缩放比例，可使局部图形放大显示，具体操作步骤如下。

step 01 接上一小节的步骤，切换至【布局 2】空间，在左上方视口内双击，然后滑动鼠标滚轮缩放该视口内的图形，如图 9-24 所示。

step 02 在命令行输入"pan"命令，按 Enter 键，此时光标变为小手形状，向左拖动鼠标调整该视口内要显示的图形，效果如图 9-25 所示。

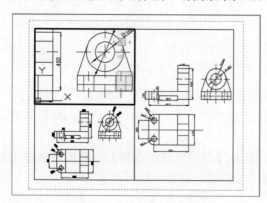

图 9-24 缩放视口内的图形

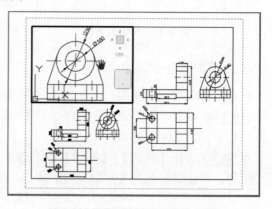

图 9-25 调整视口内要显示的图形

除上述方法外，用户还可设置精确的缩放比例。在【视口】工具栏中单击【视口缩放控制】右侧的下拉按钮，在弹出的下拉列表中选择缩放比例即可，如图 9-26 所示。

图 9-27 所示是将比例设置为 1∶10 后的效果。

选择【工具】|【选项板】|【特性】菜单命令，打开【特性】选项板，在【自定义比例】和【标准比例】栏中同样可设置视口的比例，如图 9-28 所示。

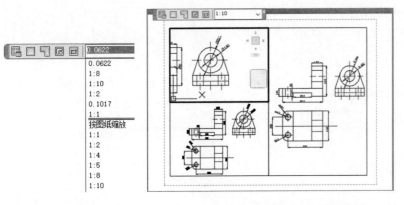

图 9-26　选择缩放比例　　　　图 9-27　将比例设置为 1∶10 的效果　　　图 9-28　【特性】选项板

9.3 打印图纸

绘制图形并设置布局后，接下来就可以打印图纸了。在打印前，用户还需设置页面，并进行打印预览。

9.3.1 设置页面

设置页面包括设置打印机、纸张大小、打印区域、打印样式等内容。设置页面后，用户可以保存该设置，以便于下次直接调用，而无须每次打印时都重复设置。

设置页面需要在【页面设置管理器】对话框中进行，打开此对话框的方法主要有以下几种。

- 单击【输出】选项卡|【打印】面板|【页面设置管理器】按钮 。
- 选择【文件】|【页面设置管理器】菜单命令。
- 在【模型】或【布局】标签上单击鼠标右键，在弹出的快捷菜单中选择【页面设置管理器】菜单命令。
- 在命令行输入 "pagesetup" 命令，并按 Enter 键。

设置页面的具体操作步骤如下。

step 01 选择【文件】|【页面设置管理器】菜单命令，打开【页面设置管理器】对话框，单击【新建】按钮，如图 9-29 所示。

step 02 打开【新建页面设置】对话框，在【新页面设置名】文本框中输入名称，单击【确定】按钮，如图 9-30 所示。

step 03 打开【页面设置-设置 1】对话框，在其中需要设置打印机、图纸尺寸、打印样式表等参数，如图 9-31 所示。

step 04 这里将打印机的【名称】设置为 DWG To PDF.pc3，将【打印样式表】设置为 acad.ctb，将【打印范围】设置为【布局】，然后单击【确定】按钮，如图 9-32 所示。

step 05 返回至【页面设置管理器】对话框，在其中可查看新建的页面设置，然后单击

【关闭】按钮即可，如图 9-33 所示。

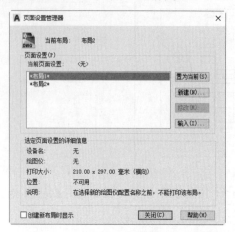

图 9-29 【页面设置管理器】对话框

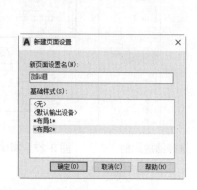

图 9-30 【新建页面设置】对话框

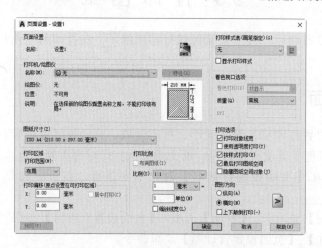

图 9-31 【页面设置-设置 1】对话框

图 9-32 设置打印参数

图 9-33 【页面设置管理器】对话框

【页面设置-设置 1】对话框中主要选项说明如下。

- 打印机/绘图仪：设置打印图形时所要使用的打印设备。
- 打印样式表(画笔指定)：指定打印样式，从而修改图形打印的外观。选中样式后，单击其右侧的【编辑】按钮，如图 9-34 所示。将打开【打印样式表编辑器-acad.ctb】对话框，在其中还可编辑打印样式，如图 9-35 所示。

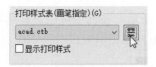

图 9-34　单击【编辑】按钮　　　　图 9-35　【打印样式表编辑器-acad.ctb】对话框

- 图纸尺寸：设置打印时的纸张大小。
- 打印比例：设置图形输出时的打印比例。若在模型空间出图，那么此【比例】即是打印的单位与绘制模型所使用的实际单位之比；若在布局空间出图，由于在视口中已设置了比例，此处通常设置为 1∶1。此外，若对出图比例和打印尺寸无要求，可选中【布满图纸】复选框，使系统根据打印范围的大小，自动将图形布满整张图纸。
- 打印偏移(原点设置在可打印区域)：指定图形在纸张上的位置。可设置 X 和 Y 偏移来精确控制图形的位置，也可选中【居中打印】复选框，使图形打印在图纸中间。
- 图形方向：设置图形输出的方向是横向还是纵向。

此外，【打印区域】选项组用于设置打印时的范围。注意，当在布局空间中打印时，有【布局】、【窗口】、【范围】和【显示】4 个选项，如图 9-36 所示。当在模型空间中打印时，有【窗口】、【图形界限】和【显示】3 个选项，如图 9-37 所示。

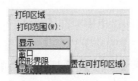

图 9-36　布局空间中的【打印区域】选项组　　　图 9-37　模型空间中的【打印区域】选项组

- 布局：在布局空间出图时，选择该项将打印图纸中可打印区域内的所有内容。
- 图形界限：在模型空间出图时，若设置了绘图的图形界限，将打印该界限内的所有内容。

- 窗口：选择该项，可拖动鼠标指定一个矩形区域，从而只打印该区域内的图形。
- 范围：打印模型空间中包含所有图形对象的范围。
- 显示：打印当前视图中显示的所有内容，通过"zoom"命令调整视图状态，可调整打印范围。

9.3.2　打印预览

打印之前，用户可以预览打印效果，检查是否符合要求。注意，如果没有指定打印设备，将无法进行打印预览。

进行打印预览主要有以下几种方法。

- 单击【输出】选项卡|【打印】面板|【预览】按钮 ⬚。
- 选择【文件】|【打印预览】菜单命令。
- 在【页面设置】或【打印】对话框中，单击左下角的【预览】按钮。
- 在命令行输入"preview"命令，并按 Enter 键。

执行上述任一操作，均可进入预览窗口，如图 9-38 所示。在其中可以进行缩放、平移等操作，单击【关闭预览窗口】按钮 ⊗ 或按 Esc 键，可退出打印预览窗口。

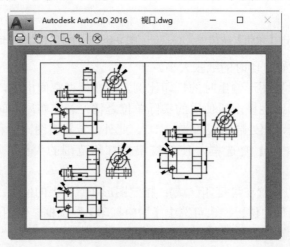

图 9-38　图形的打印预览窗口

9.3.3　实现打印输出

图纸的打印输出需要在【打印-布局 1】对话框中完成，打开此对话框主要有以下几种方法。

- 单击【输出】选项卡|【打印】面板|【打印】按钮 ⬚。
- 选择【文件】|【打印】菜单命令。
- 在命令行输入"plot"命令，并按 Enter 键。

执行上述任一操作，均可打开【打印-布局 1】对话框，在【页面设置】选项组中的【名称】下拉列表框中选择所创建的页面设置，单击【确定】按钮，即可开始打印图纸，如图 9-39 所示。

此外，用户也可直接在【打印-布局 1】对话框中设置或修改打印机、图纸尺寸等参数，方法与设置页面相同，这里不再赘述。

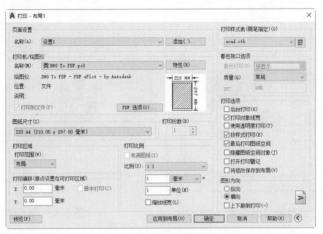

图 9-39　【打印-布局 1】对话框

9.4　综合实战——打印轴承座

本例将结合所学知识，在布局空间中创建并设置视口，然后设置相关打印参数，从而打印轴承座。注意，本例结合使用 ucs 和 plan 两个命令，可达到旋转视口内图形而保持模型空间内图形不变的效果，具体操作步骤如下。

step 01　打开"素材\Ch09\轴承座.dwg"文件，如图 9-40 所示。

step 02　切换至【布局 2】，选中自动创建的视口，按 Delete 键删除，然后选择【视图】|【视口】|【两个视口】菜单命令，在布局空间中拖动鼠标绘制两个视口，如图 9-41 所示。

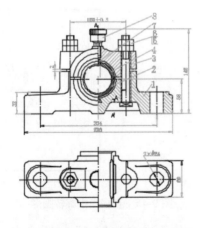

图 9-40　素材文件

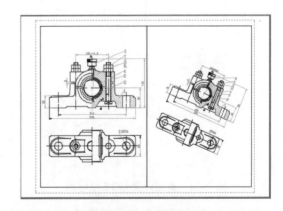

图 9-41　绘制两个视口

step 03　单击左侧的视口线框，选中该视口，然后向上拖动右下角的夹点调整高度，使视口内只显示出主视图，并调整该视口的位置，效果如图 9-42 所示。

step 04 在右侧视口内部双击，然后输入"ucs"命令，根据命令行提示，选择俯视图左侧垂直线作为对齐对象，如图9-43所示。

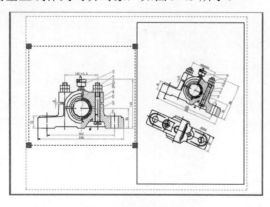
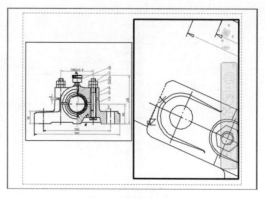

图9-42 调整视口的位置   图9-43 指定对齐对象

step 05 按 Enter 键，即可重新设置右侧视口内的 UCS 坐标系，如图9-44所示。命令行提示如下：

```
命令：UCS
当前 UCS 名称：*世界*
指定 UCS 的原点或 [面(F)/命名(NA)/对象(OB)/上一个(P)/视图(V)/世界(W)/X/Y/Z/Z 轴
(ZA)] <世界>：OB                            //输入"OB"
选择对齐 UCS 的对象：                        //捕捉俯视图左侧垂直线作为对象
```

step 06 在命令行输入"plan"命令，按 Enter 键，将坐标系调整为水平状态的坐标系，即达到在视口中旋转图形的目的，如图9-45所示。命令行提示如下：

```
命令：PLAN
输入选项 [当前 UCS(C)/UCS(U)/世界(W)] <当前 UCS>：        //按 Enter 键
正在重生成模型。
```

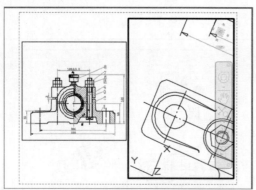
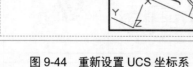
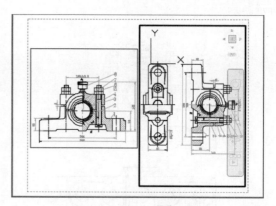

图9-44 重新设置 UCS 坐标系   图9-45 在视口中旋转图形

step 07 在【视口】工具栏的【视口缩放】下拉列表框内输入"1.5"，按 Enter 键，设置右侧视口的比例，然后输入命令"pan"，平移视口内的图形，使其只显示俯视图，如图9-46所示。

step 08 选择【文件】|【打印】菜单命令，打开【打印-布局2】对话框，将【名称】设置为 DWG To PDF.pc3，然后根据需要设置打印样式、图纸尺寸等参数。设置完成后，单击【确定】按钮，如图9-47所示。

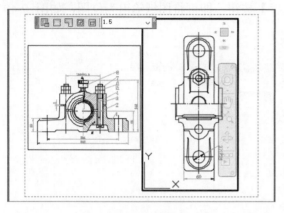

图 9-46 设置视口比例

图 9-47 【打印-布局2】对话框

step 09 打开【浏览打印文件】对话框，在计算机中选择存储路径，单击【保存】按钮，即可开始打印，如图9-48所示。

提示

将打印机的【名称】设置为 DWG To PDF.pc3，实际是将当前的 CAD 图纸生成为一个 PDF 格式的文件。

图 9-48 【浏览打印文件】对话框

9.5 高手甜点

甜点1：如何不打印出视口线？

答： 选中视口线，将其所在图层设置为 defpoints 层，那么在打印时就不会打印出视口线。此外，还可单独为视口线创建一个图层，在打印前将该图层关闭即可。

甜点 2：如何将图纸输出为位图？

答：选择【文件】|【输出】菜单命令，打开【输出数据】对话框，在【文件类型】下拉列表框中选择【位图(*.bmp)】选项，单击【保存】按钮，即可将图纸输出为位图，如图 9-49 所示。

图 9-49　【输出数据】对话框

第 3 篇
三维立体设计

第 10 章　三维图形绘制基础

目前，三维图形的绘制在工程设计中得到广泛应用。在使用 AutoCAD 2018 绘制三维图形前，用户应掌握三维图形的基本设置，包括创建三维坐标系、设置三维视图、设置视觉样式、观察三维图形等操作，只有熟练掌握这些基本操作，才能为以后绘制三维图形打下良好的基础。

本章学习目标(已掌握的在方框中打钩)

□　掌握创建三维坐标系的方法。
□　掌握设置三维视图的方法。
□　掌握设置视觉样式的方法。
□　掌握使用视图控制器和动态观察器的方法。
□　熟悉使用相机的方法。
□　掌握观察三维模型的方法。

重点案例效果

10.1　设置三维绘图环境

进行三维绘图之前，用户首先应将工作空间由"草图与注释"切换到"三维基础"或"三维建模"，然后根据需要创建三维坐标系以及三维视点，才能开始绘制三维图形。关于切换工作空间的操作可参考 1.5.1 节，这里不再赘述。下面介绍另外两种操作。

10.1.1　创建三维坐标系

本书 1.7 节已经简单介绍了坐标系，AutoCAD 有两种坐标系类型：世界坐标系(WCS)和用户坐标系(UCS)。对于三维坐标系统而言，同样分为这两种类型。

世界坐标系是固定不变的，无法更改其位置及方向，它是系统默认的坐标系，对于二维图形的绘制，足以满足需求，但在三维建模过程中，使用固定不变的坐标系十分不便，通常需要自定义坐标系, 即创建用户坐标系。

1. 命令调用方法

● 单击【实用】选项卡 | 【坐标】面板中相应的按钮, 如图 10-1 所示。

● 选择【工具】| 【新建 UCS】子菜单中的命令, 如图 10-2 所示。

● 在命令行输入 "ucs" 命令, 并按 Enter 键。

图 10-1 单击【坐标】面板中相应的按钮　　　图 10-2 【新建 UCS】子菜单命令

2. 创建 UCS

AutoCAD 提供了多种方法用于新建 UCS。下面以指定原点法为例进行介绍, 具体的操作步骤如下。

step 01 打开 "素材\Ch10\创建 UCS.dwg" 文件, 该图默认使用世界坐标系, 效果如图 10-3 所示。

step 02 在命令行输入 "UCS" 命令, 并按 Enter 键, 根据命令行提示, 捕捉圆心作为 UCS 坐标系的原点, 如图 10-4 所示。

图 10-3 素材文件　　　　　图 10-4 捕捉圆心作为 UCS 坐标系的原点

step 03 根据提示, 分别指定 X 轴上的点以及 XY 平面上的点, 如图 10-5 所示。

step 04 即可新建一个 UCS, 效果如图 10-6 所示。

 提示　　单击【实用】选项卡 | 【坐标】面板 | 【世界】按钮, 或者选择【工具】| 【新建 UCS】| 【世界】菜单命令, 可由 UCS 恢复到世界坐标系。

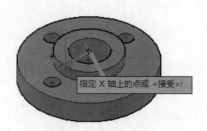
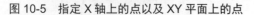

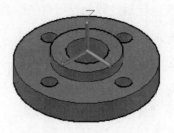

图 10-5　指定 X 轴上的点以及 XY 平面上的点　　　　图 10-6　新建一个 UCS

命令行提示如下：

```
命令：UCS                                           //调用 UCS 命令
当前 UCS 名称：*世界*
指定 UCS 的原点或 [面(F)/命名(NA)/对象(OB)/上一个(P)/视图(V)/世界(W)/X/Y/Z/Z 轴
(ZA)] <世界>：                                      //指定原点
指定 X 轴上的点或 <接受>：                           //指定 X 轴上的点
指定 XY 平面上的点或 <接受>：                        //指定 XY 平面上的点
```

3. 选项说明

- 指定 UCS 的原点：指定一点、两点或三点定义一个新的 UCS。若指定一点，该点将为原点，X、Y 和 Z 轴的方向不变。若指定两点，那么将指定原点和 X 轴方向；若指定三点，分别需要指定原点、X 轴上的点和 XY 平面上的点。
- 面：指定一个面，从而使新的 UCS 与选定面对齐，其 X 轴与选定面上最近的边对齐。
- 命名：为 UCS 设置名称，并对其进行保存、恢复及删除操作。
- 对象：指定一个对象，从而使新的 UCS 与选定对象对齐。
- 上一个：恢复上一个 UCS。
- 视图：使 UCS 原点保持不变，以平行于屏幕的 XY 平面建立 UCS。
- 世界：将当前坐标系恢复为世界坐标系。
- X/Y/Z：绕指定的轴旋转，得到新的 UCS。
- Z 轴：指定 UCS 原点和 Z 轴的方向，以此创建 UCS。

4. 命名 UCS

新建 UCS 后，用户需要为其设置名称，否则将无法保存新建的 UCS。具体的操作步骤如下。

step 01 接上面的操作，新建 UCS 后，选择【工具】|【命名 UCS】菜单命令，打开 UCS 对话框，在【命名 UCS】选项卡下可查看所有保存的 UCS，如图 10-7 所示。

step 02 双击"未命名"UCS，此时将进入可编辑状态，如图 10-8 所示。

step 03 在其中输入名称，如输入"建筑"，按 Enter 键，即完成命名 UCS 的操作，如图 10-9 所示。

step 04 单击【命名 UCS】选项卡下的【详细信息】按钮，将打开【UCS 详细信息】对话框，在其中可查看 UCS 的相关信息，如图 10-10 所示。

图 10-7　UCS 对话框

图 10-8　进入可编辑状态

图 10-9　完成命名 UCS 的操作

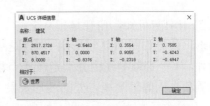

图 10-10　【UCS 详细信息】对话框

提示

　　　　切换至【正交 UCS】选项卡，在其中选择某一正交方向，单击【置为当前】
按钮，即可使用该正交 UCS，如图 10-11 所示。切换至【设置】选项卡，在其中
可设置 UCS 图标的显示状态，如图 10-12 所示。

图 10-11　【正交 UCS】选项卡

图 10-12　【设置】选项卡

10.1.2　设置三维视图

　　二维图形的绘制都是在 XY 平面上完成的，无须改变视图。但在绘制三维图形时，为了
从不同方向观察图形，因此需要设置视图。通过不同的视图，用户可以从不同角度观察三维
图形的效果。

　　AutoCAD 提供了 6 个基本视图以及 4 个特殊视图。其中，6 个基本视图包括俯视、仰

视、右视、左视、前视和后视。4 个特殊视图包括东南等轴测、西南等轴测、东北等轴测、西北等轴测。其视图方向如图 10-13 所示。

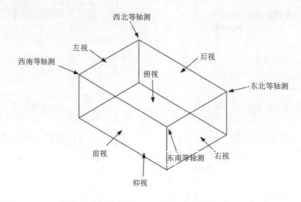

图 10-13　视图方向

由图 10-13 可知，俯视是指从上往下查看图形，实际上是三维模型投影在 XY 平面上的二维图形，效果如图 10-14 所示；前视是从前往后查看图形，如图 10-15 所示，以此类推。

此外，4 个等轴测视图分别是在 4 个拐角处所看到的图形，图 10-16 和图 10-17 分别是西南等轴测和东南等轴测视点处的图形效果。

图 10-14　俯视

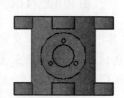

图 10-15　前视

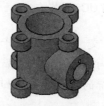

图 10-16　西南等轴测

图 10-17　东南等轴测

切换视图通常有以下两种方法。

- 单击绘图区左上角的【视图控件】按钮，在弹出的下拉列表中选择视图，如图 10-18 所示。
- 选择【视图】|【三维视图】子菜单中的命令，如图 10-19 所示。

图 10-18　【视图控件】下拉列表

图 10-19　【三维视图】子菜单

提示　用户可设置多视口，并且各视口可以设置为不同的视图，这样无须切换视图，就能够同时观察不同方向的图形效果。

10.2　视觉样式

视觉样式用于控制模型中的边和着色的显示。不同的视觉样式，可以呈现出不同的视觉效果。AutoCAD 提供了多种预设的视觉样式，包括概念、真实、灰度等。

10.2.1　设置视觉样式

系统默认的视觉样式为【二维线框】，若要切换视觉样式，主要有以下几种方法。

- 单击绘图区左上角的【视觉样式控件】按钮，在弹出的下拉列表中选择样式，如图 10-20 所示。
- 单击【可视化】选项卡|【视觉样式】|【视觉样式】按钮，在弹出的下拉列表中选择样式，如图 10-21 所示。
- 选择【视图】|【视觉样式】子菜单中的命令。

图 10-20　【视觉样式控件】下拉列表

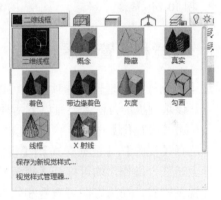

图 10-21　【视觉样式】下拉列表

各视觉样式说明如下。

- 二维线框：默认的视觉样式，以单纯的线框模式来展示模型效果，如图 10-22 所示。
- 概念：着色时使对象的边平滑化，使用冷色和暖色进行过渡。着色的效果缺乏真实感，但可以方便地查看模型的细节，如图 10-23 所示。

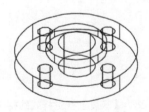

图 10-22　二维线框

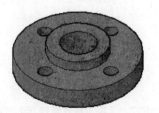

图 10-23　概念

- 隐藏：使用三维线框来表示对象，并消隐表示背面的线，如图 10-24 所示。
- 真实：着色时使对象的边平滑化，并显示已附着到对象的材质。
- 着色：对模型表面进行平滑着色处理，不显示贴图样式。
- 带边缘着色：使用平滑着色显示对象，并显示对象的可见性。
- 灰度：在"概念"样式的基础上，添加平滑灰度着色效果。
- 勾画：用延伸线和抖动边使模型以手绘效果显示，如图 10-25 所示。
- 线框：又称三维线框，与"二维线框"样式相似，与之不同的是，该样式只能在三维空间中显示。
- X 射线：在"线框"样式的基础上，使整个模型半透明，并略带光影和材质，如图 10-26 所示。

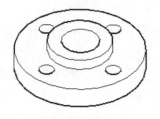
图 10-24　隐藏

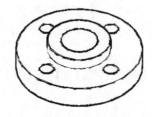
图 10-25　勾画

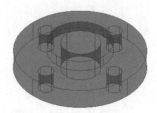
图 10-26　X 射线

10.2.2　视觉样式管理器

通过【视觉样式管理器】选项板，可以查看各视觉样式的具体参数，也可以新建或删除样式。打开该选项板的方法主要有以下两种。

- 单击【可视化】选项卡 | 【视觉样式】面板右下角的按钮。
- 选择【视图】|【视觉样式】|【视觉样式管理器】菜单命令。

执行上述任一操作，均可打开【视觉样式管理器】选项板，如图 10-27 所示。在上方列表中选择视觉样式，在下方即可查看和修改该样式所包含的参数。图 10-28 所示为【灰度】视觉样式的相关参数。

图 10-27　【视觉样式管理器】选项板

图 10-28　【灰度】视觉样式的相关参数

此外，单击【创建新的视觉样式】，可新建视觉样式，在下方设置相关参数即可，如图 10-29 所示。单击其右侧的【删除选定的视觉样式】按钮，则可删除新建的视觉样式。注意，无法删除系统提供的视觉样式。

图 10-29 新建视觉样式

10.3 观察三维图形

在 10.1.2 节中，介绍了如何使用系统预设的视图来观察三维模型。本节主要介绍如何通过视图控制器、动态观察器以及相机等功能自定义视图，从而观察更多角度的模型效果。

10.3.1 使用视图控制器

使用视图控制器功能，可以方便地转换视图，以观察模型。默认情况下，绘图区右上角会自动显示视图控制器，如图 10-30 所示。

 若没有显示视图控制器，在命令行输入 "navvcube" 命令后，按 Enter 键，然后输入 "on"，即可显示控制器。

单击视图控制器的每个面，或者拖动鼠标旋转视图控制器，三维模型的视图也会发生相应的变化，如图 10-31 所示。

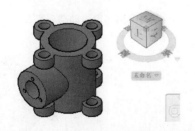

图 10-30 自动显示视图控制器

图 10-31 旋转视图控制器

239

10.3.2　使用动态观察器

使用动态观察器功能，可实时地控制和改变三维视点，以得到不同的观察效果。系统提供了 3 种类型的动态观察：受约束的动态观察、自由动态观察和连续动态观察。

选择【视图】|【动态观察】子菜单命令，可启动这些动态观察模式，如图 10-32 所示。

图 10-32　【动态观察】子菜单命令

1. 受约束的动态观察

受约束的动态观察是指沿 XY 平面或 Z 轴约束三维动态观察，使用该工具观察视图时，视图的目标位置保持不变，视点围绕该目标移动。

选择【视图】|【动态观察】|【受约束的动态观察】菜单命令，光标会变为 形状，此时拖动鼠标即可调整三维模型的视点，如图 10-33 所示。

2. 自由动态观察

自由动态观察是指对图形进行任意角度的观察，视点不受约束。

选择【视图】|【动态观察】|【自由动态观察】菜单命令，绘图区内出现导航球，将光标移动至导航球的不同部位时，可使用不同的方式旋转图表，如图 10-34 所示。

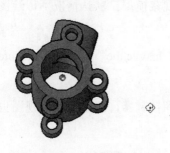

图 10-33　受约束的动态观察

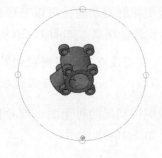

图 10-34　自由动态观察

3. 连续动态观察

连续动态观察是指连续查看模型运动的情况。

选择【视图】|【动态观察】|【连续动态观察】菜单命令，光标会变为 形状，此时若向某方向拖动鼠标，那么模型将沿该方向自动连续旋转，直到按 Esc 键停止，如图 10-35 所示。注意，旋转速度由鼠标拖动的速度决定。

图 10-35　连续动态观察

10.3.3 使用相机

使用相机功能可以为三维模型创建相机视图，从而实现不同的焦距显示效果，具体操作步骤如下。

step 01 打开"素材\Ch10\使用相机.dwg"文件，如图 10-36 所示。

step 02 单击【可视化】选项卡 | 【相机】面板 | 【创建相机】按钮，在右上角单击指定相机的位置，如图 10-37 所示。

图 10-36 素材文件　　　　　　　　　图 10-37 指定相机的位置

step 03 拖动鼠标，指定相机的目标点位置，如图 10-38 所示。

step 04 此时将打开【输入选项】列表，在其中可设置相机名称、位置、高度等参数，这里保持默认不变，按 Enter 键退出，如图 10-39 所示。

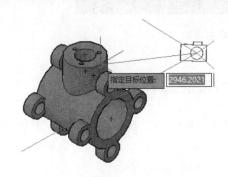

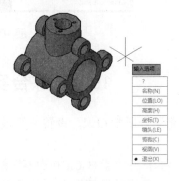

图 10-38 指定相机的目标点位置　　　　图 10-39 【输入选项】列表

step 05 即成功创建一个相机，效果如图 10-40 所示。

step 06 单击【可视化】选项卡 | 【视图】面板 | 【相机 1】视图，如图 10-41 所示。

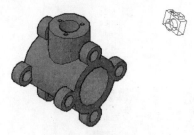

图 10-40 创建一个相机　　　　　　　图 10-41 单击【相机 1】视图

step 07 即可切换至创建的相机视图，在绘图区中选中相机，其四周会出现夹点，同时会打开【相机预览】窗口，在其中可查看该视图下的图形效果，如图 10-42 所示。

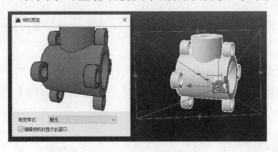

图 10-42 【相机预览】窗口

step 08 拖动相机，改变相机的位置，此时在【相机预览】窗口中可实时查看视图效果，如图 10-43 所示。

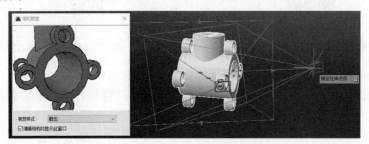

图 10-43 改变相机的位置

10.4 综合实战——观察三维模型

本例将结合所学知识，设置三维模型的视觉样式与视图，以观察三维模型，具体操作步骤如下。

step 01 打开"素材\Ch10\观察三维模型"文件，如图 10-44 所示。

step 02 单击绘图区左上角的【视图控件】按钮，在弹出的下拉列表中选择【东南等轴测】选项，如图 10-45 所示。

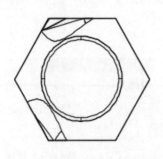

图 10-44 素材文件

图 10-45 选择【东南等轴测】选项

step 03 即可将视图设置为东南等轴测，效果如图 10-46 所示。

step 04 单击绘图区左上角的【视觉样式控件】按钮，在弹出的下拉列表中选择【概念】选项，如图 10-47 所示。

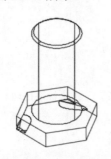

图 10-46 设置视图   图 10-47 选择【概念】选项

step 05 即可设置视觉样式，效果如图 10-48 所示。

step 06 选择【视图】|【动态观察】|【自由动态观察】菜单命令，进入自由动态观察模式，此时拖动鼠标可以任意角度观察模型，效果如图 10-49 所示。

step 07 按 Enter 键退出动态观察模式，即完成观察三维模型的操作，如图 10-50 所示。

图 10-48 设置视觉样式   图 10-49 进入自由动态观察模式   图 10-50 按 Enter 键退出动态观察模式

10.5 高 手 甜 点

甜点 1：为何在切换视图时坐标系会自动变化？

答： 在三维绘图中，若在各视图之间切换，经常会出现坐标系自动变化的情况。例如，如图 10-51 所示为东南等轴测视图，当切换到左视视图，再切换回东南等轴测视图时，三维坐标系自动发生变化，如图 10-52 所示。

出现上述情况是由于【恢复正交】设置的问题，单击绘图区左上角的【视图控件】按钮，在弹出的下拉列表中选择【视图管理器】选项，如图 10-53 所示，打开【视图管理器】对话框，在左侧【预设视图】中选择视图后，在右侧【常规】组中将【恢复正交 UCS】设置为【否】，那么切换视图时三维坐标系就不会发生变化。注意，该项默认为【是】，如图 10-54 所示。

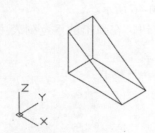

图 10-51 东南等轴测视图

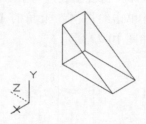

图 10-52 三维坐标系自动发生变化

图 10-53 选择【视图管理器】选项

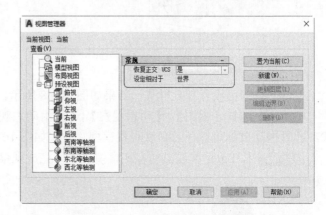

图 10-54 【视图管理器】对话框

甜点 2：哪些二维绘图中的命令可以在三维模型中继续使用？

答：圆、圆弧、椭圆、圆环、多段线、多边形、矩形、文字及尺寸标注等二维绘图命令只能在 XY 平面上或与该坐标面平行的平面上作图，因此使用这些命令时需弄清是在哪个平面上工作。而使用直线、射线和构造线命令可在三维空间内任意绘制。

第 11 章　绘制三维对象

第 10 章已经介绍了 AutoCAD 绘制三维模型的基础知识，本章主要介绍绘制三维模型的方法，包括绘制基本三维实体、绘制三维曲面和网格、使用二维图形生成三维实体等内容。此外，本章还介绍了如何使用布尔运算对三维模型进行简单的编辑操作。

本章学习目标(已掌握的在方框中打钩)

☐　掌握绘制基本三维实体的方法。
☐　掌握使用二维图形生成三维实体的方法。
☐　掌握布尔运算的使用方法。
☐　熟悉绘制三维曲面的方法。
☐　熟悉绘制三维网格的方法。
☐　掌握绘制节能灯的方法。
☐　掌握绘制简易旋塞阀的方法。

重点案例效果

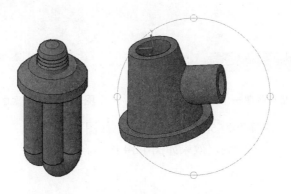

11.1　绘制基本三维实体

三维实体模型具有线和面的特征，同时还具有体的特征。本节主要介绍基本三维实体的绘制方法，包括长方体、圆柱体、圆锥体、球体等。这些基本三维实体是一些形状规则的图形对象，也是绘制复杂三维实体的基础。

11.1.1　绘制长方体

利用【长方体】命令，可以绘制实心长方体或立方体，并且长方体各边分别与当前 UCS 坐标系统的 X、Y、Z 轴平行。此类图形通常用作机械零件的底座、建筑墙体及家具等。

1. 命令调用方法

- 单击【常用】选项卡 |【建模】面板 |【长方体】按钮 ▭ 。
- 选择【绘图】|【建模】|【长方体】菜单命令。
- 单击【建模】工具栏中的【长方体】按钮 ▭ 。
- 在命令行输入"box"命令，并按 Enter 键。

2. 绘制长方体

调用【长方体】命令后，需要指定长方体底面的两个角点以及长方体的高度，具体操作步骤如下。

 提示 绘制前用户需要设置工作空间以及视图方向，否则显示的可能是长方体的二维效果。

step 01 单击【常用】选项卡 |【建模】面板 |【长方体】按钮 ▭ ，根据命令行提示，单击任意一点作为长方体底面的第一个角点，如图 11-1 所示。

step 02 拖动鼠标指定长方体底面的第二个角点，以此确定底面的位置及大小，如图 11-2 所示。

图 11-1 指定底面的第一个角点

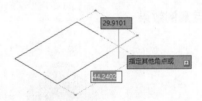

图 11-2 指定底面的第二个角点

step 03 输入长方体的高度为 50，按 Enter 键，如图 11-3 所示。

step 04 即完成长方体的绘制，效果如图 11-4 所示。

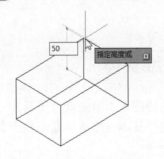

图 11-3 输入长方体的高度为 50

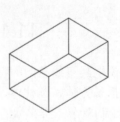

图 11-4 长方体

命令行提示如下：

```
命令：_box                          //调用【长方体】命令
指定第一个角点或 [中心(C)]：          //单击任意一点作为第一个角点
指定其他角点或 [立方体(C)/长度(L)]：  //指定另一个角点
指定高度或 [两点(2P)]：50            //输入高度为 50
```

3. 选项说明

- 中心：通过指定长方体的中心点来绘制长方体。
- 立方体：创建一个长、宽和高相等的立方体。
- 长度：选择该项，系统要求输入长方体的长、宽和高，从而创建长方体。
- 两点：指定两个点，以两点间的距离作为长方体的高度。

11.1.2 绘制圆柱体

圆柱体是以圆或椭圆为底面和顶面的三维实体，其底面平行于 XY 平面，轴线则与 Z 轴平行。此类图形通常用作轴类零件、建筑图形中的立柱等。

1. 命令调用方法

- 单击【常用】选项卡|【建模】面板|【圆柱体】按钮。
- 选择【绘图】|【建模】|【圆柱体】菜单命令。
- 单击【建模】工具栏中的【圆柱体】按钮。
- 在命令行输入"cylinder/cyl"命令，并按 Enter 键。

2. 绘制圆柱体

调用【圆柱体】命令后，需要指定圆柱体底面的中心点、半径以及圆柱体的高度，具体操作步骤如下。

step 01 单击【常用】选项卡|【建模】面板|【圆柱体】按钮，根据命令行提示，单击任意一点作为圆柱体底面的中心点，如图 11-5 所示。

step 02 输入底面半径为 20，按 Enter 键，如图 11-6 所示。

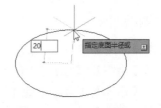

图 11-5　指定底面的中心点　　　　图 11-6　输入底面半径为 20

step 03 输入圆柱体的高度为 30，再次按 Enter 键，如图 11-7 所示。

　若输入的高度值为正值，则以当前 UCS 坐标中 Z 轴的正向创建圆柱体；若为负值，则以 Z 轴的负向创建圆柱体。

step 04 即完成圆柱体的绘制，效果如图 11-8 所示。
命令行提示如下：

命令：_cylinder　　　　　　　　　　　　　　//调用【圆柱体】命令
指定底面的中心点或 [三点(3P)/两点(2P)/切点、切点、半径(T)/椭圆(E)]：
//单击任意一点作为底面的中心点

```
指定底面半径或 [直径(D)] <20.0000>：20        //输入底面半径为 20
指定高度或 [两点(2P)/轴端点(A)] <30.0000>：30    //输入高度为 30
```

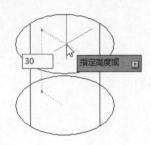

图 11-7　输入圆柱体的高度为 30

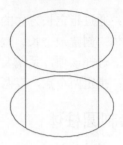

图 11-8　圆柱体

3. 选项说明

- 三点：通过指定三点来定义圆柱体底面的位置及大小。
- 两点：通过两点来定义圆柱体底面直径的两个端点，从而确定底面的位置和大小。
- 切点、切点、半径：定义与两个指定对象相切，且具有指定半径的圆柱体底面。
- 椭圆：绘制底面为椭圆的圆柱体。
- 直径：指定圆柱体底面的直径。
- 两点：指定两个点，以两点间的距离作为圆柱体的高度。
- 轴端点：指定圆柱体轴的端点位置，以此确定圆柱体的高度和方向。

11.1.3　绘制楔体

楔体是长方体沿对角线切成两半后所创建的实体。虽然命令调用方法不同，但绘制楔体的步骤与绘制长方体的步骤相同。

1. 命令调用方法

- 单击【常用】选项卡 | 【建模】面板 | 【楔体】按钮。
- 选择【绘图】| 【建模】| 【楔体】菜单命令。
- 单击【建模】工具栏中的【楔体】按钮。
- 在命令行输入"wedge"命令，并按 Enter 键。

2. 绘制楔体

绘制楔体的具体操作步骤如下。

step 01 单击【常用】选项卡 | 【建模】面板 | 【楔体】按钮，根据命令行提示，单击任意一点作为底面的第一个角点，如图 11-9 所示。

step 02 拖动鼠标指定底面的第二个角点，以此确定底面的位置及大小，如图 11-10 所示。

step 03 输入楔体的高度为 20，按 Enter 键，如图 11-11 所示。

step 04 即完成楔体的绘制，效果如图 11-12 所示。

图 11-9　指定底面的第一个角点

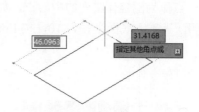

图 11-10　指定底面的第二个角点

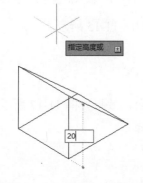

图 11-11　输入楔体的高度为 20

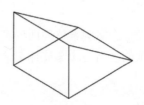

图 11-12　楔体

命令行提示如下：

```
命令：_wedge                              //调用【楔体】命令
指定第一个角点或 [中心(C)]：              //单击任意一点作为第一个角点
指定其他角点或 [立方体(C)/长度(L)]：      //指定另一个角点
指定高度或 [两点(2P)] <20.0000>：20       //输入高度为 20
```

提示　绘制楔体时，命令行中各选项的含义与【长方体】命令相同，这里不再赘述。

11.1.4　绘制圆锥体

圆锥体是以圆或椭圆为底，以对称方式形成锥体表面，最后交于一点(也可以交于圆或椭圆平面)所形成的实体。绘制圆锥体的步骤与绘制圆柱体的步骤是相同的。

1. 命令调用方法

- 单击【常用】选项卡 | 【建模】面板 | 【圆锥体】按钮△。
- 选择【绘图】 | 【建模】 | 【圆锥体】菜单命令。
- 单击【建模】工具栏中的【圆锥体】按钮△。
- 在命令行输入"cone"命令，并按 Enter 键。

2. 绘制圆锥体

绘制圆锥体的具体操作步骤如下。

step 01　单击【常用】选项卡 | 【建模】面板 | 【圆锥体】按钮△，根据命令行提示，单

击任意一点作为圆锥体底面的中心点，如图 11-13 所示。

step 02 输入底面半径为 10，按 Enter 键，如图 11-14 所示。

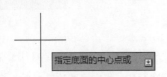

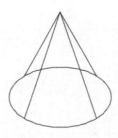

图 11-13　指定底面的中心点　　　　　　　　图 11-14　输入底面半径为 10

step 03 输入圆锥体的高度为 20，再次按 Enter 键，如图 11-15 所示。

step 04 即完成圆锥体的绘制，效果如图 11-16 所示。

3. 选项说明

顶面半径：指定圆锥体顶面的半径值，从而绘制出圆台，效果如图 11-17 所示。

其余选项的含义与【圆柱体】命令相同，这里不再赘述。

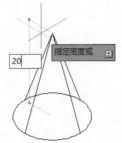

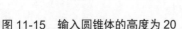

图 11-15　输入圆锥体的高度为 20　　　　图 11-16　圆锥体　　　　　　图 11-17　圆台

命令行提示如下：

```
命令: _cone                                                      //调用【圆锥体】命令
指定底面的中心点或 [三点(3P)/两点(2P)/切点、切点、半径(T)/椭圆(E)]:
//单击任意一点作为底面的中心点
指定底面半径或 [直径(D)] <15.0000>: 10                          //输入底面半径为 10
指定高度或 [两点(2P)/轴端点(A)/顶面半径(T)] <20.0000>: 20    //输入高度为 20
```

11.1.5　绘制球体

球体是距离圆心的某个定值里所有点的集合，被广泛应用于机械、建筑等制图中，如机械绘图设计中的挡位控制杆、家具绘图设计中的拉手等。

1. 命令调用方法

● 单击【常用】选项卡 |【建模】面板 |【球体】按钮。

● 选择【绘图】|【建模】|【球体】菜单命令。

● 单击【建模】工具栏中的【球体】按钮。

● 在命令行输入"sphere"命令，并按 Enter 键。

2. 绘制球体

调用【球体】命令后，需要指定球体的中心点和半径值，具体操作步骤如下。

`step 01` 单击【常用】选项卡|【建模】面板|【球体】按钮，根据命令行提示，单击任意一点作为球体的中心点，如图 11-18 所示。

`step 02` 输入半径为 10，按 Enter 键，如图 11-19 所示。

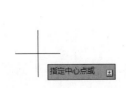

图 11-18　指定球体的中心点

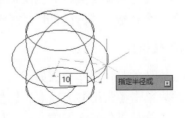

图 11-19　输入半径为 10

`step 03` 即完成球体的绘制，效果如图 11-20 所示。

> 由于线框密度太小，默认情况下球体的显示效果并不明显。此时可以设置系统参数 isolines(默认为 4)，该值越大，线框的密度就越大。图 11-21 所示是将 isolines 设置为 15 的效果。需注意的是，更改该系统参数后绘制球体的速度相应地会降低。

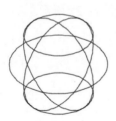

图 11-20　球体

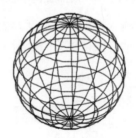

图 11-21　将 isolines 设置为 15 的效果

命令行提示如下：

```
命令：_sphere                                    //调用【球体】命令
指定中心点或 [三点(3P)/两点(2P)/切点、切点、半径(T)]: //单击任意一点作为球体的中心点
指定半径或 [直径(D)] <20.0000>: 10               //输入半径为 10
```

3. 选项说明

● 三点：通过指定三点来定义球体的圆周及平面。

● 两点：通过指定球体直径的两个端点来绘制球体。

● 切点、切点、半径：定义与两个指定对象相切，且具有指定半径的球体。

11.1.6　绘制棱锥体

棱锥体是以多边形为底面，沿其法线方向并按照一定锥度向上或向下拉伸，从而形成的实体模型。

1．命令调用方法

● 单击【常用】选项卡|【建模】面板|【棱锥体】按钮 。

● 选择【绘图】|【建模】|【棱锥体】菜单命令。

● 单击【建模】工具栏中的【棱锥体】按钮 。

● 在命令行输入"pyramid"命令，并按 Enter 键。

2．绘制棱锥体

绘制棱锥体的具体操作步骤如下。

step 01 单击【常用】选项卡|【建模】面板|【棱锥体】按钮 ，根据命令行提示，单击任意一点作为棱锥体底面的中心点，如图 11-22 所示。

step 02 输入底面半径为 10，按 Enter 键，如图 11-23 所示。

图 11-22　指定底面的中心点

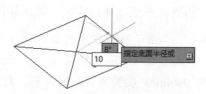

图 11-23　输入底面半径为 10

step 03 输入棱锥体的高度为 25，再次按 Enter 键，如图 11-24 所示。

step 04 即完成棱锥体的绘制，效果如图 11-25 所示。

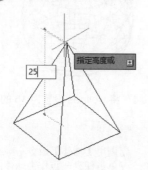

图 11-24　输入棱锥体的高度为 25

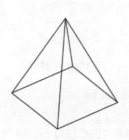

图 11-25　棱锥体

命令行提示如下：

```
命令: _pyramid                                      //调用【棱锥体】命令
 4 个侧面  外切
指定底面的中心点或 [边(E)/侧面(S)]:                  //单击任意一点作为底面的中心点
指定底面半径或 [内接(I)] <448.9678>: 10             //输入底面半径为 10
指定高度或 [两点(2P)/轴端点(A)/顶面半径(T)] <546.6957>: 25          //输入高度为 25
```

3．选项说明

● 边：通过指定两点来确定棱锥体底面一条边的长度和位置。

- 侧面：指定棱锥体的侧面数，默认为 4，取值范围为 3～32。
- 内接：以内接于圆的方式指定棱锥体底面的半径。

其余选项的含义与【圆柱体】命令和【圆锥体】命令相同，这里不再赘述。

11.1.7　绘制圆环体

圆环体是一种常用的制图元素，如车的轮胎、方向盘、环形饰品等。绘制圆环体时需要指定两个半径值，即圆管半径和圆环体半径。

1. 命令调用方法

- 单击【常用】选项卡|【建模】面板|【圆环体】按钮◎。
- 选择【绘图】|【建模】|【圆环体】菜单命令。
- 单击【建模】工具栏中的【圆环体】按钮◎。
- 在命令行输入"torus"命令，并按 Enter 键。

2. 绘制圆环体

绘制圆环体的具体操作步骤如下。

step 01　单击【常用】选项卡|【建模】面板|【圆环体】按钮◎，根据命令行提示，单击任意一点作为圆环体的中心点，如图 11-26 所示。

step 02　输入半径为 30，按 Enter 键，如图 11-27 所示。

图 11-26　指定圆环体的中心点

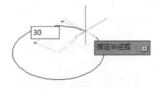

图 11-27　输入半径为 30

step 03　输入圆管的半径为 5，再次按 Enter 键，如图 11-28 所示。

step 04　即完成圆环体的绘制，效果如图 11-29 所示。

 　通过设置系统参数 isolines，同样可以改变圆环体的线框密度，从而使圆环体显示更为光滑。

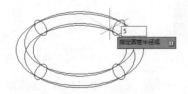

图 11-28　输入圆管的半径为 5

图 11-29　圆环体

命令行提示如下：

```
命令：_torus                                    //调用【圆环体】命令
```

指定中心点或 [三点(3P)/两点(2P)/切点、切点、半径(T)]: //单击任意一点作为中心点
指定半径或 [直径(D)] <30.0000>: 30   //输入圆环体半径为 30
指定圆管半径或 [两点(2P)/直径(D)] <5.0000>: 5   //输入圆管半径为 5

11.1.8 绘制多段体

利用【多段体】命令，可以绘制具有固定高度和宽度的直线段和曲线段组合而成的墙。其绘制方法与绘制多线段相同。

1. 命令调用方法

- 单击【常用】选项卡 | 【建模】面板 | 【多段体】按钮 。
- 选择【绘图】| 【建模】| 【多段体】菜单命令。
- 单击【建模】工具栏中的【多段体】按钮 。
- 在命令行输入 "polysolid" 命令，并按 Enter 键。

2. 绘制多段体

绘制多段体的具体操作步骤如下。

step 01 单击【常用】选项卡 | 【建模】面板 | 【多段体】按钮 ，在命令行中输入 "h"，并指定高度为 20，按 Enter 键，如图 11-30 所示。

step 02 根据命令行提示，拖动鼠标指定直线段的两个端点，如图 11-31 所示。

图 11-30 指定高度为 20   图 11-31 指定直线段的两个端点

step 03 在命令行中输入 "a"，并单击指定圆弧的端点，如图 11-32 所示。

step 04 在命令行中输入 "l"，并单击指定直线段的下一个点，然后按 Enter 键结束命令，如图 11-33 所示。

step 05 即完成多段体的绘制，效果如图 11-34 所示。

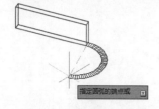 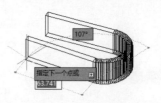 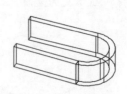

图 11-32 指定圆弧的端点   图 11-33 指定直线段的下一个点   图 11-34 多段体

命令行提示如下：

```
命令: POLYSOLID                              //调用【多段体】命令
高度 = 80.0000, 宽度 = 5.0000, 对正 = 居中
指定起点或 [对象(O)/高度(H)/宽度(W)/对正(J)] <对象>: H  //输入命令 "h"
```

```
指定高度 <80.0000>: 20                                   //输入多段体高度为20
高度 = 20.0000, 宽度 = 5.0000, 对正 = 居中
指定起点或 [对象(O)/高度(H)/宽度(W)/对正(J)] <对象>:  //指定直线段的起点
指定下一个点或 [圆弧(A)/放弃(U)]:                        //指定直线段的下一个点
指定下一个点或 [圆弧(A)/放弃(U)]: A                      //输入命令"a"
指定圆弧的端点或 [闭合(C)/方向(D)/直线(L)/第二个点(S)/放弃(U)]:   //指定圆弧的端点
指定下一个点或 [圆弧(A)/闭合(C)/放弃(U)]: 指定圆弧的端点或 [闭合(C)/方向(D)/直线(L)/
第二个点(S)/放弃(U)]: L                                  //输入命令"l"
指定下一个点或 [圆弧(A)/闭合(C)/放弃(U)]:                //指定直线段的下一个点
指定下一个点或 [圆弧(A)/闭合(C)/放弃(U)]:                //按 Enter 键结束命令
```

3. 选项说明

● 对象：选择该项，可将指定的直线、圆弧、多线段、圆等对象转换为实体对象。

● 高度：指定多段体的高度。

其余选项的含义与【多线段】命令相同，这里不再赘述。

11.2　使用二维图形生成三维实体

在 AutoCAD 中，对二维图形进行拉伸、旋转、扫掠、放样等操作，可以将二维图形转换为三维实体模型。这些操作通常用于创建形状不规则的实体模型。

11.2.1　拉伸图形

拉伸图形是指将二维图形沿着指定的高度和路径进行拉伸，从而将其转换成三维实体或曲面。拉伸的对象可以是封闭多线段、矩形、多边形、圆、封闭样条曲线和面域等，包含在块中的对象、具有相交或自交的多线段则不能被拉伸。此外，如果不是闭合的二维图形，拉伸后将是曲面特征。

1. 命令调用方法

● 单击【常用】选项卡 | 【建模】面板 | 【拉伸】按钮🔲。

● 选择【绘图】| 【建模】| 【拉伸】菜单命令。

● 单击【建模】工具栏中的【拉伸】按钮🔲。

● 在命令行输入"extrude"命令，并按 Enter 键。

2. 拉伸图形

调用【拉伸】命令后，选择要拉伸的对象，然后指定拉伸的高度即可。此外，用户还可根据需要设置拉伸的方向和路径，具体操作步骤如下。

step 01 打开"素材\Ch11\拉伸.dwg"文件，该图形已被创建成为一个面域，如图 11-35 所示。

step 02 单击【常用】选项卡 | 【建模】面板 | 【拉伸】按钮🔲，根据命令行提示，选择要拉伸的图形，然后输入拉伸的高度为 30，按 Enter 键，如图 11-36 所示。

step 03 即可拉伸所选图形，使其由二维图形转换为三维实体，如图 11-37 所示。

图 11-35　素材文件

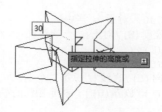

图 11-36　输入拉伸的高度为 30

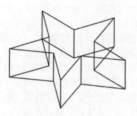

图 11-37　拉伸图形

 将组成五角星的直线创建为一个面域，那么执行【拉伸】命令后，将生成实心的三维实体，为了便于观察，将视觉样式设置为概念，效果如图 11-38 所示。否则，执行【拉伸】命令后，将生成曲面，效果如图 11-39 所示。

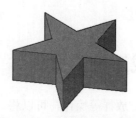

图 11-38　生成实心的三维实体

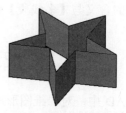

图 11-39　生成曲面

命令行提示如下：

```
命令：_extrude                                           //调用【拉伸】命令
当前线框密度：ISOLINES=4，闭合轮廓创建模式 = 实体
选择要拉伸的对象或 [模式(MO)]：_MO 闭合轮廓创建模式 [实体(SO)/曲面(SU)] <实体>：_SO
选择要拉伸的对象或 [模式(MO)]：找到 1 个             //选择要拉伸的图形
选择要拉伸的对象或 [模式(MO)]：                       //按 Enter 键确认
指定拉伸的高度或 [方向(D)/路径(P)/倾斜角(T)/表达式(E)] <-12.8609>：30
//输入拉伸的高度为 30
```

 输入的拉伸高度若为正值，将沿 Z 轴正方向拉伸；若为负值，则沿 Z 轴反方向拉伸。如果所有对象处于同一平面，则将沿该平面的法线方向拉伸。

3. 选项说明

- 模式：设置将二维图形生成三维实体还是曲面，默认是前者。
- 方向：指定两点，从而确定拉伸的长度和方向。
- 路径：指定路径，使对象沿路径进行拉伸。该路径既可以是开放的，也可以是封闭的。
- 倾斜角：指定倾斜角，使拉伸的实体具有倾斜面。

11.2.2　旋转图形

旋转图形是指将二维图形绕一条旋转轴旋转，从而生成三维实体或曲面。旋转对象可以是闭合多线段、多边形、圆、椭圆、闭合样条曲线和面域等。注意，包含在块中的对象、具有相交或自交的多线段不能被旋转。

1. 命令调用方法

- 单击【常用】选项卡 |【建模】面板 |【旋转】按钮 。
- 选择【绘图】|【建模】|【旋转】菜单命令。
- 单击【建模】工具栏中的【旋转】按钮 。
- 在命令行输入"revolve"命令，并按 Enter 键。

2. 旋转图形

调用【旋转】命令后，需要指定旋转轴以及旋转角度，具体操作步骤如下。

step 01 打开"素材\Ch11\旋转.dwg"文件，如图 11-40 所示。

step 02 单击【常用】选项卡 |【建模】面板 |【旋转】按钮 ，根据命令行提示，选择要旋转的图形，然后捕捉直线的两个端点作为旋转轴，如图 11-41 所示。

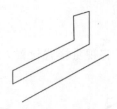

图 11-40　素材文件

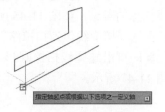

图 11-41　指定旋转轴

step 03 输入旋转角度为 360，按 Enter 键，如图 11-42 所示。

step 04 即可绕旋转轴旋转图形，使其由二维图形转换为三维实体，效果如图 11-43 所示。

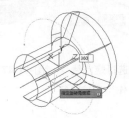

图 11-42　输入旋转角度为 360

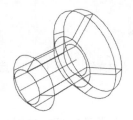

图 11-43　旋转图形

命令行提示如下：

```
命令: _revolve                                              //调用【旋转】命令
当前线框密度: ISOLINES=4，闭合轮廓创建模式 = 实体
选择要旋转的对象或 [模式(MO)]: _MO 闭合轮廓创建模式 [实体(SO)/曲面(SU)] <实体>: _SO
选择要旋转的对象或 [模式(MO)]: 找到 1 个                       //选择要旋转的图形
选择要旋转的对象或 [模式(MO)]:                                 //按 Enter 键确认
指定轴起点或根据以下选项之一定义轴 [对象(O)/X/Y/Z] <对象>:     //捕捉直线的其中一个端点
指定轴端点:                                                  //捕捉直线的另一个端点
指定旋转角度或 [起点角度(ST)/反转(R)/表达式(EX)] <360>: 360   //输入旋转角度为 360
```

11.2.3　扫掠图形

扫掠图形是指将平面曲线或轮廓沿开放或闭合的二维或三维路径进行运动扫描，从而创

建三维实体或曲面。

1. 命令调用方法

- 单击【常用】选项卡 |【建模】面板 |【扫掠】按钮 。
- 选择【绘图】|【建模】|【扫掠】菜单命令。
- 单击【建模】工具栏中的【扫掠】按钮 。
- 在命令行输入"sweep"命令，并按 Enter 键。

2. 扫掠图形

调用【扫掠】命令后，需要指定要扫掠的对象以及扫掠路径，具体操作步骤如下。

step 01 打开"素材\Ch11\扫掠.dwg"文件，如图 11-44 所示。

step 02 单击【常用】选项卡 |【建模】面板 |【扫掠】按钮 ，根据命令行提示，选择圆形作为要扫掠的对象，如图 11-45 所示。

step 03 选择螺旋线作为扫掠路径，如图 11-46 所示。

step 04 即可沿螺旋线扫掠圆形，生成三维实体模型。将视觉样式设置为概念，扫掠后的效果如图 11-47 所示。

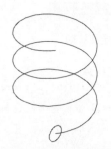  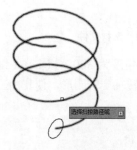 

图 11-44 素材文件　　图 11-45 选择圆形作为　　图 11-46 选择螺旋线　　图 11-47 扫掠圆形
要扫掠的对象　　作为扫掠路径

 如果沿路径扫掠闭合的曲线，将生成三维实体模型；如果扫掠开放的曲线，则生成曲面。

命令行提示如下：

```
命令: _sweep                                        //调用【扫掠】命令
当前线框密度: ISOLINES=4,闭合轮廓创建模式 = 实体
选择要扫掠的对象或 [模式(MO)]: _MO 闭合轮廓创建模式 [实体(SO)/曲面(SU)] <实体>: _SO
选择要扫掠的对象或 [模式(MO)]: 找到 1 个               //选择圆形作为要扫掠的对象
选择要扫掠的对象或 [模式(MO)]:                         //按 Enter 键确认
选择扫掠路径或 [对齐(A)/基点(B)/比例(S)/扭曲(T)]:       //选择螺旋线作为扫掠路径
```

3. 选项说明

- 对齐：若扫掠对象和扫掠路径不垂直，可使用该选项，使对象垂直于扫掠路径。
- 基点：指定要扫掠对象的基点，默认是路径所通过的点。
- 比例：指定扫掠的比例因子。

- 扭曲：设置扫掠对象的扭曲角度。

11.2.4 放样图形

放样图形是将多个图形的截面沿着路径或导向线光滑连接，从而生成三维实体或曲面。

1. 命令调用方法

- 单击【常用】选项卡|【建模】面板|【放样】按钮 。
- 选择【绘图】|【建模】|【放样】菜单命令。
- 单击【建模】工具栏中的【放样】按钮 。
- 在命令行输入"loft"命令，并按 Enter 键。

2. 放样图形

调用【放样】命令后，依次选中所有截面轮廓即可，具体操作步骤如下。

step 01 打开"素材\Ch11\放样.dwg"文件，如图 11-48 所示。

step 02 单击【常用】选项卡|【建模】面板|【放样】按钮 ，根据命令行提示，从上到下依次选中两个截面轮廓，然后按 Enter 键，如图 11-49 所示。

step 03 此时出现【输入选项】列表，默认选择【仅横截面】选项，直接按 Enter 键，如图 11-50 所示。

step 04 即可光滑连接两个横截面，生成三维实体，放样后的效果如图 11-51 所示。

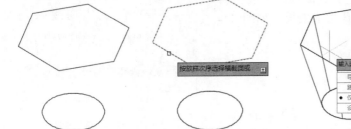
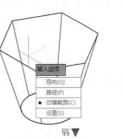

图 11-48 素材文件　　图 11-49 从上到下选择　图 11-50 【输入选项】　　图 11-51 放样图形
　　　　　　　　　　　两个截面轮廓　　　　　列表

命令行提示如下：
```
命令：_loft                              //调用【放样】命令
当前线框密度：ISOLINES=4，闭合轮廓创建模式 = 实体
按放样次序选择横截面或 [点(PO)/合并多条边(J)/模式(MO)]：_MO 闭合轮廓创建模式 [实体
(SO)/曲面(SU)] <实体>：_SO
按放样次序选择横截面或 [点(PO)/合并多条边(J)/模式(MO)]：找到 1 个  //选择六边形
按放样次序选择横截面或 [点(PO)/合并多条边(J)/模式(MO)]：找到 1 个，总计 2 个
//选择圆
按放样次序选择横截面或 [点(PO)/合并多条边(J)/模式(MO)]：
//按 Enter 键确认选中了 2 个横截面
输入选项 [导向(G)/路径(P)/仅横截面(C)/设置(S)] <仅横截面>：   //按 Enter 键结束命令
```

3. 选项说明

- 导向：选择多条直线、圆弧、样条曲线、多线段作为导向曲线，那么放样时会将指定的导向曲线纳入其边界，从而直接影响三维实体外轮廓的生成。注意，导向曲线需要与每个横截面相交，并始于第一个横截面，止于最后一个横截面。例如，绘制如图 11-52 所示的两条导向曲线，放样后效果如图 11-53 所示。
- 路径：放样路径只能有一条，要求必须与所有横截面所在的平面相交，路径会直接影响三维实体截面的生成方式。例如，绘制如图 11-54 所示的路径，放样后效果如图 11-55 所示。

 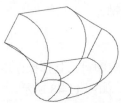 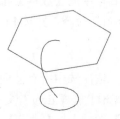 

图 11-52　原图　　　图 11-53　放样后的效果　　　图 11-54　原图　　　图 11-55　放样后的效果

- 仅横截面：选择该项，将仅仅依据所选的横截面放样生成三维实体。该项是默认选项。
- 设置：选择该项，将打开【放样设置】对话框，在其中可设置直纹、平滑拟合、法线指向等放样参数，从而控制实体生成效果，如图 11-56 所示。

11.2.5　按住并拖动图形

按住并拖动图形是指拖动边界内的一个区域或面域，对其进行拉伸操作。【按住并拖动】命令与【拉伸】命令的功能相似，所不同的是，【按住并拖动】命令可以在二维和三维图形上进行拉伸，而【拉伸】命令只能限制在二维图形上操作。

图 11-56　【放样设置】对话框

1. 命令调用方法

- 单击【常用】选项卡|【建模】面板|【按住并拖动】按钮 。
- 单击【建模】工具栏中的【按住并拖动】按钮 。
- 在命令行输入 "presspull" 命令，并按 Enter 键。

2. 按住并拖动图形

调用【按住并拖动】命令后，选择要操作的对象，然后指定拉伸高度即可，具体操作步骤如下。

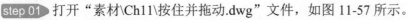

step 01 ▶ 打开"素材\Ch11\按住并拖动.dwg"文件，如图 11-57 所示。

step 02 ▶ 单击【常用】选项卡 |【建模】面板 |【按住并拖动】按钮，根据命令行提示，选择圆锥体的底面圆作为拉伸对象，如图 11-58 所示。

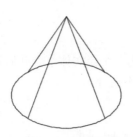

图 11-57　素材文件

图 11-58　选择底面圆作为拉伸对象

step 03 ▶ 输入拉伸高度为 600，按 Enter 键，如图 11-59 所示。

step 04 ▶ 即可拉伸圆锥体的底面，按住并拖动后的效果如图 11-60 所示。

step 05 ▶ 选择【视图】|【视觉样式】|【X 射线】菜单命令，将视觉样式设置为 X 射线，效果如图 11-61 所示。

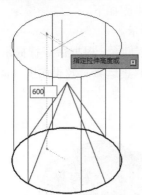

图 11-59　输入拉伸高度为 600

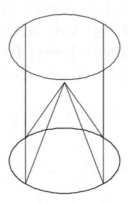

图 11-60　按住并拖动图形

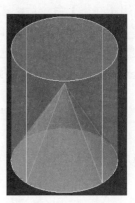

图 11-61　将视觉样式设置为 X 射线

命令行提示如下：

```
命令: _presspull                        //调用【按住并拖动】命令
选择对象或边界区域:                      //选择拉伸的对象
指定拉伸高度或 [多个(M)]:
指定拉伸高度或 [多个(M)]:600             //输入拉伸高度为 600
已创建 1 个拉伸
选择对象或边界区域:                      //按 Enter 键结束命令
```

11.3　布　尔　运　算

布尔运算是数学上的一种逻辑运算，通常包括与、或、非三种类型，即并集、差集、交集运算。利用布尔运算，用户可以对实体进行重叠、连接、裁剪等操作，从而创建出复杂的三维实体。

> 提示　布尔运算的对象仅包括三维实体、曲面和共面的面域，对于普通的二维图形则无法进行布尔运算。

11.3.1　并集运算

并集运算是指将两个或两个以上的实体(或面域)合并为一个新实体，合并后各实体互相重合的部分将变为一体。注意，进行并集运算时各实体可以不重合。

1. 命令调用方法

- 单击【常用】选项卡 |【实体编辑】面板 |【并集】按钮◎。
- 选择【修改】|【实体编辑】|【并集】菜单命令。
- 单击【建模】工具栏中的【并集】按钮◎。
- 在命令行输入"union/uni"命令，并按 Enter 键。

2. 并集运算

调用【并集】命令后，选择所有要合并的对象即可，具体操作步骤如下。

step 01　打开"素材\Ch11\布尔运算.dwg"文件，如图 11-62 所示。

step 02　单击【常用】选项卡 |【实体编辑】面板 |【并集】按钮◎，根据命令行提示，依次选择多边体和圆柱体作为要合并的对象，按 Enter 键，即完成并集运算，效果如图 11-63 所示。

step 03　将视觉样式设置为概念，效果如图 11-64 所示。

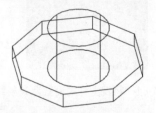　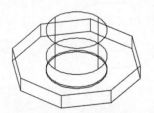　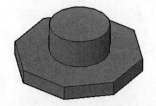

图 11-62　素材文件　　　图 11-63　完成并集运算　　　图 11-64　将视觉样式设置为概念

命令行提示如下：

```
命令：_union                          //调用【并集】命令
选择对象：找到 1 个                    //选择多边体
选择对象：找到 1 个，总计 2 个          //选择圆柱体
选择对象                              //按 Enter 键确认
```

11.3.2　差集运算

差集运算是指从一个对象中减去另一个对象，从而生成新的对象。注意，进行差集运算时要求各实体有重合部分，否则该操作没有效果。

1. 命令调用方法

- 单击【常用】选项卡 |【实体编辑】面板 |【差集】按钮 ⊚。
- 选择【修改】|【实体编辑】|【差集】菜单命令。
- 单击【建模】工具栏中的【差集】按钮 ⊚。
- 在命令行输入"subtract/sub"命令,并按 Enter 键。

2. 差集运算

调用【差集】命令后,根据命令行提示,首先选择要从中减去的对象,然后选择要减去的对象即可,具体操作步骤如下。

`step 01` 打开"素材\Ch11\布尔运算.dwg"文件,如图 11-65 所示。

`step 02` 单击【常用】选项卡 |【实体编辑】面板 |【差集】按钮 ⊚,根据命令行提示,选择多边体作为要从中减去的对象,按 Enter 键,然后选择圆柱体作为要减去的对象,继续按 Enter 键确认,即完成差集运算,效果如图 11-66 所示。

`step 03` 将视觉样式设置为概念,效果如图 11-67 所示。

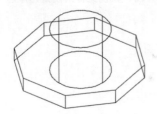 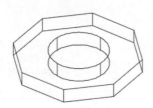 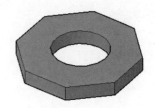

图 11-65　素材文件　　　　图 11-66　完成差集运算　　　图 11-67　将视觉样式设置为概念

命令行提示如下:

```
命令: _subtract                          //调用【差集】命令
选择要从中减去的实体、曲面和面域
选择对象: 找到 1 个                       //选择多边体
选择对象:                                //按 Enter 键确认
选择要减去的实体、曲面和面域...
选择对象: 找到 1 个                       //选择圆柱体
选择对象:                                //按 Enter 键确认
```

11.3.3　交集运算

交集运算是指提取出两个或多个对象的公共部分,将其创建为新的实体。

1. 命令调用方法

- 单击【常用】选项卡 |【实体编辑】面板 |【交集】按钮 ⊚。
- 选择【修改】|【实体编辑】|【交集】菜单命令。
- 单击【建模】工具栏中的【交集】按钮 ⊚。
- 在命令行输入"intersect/in"命令,并按 Enter 键。

2. 交集运算

调用【交集】命令后，选择要进行交集的对象即可，具体操作步骤如下。

step 01 打开"素材\Ch11\布尔运算.dwg"文件，如图 11-68 所示。

step 02 单击【常用】选项卡 |【实体编辑】面板 |【交集】按钮◎，根据命令行提示，依次选择多边体和圆柱体，作为要进行交集的对象，按 Enter 键，即完成交集运算，效果如图 11-69 所示。

step 03 将视觉样式设置为概念，效果如图 11-70 所示。

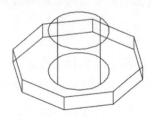
图 11-68　素材文件

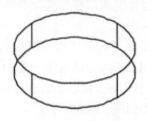
图 11-69　完成交集运算

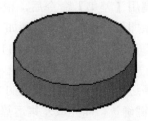
图 11-70　将视觉样式设置为概念

命令行提示如下：

```
命令：_intersect                      //调用【交集】命令
选择对象：找到 1 个                    //选择多边体
选择对象：找到 1 个，总计 2 个        //选择圆柱体
选择对象：                            //按 Enter 键确认
```

11.4　绘制三维曲面

三维曲面模型是用面来描述三维对象，它定义了三维模型的边界和表面，但并不具有体的特征，相当于在框架上覆盖了一层薄膜。AutoCAD 提供了多种绘制三维曲面的方法，本节将简单介绍。

11.4.1　绘制平面曲面

用户既可以创建规则的矩形曲面，也可以创建具有复杂边界的平面曲面。

1. 命令调用方法

- 单击【曲面】选项卡 |【创建】面板 |【平面】按钮◇。
- 选择【绘图】|【建模】|【曲面】|【平面】菜单命令。
- 在命令行输入"Planesurf"命令，并按 Enter 键。

2. 绘制平面曲面

绘制平面曲面的具体操作步骤如下。

step 01 打开"素材\Ch11\平面曲面.dwg"文件，如图 11-71 所示。

step 02 单击【曲面】选项卡 | 【创建】面板 | 【平面】按钮 ，根据命令行提示，输入命令"o"，然后选择对象，按 Enter 键，如图 11-72 所示。

step 03 即可以所选对象为边界创建平面曲面，效果如图 11-73 所示。

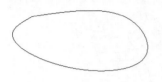

图 11-71　素材文件

图 11-72　选择对象

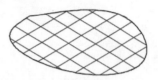

图 11-73　以所选对象为边界
创建平面曲面

命令行提示如下：

```
命令：_Planesurf                          //调用【平面曲面】命令
指定第一个角点或 [对象(O)] <对象>：O       //输入命令"o"
选择对象：找到 1 个                        //选择对象
选择对象：                                 //按 Enter 键确认
```

11.4.2　绘制过渡曲面

曲面过渡是指在两个现有曲面之间创建连续的曲面，从而将两个曲面融合在一起。在创建时，可根据需要指定曲面连续性和凸度幅值。

1. 命令调用方法

- 单击【曲面】选项卡 | 【创建】面板 | 【过渡】按钮 。
- 选择【绘图】| 【建模】| 【曲面】| 【过渡】菜单命令。
- 在命令行输入"surfblend"命令，并按 Enter 键。

2. 绘制过渡曲面

绘制过渡曲面的具体操作步骤如下。

step 01 打开"素材\Ch11\过渡曲面.dwg"文件，如图 11-74 所示。

step 02 单击【曲面】选项卡 | 【创建】面板 | 【过渡】按钮 ，根据命令行提示，选择上方曲面的下边线作为第一个曲面的边，按 Enter 键确认，如图 11-75 所示。

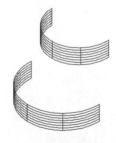

图 11-74　素材文件

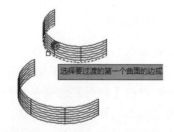

图 11-75　选择第一个曲面的边

step 03 选择下方曲面的上边线作为第二个边，继续按 Enter 键确认，如图 11-76 所示。

step 04 根据提示，按 Enter 键接受过渡曲面，效果如图 11-77 所示。

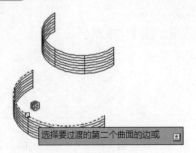

图 11-76　选择第二个曲面的边

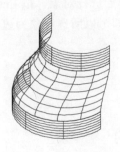

图 11-77　绘制过渡曲面

命令行提示如下：

```
命令: _SURFBLEND                                    //调用【过渡曲面】命令
连续性 = G1 - 相切，凸度幅值 = 0.5
选择要过渡的第一个曲面的边或 [链(CH)]: 找到 1 个      //选择上方曲线的下边线
选择要过渡的第一个曲面的边或 [链(CH)]:               //按 Enter 键确认
选择要过渡的第二个曲面的边或 [链(CH)]: 找到 1 个      //选择下方曲面的上边线
选择要过渡的第二个曲面的边或 [链(CH)]:               //按 Enter 键确认
按 Enter 键接受过渡曲面或 [连续性(CON)/凸度幅值(B)]://按 Enter 键接受过渡曲面
```

3．选项说明

- 连续性：设置曲面彼此融合的平滑程度，有 G0、G1 和 G2 三种类型。
- 凸度幅值：设置过渡曲面与原始曲面相交处过渡曲面边的圆度。默认值为 0.5，有效值介于 0～1。

11.4.3　绘制修补曲面

曲面修补是指创建新的曲面或封口，从而闭合现有曲面的开放边。

1．命令调用方法

- 单击【曲面】选项卡 | 【创建】面板 | 【修补】按钮 🔒。
- 选择【绘图】|【建模】|【曲面】|【修补】菜单命令。
- 在命令行输入 "surfpatch" 命令，并按 Enter 键。

2．绘制修补曲面

绘制修补曲面的具体操作步骤如下。

step 01 打开 "素材\Ch11\修补曲面.dwg" 文件，如图 11-78 所示。

step 02 单击【曲面】选项卡 | 【创建】面板 | 【修补】按钮 🔒，根据命令行提示，选择上方的环形边线作为要修补的曲面边，按 Enter 键确认，如图 11-79 所示。

step 03 根据提示，按 Enter 键接受修补曲面，效果如图 11-80 所示。

命令行提示如下：

```
命令: _SURFPATCH                                    //调用【修补曲面】命令
```

```
连续性 = G0 - 位置，凸度幅值 = 0.5
选择要修补的曲面边或 [链(CH)/曲线(CU)] <曲线>：找到 1 个   //选择上方的环形边线
选择要修补的曲面边或 [链(CH)/曲线(CU)] <曲线>：            //按 Enter 键确认
按 Enter 键接受修补曲面或 [连续性(CON)/凸度幅值(B)/导向(G)]：//按 Enter 键接受修补曲面
```

图 11-78　素材文件　　　　图 11-79　选择要修补的曲面边　　　　图 11-80　绘制修补曲面

11.4.4　绘制偏移曲面

曲面偏移是指创建与原始曲面平行的曲面，类似于对二维对象进行【偏移】操作。

1. 命令调用方法

● 单击【曲面】选项卡 |【创建】面板 |【偏移】按钮◎。

● 选择【绘图】|【建模】|【曲面】|【偏移】菜单命令。

● 在命令行输入"surfoffset"命令，并按 Enter 键。

2. 绘制偏移曲面

调用【曲面偏移】命令后，指定偏移距离即可，具体操作步骤如下。

step 01 打开"素材\Ch11\偏移曲面.dwg"文件，如图 11-81 所示。

step 02 单击【曲面】选项卡 |【创建】面板 |【偏移】按钮◎，根据命令行提示，选择要偏移的曲面，然后输入偏移距离为 50，按 Enter 键确认，如图 11-82 所示。

step 03 即可对曲面进行偏移，效果如图 11-83 所示。

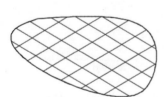　　　　　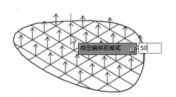　　　　　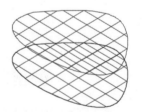

图 11-81　素材文件　　　　图 11-82　输入偏移距离为 50　　　　图 11-83　对曲面进行偏移

命令行提示如下：

```
命令：_SURFOFFSET                                    //调用【曲面偏移】命令
连接相邻边 = 否
选择要偏移的曲面或面域：找到 1 个                      //选择要偏移的曲面
选择要偏移的曲面或面域：                              //按 Enter 键确认
指定偏移距离或 [翻转方向(F)/两侧(B)/实体(S)/连接(C)/表达式(E)] <0.0000>：50
//输入偏移距离为 50
1 个对象将偏移。
1 个偏移操作成功完成。
```

11.5　绘制三维网格

三维网格是用网格的形式来表达面，相当于将一个面分成多个方块，每个方块都是一个编辑单元，用户可以对其单独编辑，从而使制图更为灵活。此外，创建和编辑网格后，还可根据需要将其转化为实体或曲面。

11.5.1　绘制基本图元

AutoCAD 提供了 7 种基本网格图元，包括长方体、圆锥体、圆柱体、棱锥体、球体等。其绘制方法与绘制基本三维实体的方法类似，下面以绘制网格长方体为例进行介绍。

1. 命令调用方法

● 单击【网格】选项卡 |【图元】面板 |【网格长方体】按钮 。
● 选择【绘图】|【建模】|【网格】|【图元】|【长方体】菜单命令。
● 在命令行输入 "mesh" 命令，按 Enter 键后，选择【长方体】类型。

2. 绘制网格长方体

调用【网格长方体】命令后，需要指定长方体底面的两个角点以及长方体的高度，具体操作步骤如下。

step 01　单击【网格】选项卡 |【图元】面板 |【网格长方体】按钮 ，根据命令行提示，单击任意一点作为长方体底面的第一个角点，如图 11-84 所示。

step 02　拖动鼠标指定长方体底面的第二个角点，以此确定底面的位置及大小，如图 11-85 所示。

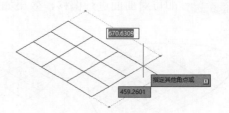

图 11-84　指定底面的第一个角点　　　　图 11-85　指定底面的第二个角点

step 03　输入长方体的高度为 100，按 Enter 键，如图 11-86 所示。

step 04　即完成网格长方体的绘制，效果如图 11-87 所示。

命令行提示如下：

```
命令：MESH                                    //调用【网格】命令
当前平滑度设置为：0
输入选项 [长方体(B)/圆锥体(C)/圆柱体(CY)/棱锥体(P)/球体(S)/楔体(W)/圆环体(T)/设置
(SE)] <长方体>：_BOX
指定第一个角点或 [中心(C)]：                    //单击任意一点作为第一个角点
指定其他角点或 [立方体(C)/长度(L)]：            //指定另一个角点
指定高度或 [两点(2P)]:100                       //输入高度为100
```

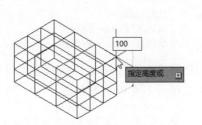

图 11-86 输入长方体的高度为 100

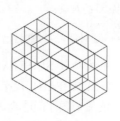

图 11-87 网格长方体

 提示   在命令行中选择【设置(SE)】选项,可设置平滑度,默认为 0。

11.5.2 绘制旋转网格

旋转网格是由指定的轮廓线绕旋转轴进行旋转所表示的网格。

1. 命令调用方法

● 单击【网格】选项卡 | 【图元】面板 | 【旋转网格】按钮 🔁。

● 选择【绘图】| 【建模】| 【网格】| 【旋转网格】菜单命令。

● 在命令行输入"revsurf"命令,按 Enter 键。

2. 绘制旋转网格

调用【旋转网格】命令后,需要指定要旋转的对象、旋转轴、起点角度以及夹角等内容,具体操作步骤如下。

step 01 打开"素材\Ch11\旋转网格.dwg"文件,如图 11-88 所示。

step 02 单击【网格】选项卡 | 【图元】面板 | 【旋转网格】按钮 🔁,根据命令行提示,选择曲线作为旋转对象,然后选择直线作为旋转轴,如图 11-89 所示。

step 03 起点角度和夹角保持默认设置不变,直接按 Enter 键,即完成旋转网格的绘制,效果如图 11-90 所示。

图 11-88 素材文件

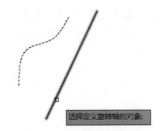

图 11-89 选择旋转对象和旋转轴

图 11-90 旋转网格

命令行提示如下:

```
命令: _revsurf                        //调用【旋转网格】命令
当前线框密度: SURFTAB1=6  SURFTAB2=6
选择要旋转的对象:                       //选择轮廓线
```

选择定义旋转轴的对象：	//选择直线
指定起点角度 <0>:	//直接按 Enter 键
指定夹角（+=逆时针，-=顺时针）<360>:	//继续按 Enter 键确认

> **提示**　系统参数 SURFTAB1 和 SURFTAB2 分别用于设置经线/纬线的密度，默认为
> 6。将 SURFTAB1 设置为 20、SURFTAB2 保持不变的效果如图 11-91 所示。反
> 之，效果如图 11-92 所示。

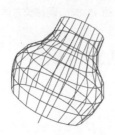
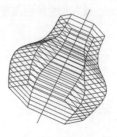

图 11-91　将 SURFTAB1 设置为 20 的效果　　　图 11-92　将 SURFTAB2 设置为 20 的效果

11.5.3　绘制直纹网格

直纹网格是指在两条曲线之间用直线连接所形成的网格。曲线可以是直线、圆弧、样条曲线、圆等对象。如果有一条曲线是闭合的，那么另一条曲线必须也是闭合的。

1. 命令调用方法

- 单击【网格】选项卡 |【图元】面板 |【直纹网格】按钮。
- 选择【绘图】|【建模】|【网格】|【直纹网格】菜单命令。
- 在命令行输入"rulesurf"命令，按 Enter 键。

2. 绘制直纹网格

调用【直纹网格】命令后，选择两条作为边界的曲线即可，具体操作步骤如下。

step 01　打开"素材\Ch11\直纹网格.dwg"文件，如图 11-93 所示。

step 02　单击【网格】选项卡 |【图元】面板 |【直纹网格】按钮，根据命令行提示，单击上方曲线左侧任意一点，选择该线作为第一条曲线，然后单击下方曲线左侧任意一点，作为第二条曲线，如图 11-94 所示。

图 11-93　素材文件　　　　　　　　　　图 11-94　指定两条曲线

step 03 即完成直纹网格的绘制，效果如图 11-95 所示。

提示　选择曲线时若单击点的位置不一样，那么生成直纹网格时可能会出现交叉情况，如图 11-96 所示。

图 11-95　直纹网格

图 11-96　直纹网格出现交叉情况

命令行提示如下：

```
命令：_rulesurf                      //调用【直纹网格】命令
当前线框密度：SURFTAB1=6
选择第一条定义曲线：                  //单击上方曲线左侧任意一点
选择第二条定义曲线：                  //单击下方曲线左侧任意一点
```

11.5.4　绘制平移网格

平移网格是指将曲线沿指定方向矢量进行平移后所形成的网格。曲线可以是直线、圆弧、圆、样条曲线等对象，而方向矢量可以是直线、非闭合的二维多线段以及三维多线段等对象。

1. 命令调用方法

● 单击【网格】选项卡 |【图元】面板 |【平移网格】按钮 。
● 选择【绘图】|【建模】|【网格】|【平移网格】菜单命令。
● 在命令行输入"tabsurf"命令，按 Enter 键。

2. 绘制平移网格

调用【平移网格】命令后，选择曲线和方向矢量即可，具体操作步骤如下。

step 01 打开"素材\Ch11\平移网格.dwg"文件，如图 11-97 所示。在命令行输入"SURFTAB1"命令，设置其值为 30，命令行提示如下：

```
命令：SURFTAB1                       //调用"rulesurf"命令
输入 SURFTAB1 的新值 <6>：30          //输入系统变量为30，按 Enter 键
```

step 02 单击【网格】选项卡 |【图元】面板 |【平移网格】按钮 ，根据命令行提示，选择样条曲线，然后选择直线作为方向矢量，如图 11-98 所示。

step 03 即完成平移网格的绘制，效果如图 11-99 所示。

命令行提示如下：

```
命令：_tabsurf                       //调用【平移网格】命令
当前线框密度：SURFTAB1=30
```

选择用作轮廓曲线的对象：   //选择样条曲线
选择用作方向矢量的对象：   //选择直线

| 图 11-97 素材文件 | 图 11-98 指定样条曲线和方向矢量 | 图 11-99 平移网格 |

11.5.5 绘制边界网格

边界网格是指使用 4 条首尾相连的边作为网格边界所形成的网格。

1. 命令调用方法

- 单击【网格】选项卡 |【图元】面板 |【边界网格】按钮🔲。
- 选择【绘图】|【建模】|【网格】|【边界网格】菜单命令。
- 在命令行输入"edgesurf"命令，按 Enter 键。

2. 绘制边界网格

调用【边界网格】命令后，选择 4 条首尾相连的边即可。注意，在选择时可以任何次序
进行选择，具体操作步骤如下。

step 01 打开"素材\Ch11\边界网格.dwg"文件，如图 11-100 所示。

step 02 单击【网格】选项卡 |【图元】面板 |【边界网格】按钮🔲，根据命令行提示，
选择 4 条边，如图 11-101 所示。

step 03 即完成边界网格的绘制，效果如图 11-102 所示。

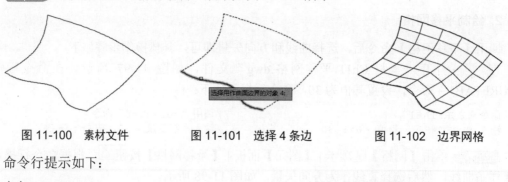

| 图 11-100 素材文件 | 图 11-101 选择 4 条边 | 图 11-102 边界网格 |

命令行提示如下：

```
命令：_edgesurf                                    //调用【边界网格】命令
当前线框密度：SURFTAB1=6   SURFTAB2=6
选择用作曲面边界的对象 1：
选择用作曲面边界的对象 2：
选择用作曲面边界的对象 3：
选择用作曲面边界的对象 4：                          //分别选择 4 条边界
```

11.6 综合实战——绘制节能灯

本例将结合所学知识,使用【圆柱体】、【圆环体】、【剖切】、【拉伸面】、【旋转】等命令绘制节能灯,具体操作步骤如下。

step 01 新建一个空白文件,将工作空间设置为【三维建模】,将视图设置为【西南等轴测】,调用【圆柱体】命令,绘制底面中心点坐标为(2.5,2.5,0),半径为 2,高度为 15 的圆柱体,如图 11-103 所示。

step 02 调用【环形阵列】命令,设置阵列中心点为(0,0,0),阵列项目为 4,对圆柱体进行环形阵列操作,效果如图 11-104 所示。

step 03 调用【圆柱体】命令,绘制底面中心点坐标为(0,0,15),半径为 8,高度为 2 的圆柱体,如图 11-105 所示。

 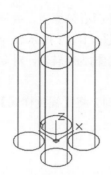 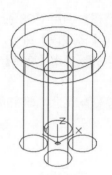

图 11-103 绘制圆柱体　　图 11-104 对圆柱体进行环形阵列　　图 11-105 再次绘制圆柱体

step 04 调用【拉伸面】命令,设置拉伸距离为 2,倾斜角度为 45,对圆柱体顶面进行拉伸,如图 11-106 所示。

step 05 调用【圆环体】命令,绘制中心点为(0,0,2.5),圆环体半径为 3,圆管半径为 2 的圆环体,如图 11-107 所示。

step 06 调用【剖切】命令,对圆环体进行剖切操作,只保留下半部分,如图 11-108 所示。

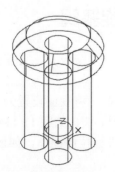 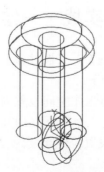 

图 11-106 对圆柱体顶面进行拉伸　　图 11-107 绘制圆环体　　图 11-108 对圆环体进行剖切

273

step 07 调用【复制】命令，复制圆环体，并将其移动至另外两个圆柱体底部，效果如图 11-109 所示。

step 08 调用【并集】命令，对四个圆柱体和两个圆环体进行并集操作，如图 11-110 所示。

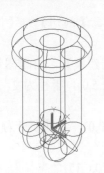

图 11-109 复制并移动圆环体   图 11-110 进行并集操作

step 09 调用 UCS 命令，指定顶部圆心为原点，并绕 X 轴旋转 90 度，重新定义 UCS，然后调用【多线段】命令，绘制效果如图 11-111 所示。

step 10 调用【旋转】命令，设置 Y 轴为旋转轴，对多线段进行旋转操作，效果如图 11-112 所示。

step 11 至此，即完成节能灯的绘制。将【视觉样式】设置为【概念】，效果如图 11-113 所示。

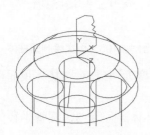

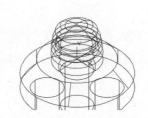

图 11-111 绘制多线段   图 11-112 对多线段进行旋转   图 11-113 节能灯

11.7 综合实战——绘制简易旋塞阀

本例将结合所学知识，使用【圆】、【圆柱体】、【拉伸】、【交集】、【差集】等命令绘制简易旋塞阀，具体操作步骤如下。

step 01 新建一个空白文件，将工作空间设置为【三维建模】，将视图设置为【东南等轴测】，调用【圆】命令，分别绘制三个半径为 100、85、70 的同心圆，如图 11-114 所示。

step 02 调用【拉伸】命令，设置拉伸高度为 20，对大圆进行拉伸操作，如图 11-115 所示。

step 03 再次调用【拉伸】命令，设置倾斜角度为 10，拉伸高度为 180，对另外两个圆进行拉伸操作，如图 11-116 所示。

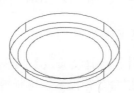

图 11-114　绘制三个同心圆　　图 11-115　对大圆进行拉伸　　图 11-116　对另外两个圆进行拉伸

step 04 调用【并集】命令，对外部两个圆柱体进行并集操作，如图 11-117 所示。

step 05 调用【差集】命令，对并集操作后的图形以及内部圆柱体进行差集操作。为了便于观察，将【视觉样式】设置为【概念】，效果如图 11-118 所示。

step 06 将【视觉样式】重新设置为【二维线框】，调用 UCS 命令，设置顶部圆心为原点，并绕 X 轴旋转 90 度，重新定义 UCS 坐标系，如图 11-119 所示。

图 11-117　对外部两个圆柱体　　图 11-118　进行差集操作　　图 11-119　重新定义 UCS 坐标系
　　　　　　进行并集操作

step 07 调用【圆柱体】命令，设置底面中心点坐标值为(0,-90,-35)、半径为 40、高度为-100，绘制圆柱体，如图 11-120 所示。

step 08 再次调用【圆柱体】命令，设置底面中心点坐标值为(0,-90,-35)、半径为 35、高度为-100，绘制圆柱体，如图 11-121 所示。

step 09 调用【差集】命令，对两个圆柱体进行差集运算，然后调用【交集】命令，对差集操作后的圆柱体以及步骤 5 中绘制的实体进行交集运算，如图 11-122 所示。

step 10 至此，完成简易旋塞阀的绘制。将【视觉样式】设置为【概念】，调用【动态观察】命令，观察最终效果，如图 11-123 所示。

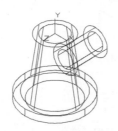
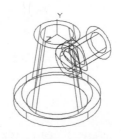

图 11-120　绘制圆柱体　　图 11-121　再次绘制圆　　图 11-122　进行差集和　　图 11-123　观察简易
　　　　　　　　　　　　　　　　　　柱体　　　　　　　　　　交集操作　　　　　　　　旋塞阀

11.8 高手甜点

甜点 1：怎样将网格转换为曲面或实体？

答：若要将网格转换为曲面或实体，选择【修改】|【网格编辑】|【转换为平滑实体】或【转换为平滑曲面】菜单命令后，根据命令行提示，选择要转换的网格对象，按 Enter 键即可。例如，将如图 11-124 所示的网格转换为实体，效果如图 11-125 所示。

此外，选择【修改】|【网格编辑】|【转换为具有镶嵌面的实体】或【转换为具有镶嵌面的曲面】菜单命令，也可将网格转换为实体或曲面。所不同的是，在转换时可对边进行锐化或设置角度，效果如图 11-126 所示。

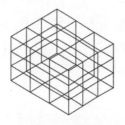
图 11-124 网格

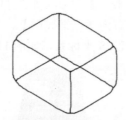
图 11-125 转换为平滑实体

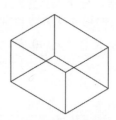
图 11-126 转换为具有镶嵌面的实体

甜点 2：如何将多线段转换为多段体？

答：若要将现有多线段转换为多段体，调用【多段体】命令后，根据命令行提示设置多段体的厚度以及高度，然后在命令行输入命令"o"，并选择要转换的多线段，按 Enter 键即可。

甜点 3：如何识别出图形是实体、曲面还是网格？

答：利用 AutoCAD 的提示功能，用户可轻松识别出图形对象的类型。将光标定位在图形对象上，停留数秒，系统将显示提示信息，若是三维实体，那么会显示"三维实体"字样。此外，利用该提示功能，用户还可查看图形对象的颜色、图层、线型等特性，如图 11-127 所示。

图 11-127 显示提示信息

第 12 章　编辑三维实体

利用 AutoCAD 提供的各种编辑命令,用户可对三维实体边、实体面以及整个三维实体对象进行编辑操作,从而绘制出更为复杂的三维模型。本章主要介绍这些编辑命令的使用方法以及技巧。

本章学习目标(已掌握的在方框中打钩)

- □　掌握三维对象的基本操作。
- □　掌握编辑三维实体边的方法。
- □　掌握编辑三维实体面的方法。
- □　掌握剖切、抽壳和干涉命令的使用方法。
- □　掌握绘制雨伞的方法。

重点案例效果

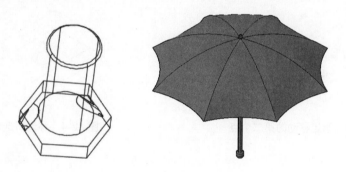

12.1　三维对象的基本操作

本节主要介绍三维对象的一些基本操作,包括三维移动、三维旋转、三维对齐、三维镜像、三维阵列等。这些操作的使用方法与二维命令类似。

12.1.1　移动三维对象

移动三维对象是指调整对象在三维空间中的位置,其方法与移动二维对象类似。

1. 命令调用方法

- ●　单击【常用】选项卡|【修改】面板|【三维移动】按钮⬆。
- ●　选择【修改】|【三维操作】|【三维移动】菜单命令。
- ●　单击【建模】工具栏中的【三维移动】按钮⬆。
- ●　在命令行输入"3dmove"命令,并按 Enter 键。

2. 移动操作

调用【三维移动】命令后,指定移动的基点以及第二个点即可,具体操作步骤如下。

step 01 打开"素材\Ch12\移动三维对象.dwg"文件,如图 12-1 所示。

step 02 单击【常用】选项卡|【修改】面板|【三维移动】按钮 ，根据命令行提示,选择圆锥体作为要移动的对象,并指定移动的基点,如图 12-2 所示。

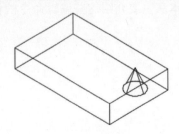

图 12-1　素材文件

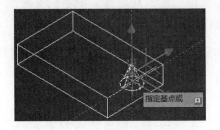

图 12-2　指定移动的基点

step 03 单击指定移动的第二个点,如图 12-3 所示。

step 04 即可移动所选对象,效果如图 12-4 所示。

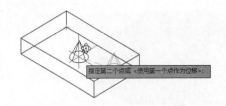

图 12-3　指定移动的第二个点

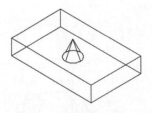

图 12-4　移动所选对象

命令行提示如下:

```
命令：_3dmove                                          //调用【三维移动】命令
选择对象：找到 1 个                                     //选择要移动的三维对象
选择对象：                                             //按 Enter 键确认
指定基点或 [位移(D)] <位移>：                          //指定移动的基点
指定第二个点或 <使用第一个点作为位移>：正在重生成模型。  //指定移动后的第二个点
```

12.1.2　旋转三维对象

旋转三维对象是指将对象绕旋转轴(X 轴、Y 轴和 Z 轴)按照指定的角度进行旋转。

1. 命令调用方法

● 单击【常用】选项卡|【修改】面板|【三维旋转】按钮 。

● 选择【修改】|【三维操作】|【三维旋转】菜单命令。

● 单击【建模】工具栏中的【三维旋转】按钮 。

● 在命令行输入"3drotate"命令,并按 Enter 键。

2. 旋转操作

调用【三维旋转】命令后，指定旋转的基点、旋转轴以及旋转角度即可，具体操作步骤如下。

step 01　打开"素材\Ch12\旋转三维对象.dwg"文件，如图 12-5 所示。

step 02　单击【常用】选项卡|【修改】面板|【三维旋转】按钮，根据命令行提示，选择要旋转的对象，然后指定旋转的基点，如图 12-6 所示。

step 03　单击选择旋转轴，并输入旋转角度为 150 度，按 Enter 键，如图 12-7 所示。

step 04　即可旋转所选对象，效果如图 12-8 所示。

 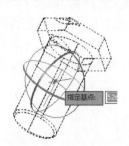  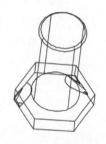

图 12-5　素材文件　　图 12-6　指定旋转的基点　　图 12-7　设置旋转轴和旋转角度　　图 12-8　旋转所选对象

命令行提示如下：

```
命令：_3drotate                              //调用【三维旋转】命令
UCS 当前的正角方向： ANGDIR=逆时针  ANGBASE=0
选择对象：找到 1 个                          //选择要旋转的对象
选择对象：                                   //按 Enter 键确认
指定基点：                                   //指定旋转的基点
拾取旋转轴：                                 //选择旋转轴
指定角的起点或键入角度：150                  //输入旋转角度为150
正在重生成模型。
```

12.1.3　对齐三维对象

对齐三维对象是指在三维空间中将两个图形按指定的方式对齐。AutoCAD 共提供了【三维对齐】和【对齐】两个命令用于对齐三维对象，其区别在于选择对象的顺序不同。下面以【三维对齐】命令为例进行介绍。

提示　　调用【三维对齐】命令时，需要先指定源对象上的 3 个点来确定源平面，然后指定目标对象上的 3 个点来确定目标平面，从而使源对象与目标对象对齐。而调用【对齐】命令时，则是按照先指定一个源点，然后指定一个目标点的顺序来确认源平面和目标平面。

1. 命令调用方法

- 单击【常用】选项卡|【修改】面板|【三维对齐】按钮。
- 选择【修改】|【三维操作】|【三维对齐】菜单命令。

● 单击【建模】工具栏中的【三维对齐】按钮。

● 在命令行输入"3dalign"命令，并按 Enter 键。

> **提示**　展开【常用】选项卡|【修改】面板，单击【对齐】按钮，或者选择【修改】|【三维操作】|【对齐】菜单命令，可以调用【对齐】命令。

2. 对齐操作

调用【三维对齐】命令后，指定 3 个点用于定义源平面，然后指定 3 个点定义目标平面，即可使源对象与目标对象在指定平面上对齐显示，具体操作步骤如下。

step 01 打开"素材\Ch12\对齐三维对象.dwg"文件，如图 12-9 所示。

step 02 单击【常用】选项卡|【修改】面板|【三维对齐】按钮，根据命令行提示，捕捉 A 点作为基点，如图 12-10 所示。

step 03 依次捕捉 B 点和 C 点作为第二个点和第三个点，如图 12-11 所示。

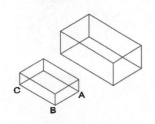 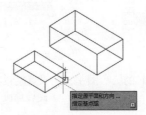 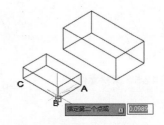

图 12-9　素材文件　　　　图 12-10　捕捉 A 点作为基点　　　图 12-11　捕捉第二个点和第三个点

step 04 捕捉大长方体右下角的端点作为第一个目标点，然后依次捕捉对应位置处的端点作为第二个和第三个目标点，如图 12-12 所示。

step 05 即可使两个长方体在指定平面上对齐显示，效果如图 12-13 所示。

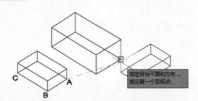 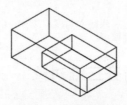

图 12-12　捕捉三个目标点　　　　　　　　图 12-13　两个长方体在指定平面上对齐

命令行提示如下：

```
命令：_3dalign                           //调用【三维对齐】命令
选择对象：找到 1 个                       //选择小长方体作为源对象
选择对象：                                //按 Enter 键确认
指定源平面和方向 ...
指定基点或 [复制(C)]：                     //捕捉 A 点作为基点
指定第二个点或 [继续(C)] <C>：             //捕捉 B 点作为第二个点
指定第三个点或 [继续(C)] <C>：             //捕捉 C 点作为第三个点
 指定目标平面和方向 ...
指定第一个目标点：                        //捕捉大长方体右下角的端点
指定第二个目标点或 [退出(X)] <X>：
指定第三个目标点或 [退出(X)] <X>：
```

12.1.4 镜像三维对象

镜像三维对象是指使源对象沿指定的镜像平面在三维空间中生成对称的三维对象。

1. 命令调用方法

● 单击【常用】选项卡 |【修改】面板 |【三维镜像】按钮⊕。

● 选择【修改】|【三维操作】|【三维镜像】菜单命令。

● 在命令行输入"mirror3d"命令，并按 Enter 键。

2. 镜像操作

调用【三维镜像】命令后，选择要镜像的源对象以及镜像平面即可。注意，用户既可以指定 1 至 3 个点来确定镜像平面，也可选择当前 UCS 中的 XY、YZ、ZX 等平面作为镜像平面，具体操作步骤如下。

step 01 打开"素材\Ch12\镜像三维对象.dwg"文件，如图 12-14 所示。

step 02 单击【常用】选项卡 |【修改】面板 |【三维镜像】按钮⊕，根据命令行提示，选择要镜像的对象，然后依次捕捉 A、B 和 C 点作为镜像平面的 3 个点，如图 12-15 所示。

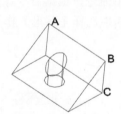

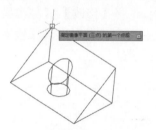

图 12-14 素材文件   图 12-15 指定镜像的对象及镜像平面

step 03 系统提示"是否删除源对象？"，选择【否】选项，如图 12-16 所示。

step 04 即完成镜像操作，镜像后的效果如图 12-17 所示。

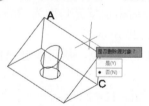

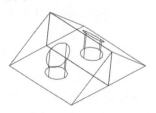

图 12-16 选择【否】选项   图 12-17 镜像对象

命令行提示如下：

```
命令：_mirror3d                          //调用【三维镜像】命令
选择对象：找到 1 个                        //选择要镜像的源对象
选择对象：                                //按 Enter 键确认
指定镜像平面（三点）的第一个点或[对象(O)/最近的(L)/Z 轴(Z)/视图(V)/XY 平
面(XY)/YZ 平面(YZ)/ZX 平面(ZX)/三点(3)]<三点>：
    //捕捉 A 点作为第一个点
```

在镜像平面上指定第二点：　　　　　　　　　　//捕捉 B 点作为第一个点
在镜像平面上指定第三点：　　　　　　　　　　//捕捉 C 点作为第一个点
是否删除源对象？[是(Y)/否(N)] <否>：N　　　//选择【否】选项

12.1.5　阵列三维对象

AutoCAD 提供了两种三维阵列类型：三维矩形阵列和三维环形阵列。与二维阵列的不同之处在于，三维阵列除了指定列数(X 方向)和行数(Y 方向)外，还需指定层数(Z 方向)。

1. 命令调用方法

● 选择【修改】|【三维操作】|【三维阵列】菜单命令。
● 单击【建模】工具栏中的【三维移动】按钮 ⊞。
● 在命令行输入"3darray"命令，并按 Enter 键。

2. 阵列操作

调用【三维阵列】命令后，需要选择阵列类型，然后根据命令行提示进行操作即可，具体操作步骤如下。

step 01 打开"素材\Ch12\阵列三维对象.dwg"文件，如图 12-18 所示。

step 02 选择【修改】|【三维操作】|【三维阵列】菜单命令，根据命令行提示，选择长方体作为阵列对象，此时出现【输入阵列类型】列表，在其中选择【环形】作为阵列类型，如图 12-19 所示。

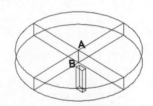

图 12-18　素材文件

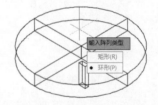

图 12-19　选择【环形】作为阵列类型

step 03 在命令行中输入阵列中的项目数目为 4，然后指定填充角度为 360，此时出现【旋转阵列对象】列表，在其中选择【是】选项，如图 12-20 所示。

step 04 捕捉 A 点作为阵列的中心点，捕捉 B 点作为第二点，从而指定 AB 轴为旋转轴，如图 12-21 所示。

step 05 即可对长方体进行三维环形阵列操作，效果如图 12-22 所示。

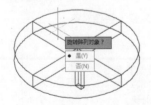

图 12-20　选择【是】选项

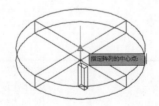

图 12-21　指定 AB 轴为旋转轴

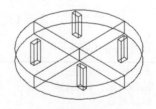

图 12-22　对长方体进行三维
环形阵列的效果

命令行提示如下:

```
命令: _3darray                                    //调用【三维阵列】命令
选择对象: 找到 1 个                                //选择长方体作为阵列对象
选择对象:                                         //按 Enter 键确认
输入阵列类型 [矩形(R)/环形(P)] <矩形>:P           //选择【环形】阵列类型
输入阵列中的项目数目: 4                            //输入阵列中的项目数目为 4
指定要填充的角度 (+=逆时针, -=顺时针) <360>: 360   //指定填充角度为 360
旋转阵列对象? [是(Y)/否(N)] <Y>:                  //选择【是】选项
指定阵列的中心点:                                 //捕捉 A 点作为阵列的中心点
指定旋转轴上的第二点: _.UCS                       //捕捉 B 点作为旋转轴上的第二点
```

上述是进行三维环形阵列的方法,若要进行三维矩形阵列,只需选择阵列类型为【矩形】,然后根据命令行提示输入行数、列数、层数以及各间距值即可。

12.2 编辑三维实体边

本节主要介绍对三维实体边的编辑操作,包括提取边、压印边、着色边、复制边、圆角边和倒角边等操作。

12.2.1 提取边

提取边是指从三维实体中提取出边线,从而创建线框几何体。

1. 命令调用方法

- 单击【常用】选项卡|【实体编辑】面板|【提取边】按钮 。
- 选择【修改】|【三维操作】|【提取边】菜单命令。
- 在命令行输入"xedges"命令,并按 Enter 键。

2. 提取边操作

调用【提取边】命令后,只需选择操作对象即可,具体操作步骤如下。

step 01 打开"素材\Ch12\提取边.dwg"文件,如图 12-23 所示。

step 02 单击【常用】选项卡|【实体编辑】面板|【提取边】按钮,选择目标对象,按 Enter 键,即完成提取边的操作。命令行提示如下:

```
命令: _xedges              //调用【提取边】命令
选择对象: 找到 1 个         //选择要提取边的对象
选择对象:                  //按 Enter 键确认
```

step 03 由于提取出的边线与目标对象重合在一起,可以在命令行输入"m"命令,执行【移动】命令,将目标对象移动至其他合适位置,即可查看提取出的边线,效果如图 12-24 所示。

图 12-23　素材文件

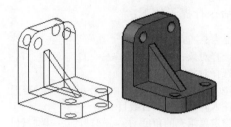

图 12-24　查看提取出的边线

12.2.2　压印边

压印边是指将二维几何图形或三维对象在三维实体的某平面上压出痕迹，从而创建更多的边。注意，被压印的对象必须与选定对象的一个或多个面相交，否则无法成功执行压印边操作。

1. 命令调用方法

● 单击【常用】选项卡 |【实体编辑】面板 |【压印】按钮🔲。
● 选择【修改】|【实体编辑】|【压印边】菜单命令。
● 单击【实体编辑】工具栏中的【压印】按钮🔲。
● 在命令行输入"imprint"命令，并按 Enter 键。

2. 压印边操作

调用【压印边】命令后，选择三维对象以及要压印的对象，然后根据需要选择是否删除源对象即可，具体操作步骤如下。

step 01　打开"素材\Ch12\压印边.dwg"文件，如图 12-25 所示。

step 02　单击【常用】选项卡 |【实体编辑】面板 |【压印】按钮🔲，根据命令行提示，选择长方体作为三维对象，如图 12-26 所示。

step 03　选择五角星作为要压印的对象，如图 12-27 所示。

step 04　此时出现提示"是否删除源对象[是(Y)/否(N)] <N>"，输入"Y"选项，按 Enter 键，即完成压印边的操作，效果如图 12-28 所示。

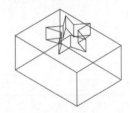

图 12-25　素材文件

图 12-26　选择长方体作为
三维对象

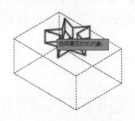

图 12-27　选择五角星作为
要压印的对象

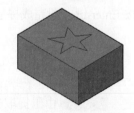

图 12-28　压印边的效果

命令行提示如下：

```
命令: _imprint                              //调用【压印边】命令
选择三维实体或曲面:                          //选择长方体
选择要压印的对象:                            //选择五角星
是否删除源对象 [是(Y)/否(N)] <N>:Y          //输入"Y"选项
选择要压印的对象:                            //按 Enter 键结束命令
```

12.2.3　着色边

着色边是指修改三维实体上选定边的颜色，从而使选定边区别显示。

1. 命令调用方法

● 单击【常用】选项卡|【实体编辑】面板|【着色边】按钮 。

● 选择【修改】|【实体编辑】|【着色边】菜单命令。

● 单击【实体编辑】工具栏中的【着色边】按钮 。

● 在命令行输入"solidedit"命令，按 Enter 键后，在命令行中依次选择【边】选项和【着色】选项。

2. 着色边操作

调用【着色边】命令后，选择要更改颜色的边，然后在对话框中选择颜色即可，具体操作步骤如下。

step 01 打开"素材\Ch12\着色边.dwg"文件，单击【常用】选项卡|【实体编辑】面板|【着色边】按钮 ，根据命令行提示，选择要更改颜色的边，按 Enter 键，如图 12-29 所示。

step 02 打开【选择颜色】对话框，在其中选择颜色，单击【确定】按钮，如图 12-30 所示。

step 03 此时将依次打开【输入边编辑选项】和【输入实体编辑选项】列表，直接按 Enter 键结束命令即可，着色边的效果如图 12-31 所示。

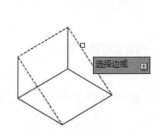
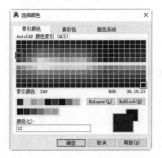
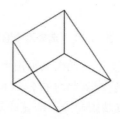

图 12-29　选择要更改颜色的边　　图 12-30　【选择颜色】对话框　　图 12-31　着色边的效果

命令行提示如下：

```
命令: solidedit                                        //调用实体编辑命令
实体编辑自动检查: SOLIDCHECK=1
输入实体编辑选项 [面(F)/边(E)/体(B)/放弃(U)/退出(X)] <退出>: _edge
输入边编辑选项 [复制(C)/着色(L)/放弃(U)/退出(X)] <退出>: _color
选择边或 [放弃(U)/删除(R)]:
```

```
选择边或 [放弃(U)/删除(R)]:
选择边或 [放弃(U)/删除(R)]:                            //选择要更改颜色的三条边
选择边或 [放弃(U)/删除(R)]:                            //按 Enter 键确认
输入边编辑选项 [复制(C)/着色(L)/放弃(U)/退出(X)] <退出>: X    //按 Enter 键退出
实体编辑自动检查: SOLIDCHECK=1
输入实体编辑选项 [面(F)/边(E)/体(B)/放弃(U)/退出(X)] <退出>:    //继续按 Enter 键退出
```

12.2.4 复制边

复制边是指将三维实体上的选定边复制为二维圆弧、圆、椭圆、直线或样条曲线。

1. 命令调用方法

● 单击【常用】选项卡 | 【实体编辑】面板 | 【复制边】按钮 。

● 选择【修改】| 【实体编辑】| 【复制边】菜单命令。

● 单击【实体编辑】工具栏中的【复制边】按钮 。

● 在命令行输入 "solidedit" 命令，按 Enter 键后，在命令行中依次选择【边】选项和
【复制】选项。

2. 复制边操作

调用【复制边】命令后，选择要复制的边，然后指定基点和第二点即可，具体操作步骤
如下。

step 01 打开 "素材\Ch12\复制边.dwg" 文件，单击【常用】选项卡 | 【实体编辑】面
板 | 【复制边】按钮 ，根据命令行提示，选择两个圆作为要复制的边，按 Enter 键，如
图 12-32 所示。

step 02 捕捉底部圆心作为基点，如图 12-33 所示。

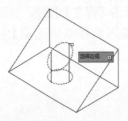

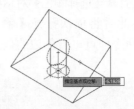

图 12-32 选择两个圆作为要复制的边   图 12-33 捕捉圆心作为基点

step 03 拖动鼠标指定位移的第二点，如图 12-34 所示。

step 04 此时将依次打开【输入边编辑选项】和【输入实体编辑选项】列表，直接按
Enter 键结束命令，即完成复制边的操作，效果如图 12-35 所示。

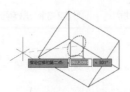

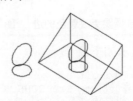

图 12-34 指定位移的第二点   图 12-35 复制边的效果

命令行提示如下:

```
命令: _solidedit                                        //调用实体编辑命令
实体编辑自动检查: SOLIDCHECK=1
输入实体编辑选项 [面(F)/边(E)/体(B)/放弃(U)/退出(X)] <退出>: _edge
输入边编辑选项 [复制(C)/着色(L)/放弃(U)/退出(X)] <退出>: _copy
选择边或 [放弃(U)/删除(R)]:
选择边或 [放弃(U)/删除(R)]:                              //选择要复制的两个圆
选择边或 [放弃(U)/删除(R)]:                              //按 Enter 键确认
指定基点或位移:                                         //指定基点
指定位移的第二点:                                       //指定第二点
输入边编辑选项 [复制(C)/着色(L)/放弃(U)/退出(X)] <退出>: X    //按 Enter 键退出
实体编辑自动检查: SOLIDCHECK=1
输入实体编辑选项 [面(F)/边(E)/体(B)/放弃(U)/退出(X)] <退出>: X    //继续按 Enter 键退出
```

12.2.5　圆角边和倒角边

【圆角边】和【倒角边】命令与【圆角】和【倒角】命令(详情参考 3.4.7 节)的功能与用法相似,下面以【圆角边】命令为例进行介绍。

1. 命令调用方法

- 单击【实体】选项卡 |【实体编辑】面板 |【圆角边】按钮 。
- 选择【修改】|【实体编辑】|【圆角边】菜单命令。
- 单击【实体编辑】工具栏中的【圆角边】按钮 。
- 在命令行输入"filletedge"命令,按 Enter 键。

2. 圆角边

调用【圆角边】命令后,设置半径值,然后选择要进行倒圆角的边线即可,具体操作步骤如下。

step 01　打开"素材\Ch12\圆角边.dwg"文件,如图 12-36 所示。

step 02　单击【实体】选项卡 |【实体编辑】面板 |【圆角边】按钮 ,在命令行输入"r",并输入圆角半径为 0.9,如图 12-37 所示。

图 12-36　素材文件

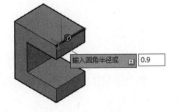

图 12-37　输入圆角半径

step 03　选择要倒圆角的边线,如图 12-38 所示。

step 04　按 Enter 键结束命令,对实体边倒圆角后的效果如图 12-39 所示。

命令行提示如下:

```
命令: _FILLETEDGE                                       //调用【圆角边】命令
```

半径 = 0.3000
选择边或 [链(C)/环(L)/半径(R)]: R　　　　　　　　//输入命令 "r"
输入圆角半径或 [表达式(E)] <0.3000>: 0.9　　　　//输入圆角半径为 0.9
选择边或 [链(C)/环(L)/半径(R)]:　　　　　　　//选择要倒圆角的边
选择边或 [链(C)/环(L)/半径(R)]:　　　　　　　//按 Enter 键确认
已选定 1 个边用于圆角。
按 Enter 键接受圆角或 [半径(R)]:　　　　　　　//按 Enter 键接受圆角

对边倒角和倒圆角的操作类似，所不同的是，在对边倒角时，用户需设置倒角距离，而非半径值，具体步骤这里不再赘述，效果如图 12-40 所示。

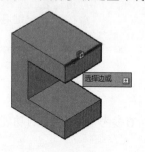
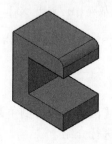
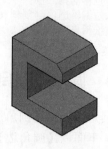

图 12-38　选择要倒圆角的边线　　　图 12-39　倒圆角后的效果　　　图 12-40　对边倒角后的效果

命令行提示如下：

命令: _CHAMFEREDGE　　　　　　　　　　　//调用【倒角边】命令
距离 1 = 1.0000，距离 2 = 1.0000
选择一条边或 [环(L)/距离(D)]: D　　　　　　//输入命令 "d"
指定距离 1 或 [表达式(E)] <1.0000>: 0.8　　//输入距离 1 为 0.8
指定距离 2 或 [表达式(E)] <1.0000>: 0.8　　//输入距离 2 为 0.8
选择一条边或 [环(L)/距离(D)]:　　　　　　　//选择要倒角的边
选择同一个面上的其他边或 [环(L)/距离(D)]:　//按 Enter 键确认选择
按 Enter 键接受倒角或 [距离(D)]:　　　　　　//按 Enter 键接受倒角

12.3　编辑三维实体面

本节主要介绍对三维实体面的编辑操作，包括拉伸面、移动面、复制面、偏移面、删除面、旋转面等操作。

12.3.1　拉伸面

拉伸面是指按照指定的距离或沿路径拉伸三维实体的选定平面，该操作一次可拉伸多个面。

1. 命令调用方法

● 单击【常用】选项卡 | 【实体编辑】面板 | 【拉伸面】按钮 。
● 选择【修改】 | 【实体编辑】 | 【拉伸面】菜单命令。
● 单击【实体编辑】工具栏中的【拉伸面】按钮 。

2. 拉伸面操作

调用【拉伸面】命令后，选择要拉伸的面，然后指定拉伸距离或选择拉伸路径即可，具体操作步骤如下。

step 01 打开"素材\Ch12\拉伸面.dwg"文件，如图 12-41 所示。

step 02 单击【常用】选项卡 |【实体编辑】面板 |【拉伸面】按钮，根据命令行提示，选择要拉伸的面，然后输入拉伸高度为"5"，并指定拉伸的倾斜角度为 0，按 Enter 键，如图 12-42 所示。

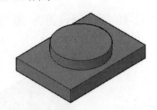

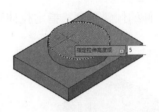

图 12-41　素材文件　　　　　　　　图 12-42　指定拉伸高度和倾斜角度

step 03 此时将打开【输入面编辑选项】列表，默认选择【退出】选项，按 Enter 键确认选择，如图 12-43 所示。

step 04 打开【输入实体编辑选项】列表，继续按 Enter 键结束命令，如图 12-44 所示。

step 05 即完成拉伸面的操作，效果如图 12-45 所示。

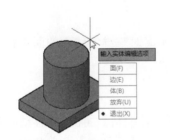

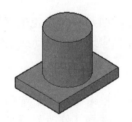

图 12-43　【输入面编辑　　　图 12-44　【输入实体编辑　　　图 12-45　拉伸面的效果
选项】列表　　　　　　　选项】列表

命令行提示如下：

```
命令: _solidedit                                    //调用实体编辑命令
实体编辑自动检查: SOLIDCHECK=1
输入实体编辑选项 [面(F)/边(E)/体(B)/放弃(U)/退出(X)] <退出>: _face
输入面编辑选项
[拉伸(E)/移动(M)/旋转(R)/偏移(O)/倾斜(T)/删除(D)/复制(C)/颜色(L)/材质(A)/放弃(U)/
退出(X)] <退出>: _extrude
选择面或 [放弃(U)/删除(R)]: 找到 1 个面。           //选择要拉伸的面
选择面或 [放弃(U)/删除(R)/全部(ALL)]:               //按 Enter 键确认
指定拉伸高度或 [路径(P)]: 5                          //输入拉伸高度为 5
指定拉伸的倾斜角度 <0>:                              //指定倾斜角度为 0
已开始实体校验。
```

已完成实体校验。

输入面编辑选项

[拉伸(E)/移动(M)/旋转(R)/偏移(O)/倾斜(T)/删除(D)/复制(C)/颜色(L)/材质(A)/放弃(U)/
退出(X)] <退出>:

实体编辑自动检查: SOLIDCHECK=1

输入实体编辑选项 [面(F)/边(E)/体(B)/放弃(U)/退出(X)] <退出>: //按Enter键退出

3. 选项说明

- 路径：设置拉伸路径。例如，沿着如图 12-46 所示的路径进行拉伸面操作，效果如图 12-47 所示。
- 拉伸的倾斜角度：指定拉伸时面的倾斜角度。图 12-48 所示为设置为 50 度的效果。

  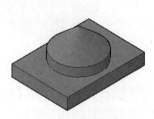

图 12-46　原图　　　　　图 12-47　沿路径拉伸面的效果　　　图 12-48　设置倾斜角度为
　　　　　　　　　　　　　　　　　　　　　　　　　　　　　　　　　　　　50 度的效果

12.3.2　移动面

移动面是指按指定的高度或距离对三维实体中的面进行移动。在移动面时，与选定面相连的面相应地会被移动或压缩。

1. 命令调用方法

- 单击【常用】选项卡 | 【实体编辑】面板 | 【移动面】按钮💠。
- 选择【修改】|【实体编辑】|【移动面】菜单命令。
- 单击【实体编辑】工具栏中的【移动面】按钮💠。

2. 移动面操作

调用【移动面】命令后，选择要移动的面，然后指定移动距离或选择移动路径即可，具体操作步骤如下。

step 01 打开"素材\Ch12\移动面.dwg"文件，单击【常用】选项卡 |【实体编辑】面板 |【移动面】按钮💠，根据命令行提示，选择要移动的面，如图 12-49 所示。

step 02 单击指定移动的基点，如图 12-50 所示。

step 03 拖动鼠标指定位移的第二点，如图 12-51 所示。

step 04 按 Esc 键结束命令，即完成移动面操作，效果如图 12-52 所示。

  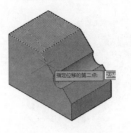 

图 12-49　选择要移动　　图 12-50　指定移动的　　图 12-51　指定位移的　　图 12-52　移动面的效果
　　　　　的面　　　　　　　　　　基点　　　　　　　　　　第二点

　　　　由于篇幅限制，这里不再列出该操作的命令提示行，其内容与【拉伸面】命令的提示行类似。

12.3.3　复制面

复制面是指对三维实体中的面进行复制操作。

1. 命令调用方法

- 单击【常用】选项卡|【实体编辑】面板|【复制面】按钮。
- 选择【修改】|【实体编辑】|【复制面】菜单命令。
- 单击【实体编辑】工具栏中的【复制面】按钮。

2. 复制面操作

调用【复制面】命令后，选择要复制的面，然后指定复制基点及第二点即可，具体操作步骤如下。

step 01　打开"素材\Ch12\复制面.dwg"文件，单击【常用】选项卡|【实体编辑】面板|【复制面】按钮，根据命令行提示，选择要复制的面，按 Enter 键，如图 12-53 所示。

step 02　捕捉左上角的点作为基点，如图 12-54 所示。

 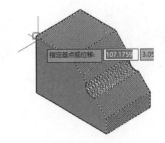

图 12-53　选择要复制的面　　　　　　图 12-54　捕捉左上角的点作为基点

step 03　拖动鼠标指定位移的第二点，如图 12-55 所示。

step 04　按 Esc 键结束命令，即可将选定的面复制到指定位置处，效果如图 12-56 所示。

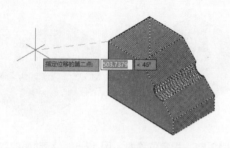

图 12-55　指定位移的第二点

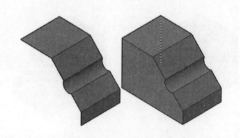

图 12-56　复制面的效果

12.3.4　偏移面

偏移面是指按指定的距离将面均匀地进行偏移。注意，若距离为正值，会增大实体的大小或体积；若为负值，则会减小实体的大小或体积。

1. 命令调用方法

- 单击【常用】选项卡 |【实体编辑】面板 |【偏移面】按钮 。
- 选择【修改】|【实体编辑】|【偏移面】菜单命令。
- 单击【实体编辑】工具栏中的【偏移面】按钮 。

2. 偏移面操作

调用【偏移面】命令后，选择要偏移的面，然后指定偏移距离即可，具体操作步骤如下。

step 01　打开"素材\Ch12\偏移面.dwg"文件，单击【常用】选项卡 |【实体编辑】面板 |【偏移面】按钮 ，根据命令行提示，选择要偏移的面，如图 12-57 所示。

step 02　输入偏移距离为 2，按 Enter 键，如图 12-58 所示。

step 03　按 Esc 键结束命令，即完成偏移面操作，效果如图 12-59 所示。

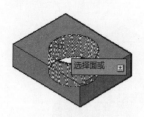

图 12-57　选择要偏移的面

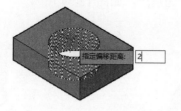

图 12-58　输入偏移距离为 2

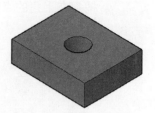

图 12-59　偏移面的效果

12.3.5　删除面

删除面是指删除三维实体上选定的面，包括删除圆角或倒角面。

1. 命令调用方法

- 单击【常用】选项卡 |【实体编辑】面板 |【删除面】按钮 。

- 选择【修改】|【实体编辑】|【删除面】菜单命令。
- 单击【实体编辑】工具栏中的【删除面】按钮。

2. 删除面操作

调用【删除面】命令后，只需选择要删除的面即可，具体操作步骤如下。

step 01 打开"素材\Ch12\删除面.dwg"文件，单击【常用】选项卡|【实体编辑】面板|【删除面】按钮，根据命令行提示，选择要删除的面，按 Enter 键，如图 12-60 所示。

step 02 按 Esc 键结束命令，即完成删除面的操作，效果如图 12-61 所示。

 提示 　若选择如图 12-62 所示的面，命令行会提示"建模操作错误：间隔无法填充。"，这是由于若选定的面删除，将生成无效的三维实体，因此无法执行删除面操作。

图 12-60　选择要删除的面

图 12-61　删除面的效果

图 12-62　选择该面无法执行
删除面操作

12.3.6　旋转面

旋转面是指按指定的角度将三维实体中的面绕旋转轴进行旋转。

1. 命令调用方法

- 单击【常用】选项卡|【实体编辑】面板|【旋转面】按钮。
- 选择【修改】|【实体编辑】|【旋转面】菜单命令。
- 单击【实体编辑】工具栏中的【旋转面】按钮。

2. 旋转面操作

调用【旋转面】命令后，选择要旋转的面，然后指定旋转轴的两个轴点以及旋转角度即可，具体操作步骤如下。

step 01 打开"素材\Ch12\旋转面.dwg"文件，单击【常用】选项卡|【实体编辑】面板|【旋转面】按钮，根据命令行提示，选择要旋转的面，按 Enter 键，如图 12-63 所示。

step 02 捕捉 A 点作为旋转轴的轴点，捕捉 B 点作为第二个点，如图 12-64 所示。

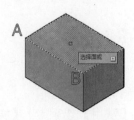

图 12-63　选择要旋转的面

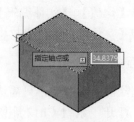

图 12-64　指定旋转轴

step 03　输入旋转角度为 20，按 Enter 键，如图 12-65 所示。

step 04　按 Esc 键结束命令，即完成旋转面的操作，效果如图 12-66 所示。

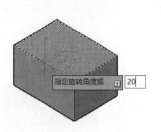

图 12-65　输入旋转角度

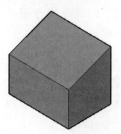

图 12-66　旋转面的效果

12.3.7　倾斜面

倾斜面是指按指定的角度对三维实体中的面进行倾斜操作。其中，倾斜角的旋转方向由指定倾斜轴时选择基点和第二点的顺序所决定。

1. 命令调用方法

- 单击【常用】选项卡|【实体编辑】面板|【倾斜面】按钮🔲。
- 选择【修改】|【实体编辑】|【倾斜面】菜单命令。
- 单击【实体编辑】工具栏中的【倾斜面】按钮🔲。

2. 倾斜面操作

调用【倾斜面】命令后，选择要倾斜的面，然后指定倾斜轴的两个轴点以及倾斜角度即可，具体操作步骤如下。

step 01　打开"素材\Ch12\倾斜面.dwg"文件，单击【常用】选项卡|【实体编辑】面板|【倾斜面】按钮🔲，根据命令行提示，选择要倾斜的面，按 Enter 键，如图 12-67 所示。

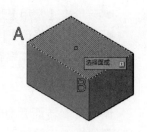

图 12-67　选择要倾斜的面

step 02　捕捉 A 点作为倾斜轴的轴点，捕捉 B 点作为第二个点，如图 12-68 所示。

step 03　输入倾斜角度为 20，按 Enter 键，如图 12-69 所示。

step 04　按 Esc 键结束命令，即完成倾斜面的操作，效果如图 12-70 所示。

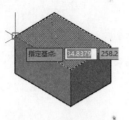

图 12-68　指定倾斜轴

图 12-69　输入倾斜角度

图 12-70　倾斜面的效果

12.3.8　着色面

着色面是指修改三维实体上选定面的颜色，从而使选定面区别显示。

1. 命令调用方法

- 单击【常用】选项卡|【实体编辑】面板|【着色面】按钮。
- 选择【修改】|【实体编辑】|【着色面】菜单命令。
- 单击【实体编辑】工具栏中的【着色面】按钮。

2. 着色面操作

着色面的操作与着色边类似，根据命令行提示选择要着色的面后，将打开【选择颜色】对话框，如图 12-71 所示。在其中选择颜色后，单击【确定】按钮，即完成着色面的操作，效果如图 12-72 所示。具体步骤可参考 12.2.3 节，这里不再赘述。

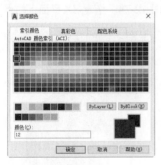

图 12-71　【选择颜色】对话框

图 12-72　着色面的效果

12.4　其他编辑操作

系统还提供了剖切、抽壳、干涉等编辑命令，利用这些命令，可以创建更为复杂的三维模型。

12.4.1　剖切

剖切操作是指定一个剖切平面，将三维实体对象切成两半，被切开的实体的两个部分可以保留一侧，也可以都保留。

1. 命令调用方法

- 单击【常用】选项卡 | 【实体编辑】面板 | 【剖切】按钮 。
- 选择【修改】| 【三维操作】| 【剖切】菜单命令。
- 在命令行输入 "slice" 命令，并按 Enter 键。

2. 剖切操作

使用【剖切】命令时，用户需要指定剖切平面，AutoCAD 提供了多种方法用于定义该平面，包括指定三点确定、选择与 ZX(或 XY、YZ)平行的面或选择某个曲面等方法，具体操作步骤如下。

step 01 打开 "素材\Ch12\剖切.dwg" 文件，如图 12-73 所示。

step 02 单击【常用】选项卡 | 【实体编辑】面板 | 【剖切】按钮 ，选择要剖切的对象后，在命令行输入命令 "ZX"，然后捕捉圆心作为 ZX 平面上的点，如图 12-74 所示。

图 12-73　素材文件

图 12-74　指定 ZX 平面上的点

step 03 在实体对象右侧任意位置处单击，表示剖切后保留右侧的实体，如图 12-75 所示。

step 04 即完成剖切操作，效果如图 12-76 所示。

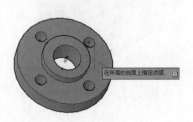

图 12-75　在右侧任意位置处单击

图 12-76　剖切后的效果

命令行提示如下：

```
命令：_slice                                              //调用【剖切】命令
选择要剖切的对象：找到 1 个                                //选择要剖切的对象
选择要剖切的对象：                                        //按 Enter 键确认
指定切面的起点或 [平面对象(O)/曲面(S)/z 轴(Z)/视图(V)/xy(XY)/yz(YZ)/zx(ZX)/三点
(3)] <三点>：ZX                                          //输入命令 "ZX"
指定 ZX 平面上的点 <0,0,0>：                              //捕捉圆心
在所需的侧面上指定点或 [保留两个侧面(B)] <保留两个侧面>：  //在实体对象右侧单击
```

3. 选项说明

- 平面对象：选择圆、椭圆、圆弧、二维多线段等对象作为剖切平面。注意，选定的对象需要与剖切对象相交。
- 曲面：选择曲面作为剖切平面。
- Z轴：通过指定平面上的一点和 Z 轴上的一点来确定剖切平面。
- 视图：指定当前视口的视图平面作为剖切平面。
- XY/YZ/ZX：设置与当前 UCS 的 XY、YZ 和 ZX 平面平行的面作为剖切平面。
- 三点：指定三点来确定剖切平面。

12.4.2　抽壳

抽壳操作可以将实体保留一定的厚度，而将实体内部抽空，从而形成一个壳体。执行该操作时，若选择删除某些面，则可以生成开放壳体。

1. 命令调用方法

- 单击【常用】选项卡 |【实体编辑】面板 |【抽壳】按钮 。
- 选择【修改】|【实体编辑】|【抽壳】菜单命令。
- 在命令行输入"solidedit"命令，按 Enter 键后，在命令行中依次选择【体】选项和【抽壳】选项。

2. 抽壳操作

调用【抽壳】命令时，可根据需要选择是否删除面，然后设置偏移距离即可，具体操作步骤如下。

step 01　打开"素材\Ch12\抽壳.dwg"文件，如图 12-77 所示。

step 02　单击【常用】选项卡 |【实体编辑】面板 |【抽壳】按钮 ，选择要抽壳的对象，然后选择上方的圆面作为要删除的面，如图 12-78 所示。

图 12-77　素材文件

图 12-78　选择圆面作为要删除的面

step 03　输入偏移距离为 1，按 Enter 键确认，如图 12-79 所示。

提示　　　若偏移距离为正值，那么将从实体外侧向右生成厚度。反之，若为负值，则由内向外生成厚度。

step 04　按 Esc 键结束命令，抽壳效果如图 12-80 所示。

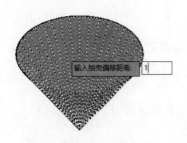

图 12-79　输入偏移距离

图 12-80　抽壳后的效果

命令行提示如下：

```
命令：_solidedit                                    //调用实体编辑命令
实体编辑自动检查：SOLIDCHECK=1
输入实体编辑选项 [面(F)/边(E)/体(B)/放弃(U)/退出(X)] <退出>：_body
输入体编辑选项
[压印(I)/分割实体(P)/抽壳(S)/清除(L)/检查(C)/放弃(U)/退出(X)] <退出>：_shell
选择三维实体：                                      //选择要抽壳的对象
删除面或 [放弃(U)/添加(A)/全部(ALL)]：找到一个面，已删除 1 个。    //删除上方的圆面
删除面或 [放弃(U)/添加(A)/全部(ALL)]：                //按 Enter 键确认
输入抽壳偏移距离：1                                  //输入偏移距离为1
已开始实体校验。
已完成实体校验。
输入体编辑选项
[压印(I)/分割实体(P)/抽壳(S)/清除(L)/检查(C)/放弃(U)/退出(X)] <退出>：*取消*
//按 Esc 键结束命令
```

12.4.3　干涉

干涉是指对两组对象进行干涉检查操作，并用两组对象的交集生成一个新对象。

1. 命令调用方法

● 单击【常用】选项卡|【实体编辑】面板|【干涉】按钮。
● 选择【修改】|【三维操作】|【干涉检查】菜单命令。
● 在命令行输入"interfere"命令，按 Enter 键。

2. 干涉操作

调用【干涉】命令时，只需选择两组对象即可，具体操作步骤如下。

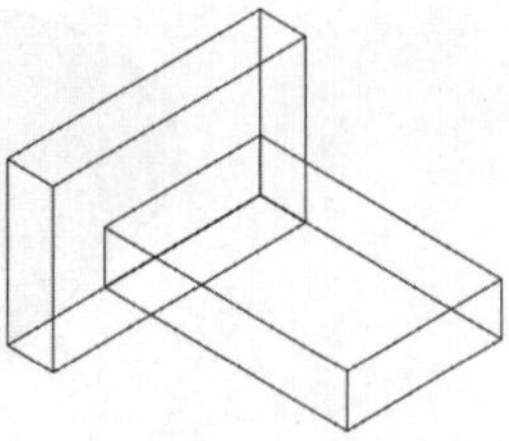

step 01 打开"素材\Ch12\干涉.dwg"文件，如图 12-81 所示。

图 12-81　素材文件

step 02 单击【常用】选项卡|【实体编辑】面板|【干涉】按钮，选择其中一个对象，按 Enter 键确认，然后选择第二个对象，再次按 Enter 键，将打开【干涉检查】对话框，在其中可查看检查结果，如图 12-82 所示。

step 03 此时两组对象的重合部分将高亮显示，效果如图 12-83 所示。

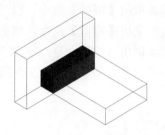

图 12-82 【干涉检查】对话框　　　图 12-83 重合部分将高亮显示

12.5 综合实战——绘制雨伞

本例将结合所学知识，使用【矩形】、【直线】、【拉伸】、【放样】、【圆角边】、【修剪】等命令绘制雨伞。注意，在绘制时需灵活使用三维用户坐标系，具体操作步骤如下。

step 01 绘制伞面。新建一个空白文件，将工作空间设置为【三维建模】，调用【多边形】命令，绘制半径为 50 的八边形，然后调用【直线】命令，绘制直线连接八边形两个端点，如图 12-84 所示。

step 02 将视图设置为【西南等轴测】，将【视觉样式】设置为【概念】，调用 UCS 命令，绕 X 轴旋转 90 度，然后以多边形中点为起点，绘制长度为 20 的直线，如图 12-85 所示。命令行提示如下：

```
命令：UCS                          //调用 UCS 命令
当前 UCS 名称：*世界*
指定 UCS 的原点或 [面(F)/命名(NA)/对象(OB)/上一个(P)/视图(V)/世界(W)/X/Y/Z/Z 轴
(ZA)] <世界>：x                    //输入命令"x"
指定绕 X 轴的旋转角度 <90>：90      //输入旋转角度为 90
```

step 03 继续调用 UCS 命令，捕捉多边形中点为原点，捕捉 A 点为 X 轴上的点，捕捉 B 点为 XY 平面上的点，重新定义 UCS 坐标，如图 12-86 所示。命令行提示如下：

```
命令：UCS                          //调用 UCS 命令
当前 UCS 名称：*没有名称*
指定 UCS 的原点或 [面(F)/命名(NA)/对象(OB)/上一个(P)/视图(V)/世界(W)/X/Y/Z/Z 轴
(ZA)] <世界>：                     //捕捉多边形中点为原点
指定 X 轴上的点或 <接受>：          //捕捉 A 点
指定 XY 平面上的点或 <接受>：       //捕捉 B 点
```

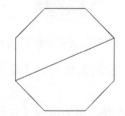
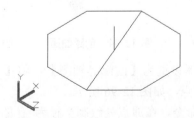
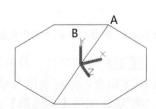

图 12-84 绘制八边形的直线　图 12-85 定义 UCS 并绘制直线　图 12-86 重新定义 UCS 坐标

step 04 调用【圆弧】命令，以三点法绘制圆弧，效果如图 12-87 所示。

step 05 调用【修剪】命令，修剪圆弧，使其保留一半，效果如图 12-88 所示。

step 06 调用 UCS 命令，绕 X 轴旋转-90 度，调用【旋转】命令，对圆弧进行旋转操作，并保留原对象，效果如图 12-89 所示。

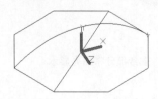 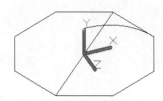 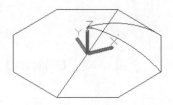

图 12-87　以三点法绘制圆弧　　　　图 12-88　修剪圆弧　　　　图 12-89　对圆弧进行旋转

step 07 将视图设置为【俯视】，调用【圆】命令，绘制多边形的外接圆，如图 12-90 所示。

step 08 调用【修剪】命令，修剪圆，使其只保留一扇圆弧，如图 12-91 所示。

step 09 调用【镜像】命令，对圆弧进行镜像操作，并删除原对象，如图 12-92 所示。

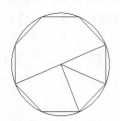 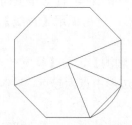 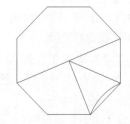

图 12-90　绘制多边形的外接圆　　　图 12-91　修剪圆　　　　图 12-92　对圆弧进行镜像

step 10 调用【打断于点】命令，在圆弧任意位置处单击，将圆弧打断为两个对象，如图 12-93 所示。

step 11 调用【边界网格】命令，以 4 段圆弧为边，创建曲面，如图 12-94 所示。

step 12 调用【环形阵列】命令，将创建的曲面阵列为 8 个，如图 12-95 所示。

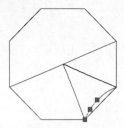  

图 12-93　将圆弧打断为两个对象　　　图 12-94　创建曲面　　　图 12-95　将创建的曲面阵列为 8 个

step 13 绘制伞杆。将视图设置为【西南等轴测】，将【视觉样式】设置为【隐藏】，调用 UCS 命令，指定伞顶为原点，如图 12-96 所示。

step 14 调用【多边形】命令，在原点处绘制半径为 1 的六边形，然后调用【拉伸】命令，设置拉伸距离为 75，向下拉伸，创建多边体作为伞杆，如图 12-97 所示。

step 15 绘制伞柄。将【视觉样式】设置为【二维线框】，调用【直线】命令，绘制一条直线连接多边体底部两端点，调用 UCS 命令，指定直线中心为原点，然后调用【圆】命令，绘制半径为 2 的圆，如图 12-98 所示。

  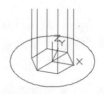

图 12-96　指定伞顶为原点　　图 12-97　创建多边体作为伞杆　　图 12-98　定义 UCS 并绘制圆

step 16 调用【拉伸】命令，设置拉伸距离为 3，对圆进行拉伸操作，创建圆柱体，如图 12-99 所示。

step 17 调用【圆角边】命令，设置半径为 1.5，对圆柱体底面倒圆角，效果如图 12-100 所示。

step 18 绘制伞顶。调用 UCS 命令，指定伞顶为原点，定义多边体顶面为 XY 平面，然后调用【多边形】命令，绘制三个半径分别为 1、0.7 和 0.4 的六边形，其中底部六边形与多边体顶面重合，如图 12-101 所示。

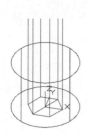  

图 12-99　对圆进行拉伸　　图 12-100　对圆柱体底面倒圆角　　图 12-101　绘制三个六边形

step 19 调用【放样】命令，依次选择 3 个六边形，创建三维实体作为伞顶，如图 12-102 所示。

step 20 调用【删除】命令，删除步骤 1 中创建的八边形。至此，即完成雨伞的绘制，将【视觉样式】设置为【概念】，效果如图 12-103 所示。

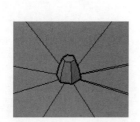 

图 12-102　创建三维实体作为伞顶　　　　　　图 12-103　雨伞

12.6 高手甜点

甜点 1：剖切实体时，如何保留剖切后的两个侧面？

答： 在执行剖切操作时，默认只保留所选中的侧面，若要保留两个侧面，当命令行提示"在所需的侧面上指定点或 [保留两个侧面(B)] <保留两个侧面>"时，输入命令"B"，即可保留剖切后的两个侧面。

甜点 2：如何提高/降低网格的平滑度？

答： 网格由多个细分或镶嵌的网格面所组成，如果提高平滑度，镶嵌面数相应地会增加，从而生成更加平滑的效果。选择【修改】|【网格编辑】|【提高平滑度】或【降低平滑度】菜单命令，即可提高/降低网格的平滑度。

第 13 章　三维材质和图形渲染

虽然设置模型的视觉样式可以较为直观、形象地展示其整体效果，但其真实感并不能令人满意。为了模拟真实环境，创建更为逼真的模型效果，用户可以为三维模型赋予材质属性、添加和调整各种光源，使用【渲染】命令对其进行渲染，从而得到满意的效果图。

本章学习目标(已掌握的在方框中打钩)

□　了解材质的基础知识。
□　熟悉创建材质的方法。
□　掌握附着材质的方法。
□　熟悉光源的类型。
□　掌握创建光源的方法。
□　掌握设置渲染环境的方法。
□　掌握渲染出图的方法。

重点案例效果

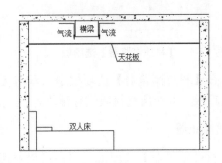

13.1　材　　质

为三维模型赋予不同的材质类型和参数，可以使其具有极为真实的视觉效果。AutoCAD提供了多种类型的材质，用户可以根据需要进行选择。

13.1.1　认识材质

为对象附着材质前，首先应认识【材质浏览器】和【材质编辑器】两个选项板。

1. 材质浏览器

利用【材质浏览器】选项板，用户可以查看并为三维模型附着 AutoCAD 提供的所有材质。打开此选项板的方法主要有以下几种。

● 单击【可视化】选项卡|【材质】面板|【材质浏览器】按钮⊗。

- 选择【视图】|【渲染】|【材质浏览器】菜单命令。
- 在命令行中输入"matbrowseropen/mat"命令并按 Enter 键。

执行上述任一操作，均可打开【材质浏览器】选项板，如图 13-1 所示。该选项板由【文档材质】和【Autodesk 库】两部分组成。【文档材质】列表中显示了当前文档中所有使用的材质，下方的【Autodesk 库】中列出了当前所有可用的材质。在其左侧展开【Autodesk 库】选项，在下方会列出材质类型，选择某一类型，右侧就会显示相应的材质库，如图 13-2 所示。

图 13-1　【材质浏览器】选项板

图 13-2　右侧显示相应的材质库

此外，在【材质浏览器】选项板中，双击【Autodesk 库】中的某一材质，可打开【材质编辑器】选项板，并对所选材质进行编辑。

2. 材质编辑器

通过【材质编辑器】选项板，用户可以对所选材质进行编辑。打开此选项板主要有以下几种方法。

- 单击【可视化】选项卡 |【材质】面板右下角的【材质编辑器】按钮。
- 选择【视图】|【渲染】|【材质编辑器】菜单命令。
- 在命令行中输入"mateditoropen"命令并按 Enter 键。

执行上述任一操作，均可打开【材质编辑器】选项板，默认显示为 Global 材质，如图 13-3 所示。该选项板包括【外观】和【信息】两个选项卡，在【外观】选项卡中可编辑材质的光泽度、反射率、透明度、浮雕图案等外观，在【信息】选项卡中可设置材质的名称、说明、关键字等信息，如图 13-4 所示。

单击左下角的【创建或复制材质】按钮，可新建材质。单击其右侧的按钮，可打开【材质浏览器】选项板。

图 13-3　【材质编辑器】选项板

图 13-4　【信息】选项卡

对于不同类型的材质，其【外观】选项卡中的选项也不尽相同。下面主要介绍 Global 这一常规材质的相关选项。

- 常规：设置材质的常规特性，如颜色、图像等。
- 反射率：选中其左侧的复选框，可展开该项，在其中可设置材质的反射特性，即设置表面直接面向相机时以及成某一角度时材质所反射的光线数量，如图 13-5 所示。
- 透明度：设置材质的透明度特性。注意，完全不透明的实体对象不允许光穿过其表面。
- 自发光：设置材质的自发光特性。当数值大于 0 时，可使对象自身显示为发光，而不依赖于光源。
- 凹凸：设置材质的凹凸特性。即设置已指定凹凸填充图案的相对高度。当数值为 0 时，表示平面表面，大于 0 时，可增加不规则表面的高度。
- 染色：指定一种颜色，从而为材质外观着色。

在下方编辑相关选项后，在上方可预览效果。此外，单击右下角的按钮，在弹出的下拉列表中可对材质的场景、环境等进行设置，如图 13-6 所示。

图 13-5　选中【反射率】复选框

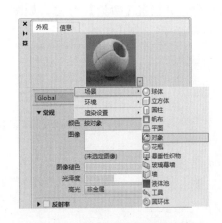

图 13-6　单击预览图右下角的按钮

13.1.2 创建材质

无论是【材质浏览器】还是【材质编辑器】选项板，左下角均有 按钮，单击该按钮，即可根据需要新建材质。注意，在创建材质时，用户可选择以现有材质为基础创建材质，也可选择新建常规材质。创建材质的具体操作步骤如下。

step 01 选择【视图】|【渲染】|【材质编辑器】菜单命令，打开【材质编辑器】选项板，单击左下角的【创建或复制材质】按钮 ，在弹出的列表中选择【新建常规材质】选项，如图 13-7 所示。

step 02 即可新建一个空白的常规材质，在【外观】选项卡下单击【常规】组中的【图像】框，如图 13-8 所示。

图 13-7 选择【新建常规材质】选项

图 13-8 单击【图像】框

step 03 打开【材质编辑器打开文件】对话框，在计算机中找到要添加的图像，单击【打开】按钮，如图 13-9 所示。

step 04 返回至【材质编辑器】选项板，在下方设置【光泽度】为 70，然后选中【透明度】复选框，并设置【数量】为35，如图 13-10 所示。

图 13-9 【材质编辑器打开文件】对话框

图 13-10 设置光泽度和透明度

step 05 单击【常规】组中添加的图像,打开【纹理编辑器-COLOR】选项板,在其中设置图像的偏移量以及比例。设置完成后,单击左上角的【关闭】按钮✖,如图 13-11 所示。

step 06 返回至【材质编辑器】选项板,切换至【信息】选项卡,在【名称】文本框中输入材质的名称,如图 13-12 所示。

step 07 至此,即完成创建材质的操作,打开【材质浏览器】选项板,在其中可以发现,【文档材质】列表中已添加了所创建的材质,效果如图 13-13 所示。

图 13-11 【纹理编辑器-COLOR】选项板

图 13-12 设置材质的名称

图 13-13 【材质浏览器】选项板

13.1.3 附着材质

创建材质后,用户可以将材质附着至三维模型上,具体操作步骤如下。

step 01 接上一小节的操作,绘制一个长方体,将视觉样式设置为【真实】,如图 13-14 所示。

step 02 在【材质浏览器】选项板中选中创建的材质,将其拖动到长方体上,即可附着该材质,效果如图 13-15 所示。

提示 选中长方体,然后在【材质浏览器】选项板的某材质上单击鼠标右键,在弹出的快捷菜单中选择【指定给当前选择】菜单命令,同样可为长方体附着所选材质,如图 13-16 所示。

图 13-14 绘制长方体

图 13-15 为长方体附着材质

图 13-16 选择【指定给当前选择】菜单命令

13.1.4　设置材质贴图

为对象或面附着带纹理的材质后，可调整对象或面上纹理贴图的方向，使之更加适合对象。AutoCAD 提供了 4 种类型的材质贴图：平面贴图、长方体贴图、柱面贴图和球面贴图。用户主要有以下两种方法来设置材质贴图。

- 单击【可视化】选项卡|【材质】面板|【材质贴图】按钮右侧的下拉按钮，在弹出的下拉列表中选择。
- 选择【视图】|【渲染】|【贴图】子菜单中的命令，如图 13-17 所示。

图 13-17　在【贴图】的子菜单命令中选择材质贴图

4 种类型的材质贴图说明如下。

- 平面贴图：将图像映射到对象上，虽然图像会被缩放以适应对象，但并不会失真。该贴图最常用于面。
- 长方体贴图：将图像映射到类似长方体的实体上。为对象指定该类型后，在对象上将显示出长方体的线框。
- 柱面贴图：将图像映射到圆柱形对象上，水平边将一起弯曲，但顶边和底边不会弯曲，图像的高度将沿圆柱体的轴进行缩放。
- 球面贴图：在物体表面的水平和垂直两个方向同时使图像弯曲。纹理贴图的顶边在球体的"北极"压缩为一个点。同理，底边在"南极"压缩为一个点。

13.2　光　　源

为三维模型添加光源和光线效果，可以为整个场景提供照明，从而使模型呈现出更为真实的效果。

13.2.1　光源的类型

不同的灯光布置可以模拟出不同的效果，如反射效果、阴影效果、室外日光效果、人工照明的客厅以及昏暗的歌厅效果等。AutoCAD 提供了 4 种类型的光源：点光源、聚光灯、平行光以及光域网灯光。

1. 点光源

点光源是从某一点向四周发射的光源，与灯泡发出的光类似，使用点光源可以获得基本的照明效果，如图 13-18 所示。

2. 聚光灯

聚光灯可以发射定向锥形光，与闪光灯发出的光类似。用户可以用聚光灯亮显模型中的特定特征和区域，如图 13-19 所示。

在创建聚光灯时，与点光源相比，还需设置聚光角和照射角两个参数。

3. 平行光

平行光是仅向一个方向发射统一的平行光光线。平行光的强度并不随距离而衰减，对于每个照射面，其亮度都是相同的。

在创建平行光时，只需指定光源来向和去向，即可定义平行光的方向。

4. 光域网灯光

光域网灯光是光源的光强度分布的三维表示，可用于表示各方向光的光分布，此分布来源于现实中的光源制造商提供的数据。与聚光灯和点光源相比，可以提供更加精确的渲染光源表示，如图 13-20 所示。

图 13-18　点光源　　　　图 13-19　聚光灯　　　　图 13-20　平行光

在创建光域网灯光时，与点光源相比，还需设置光域网参数。

13.2.2　创建光源

对于 4 种类型的光源，调用光源命令后，均需要设置光源位置、名称、强度、状态、衰减、颜色等基础参数。此外，聚光灯和光域网灯光还需设置其他参数。

1. 命令调用方法

● 单击【可视化】选项卡|【光源】面板|【创建光源】按钮的下拉按钮，在弹出的下拉列表中选择光源类型，如图 13-21 所示。

● 选择【视图】|【渲染】|【光源】子菜单中的命令，如图 13-22 所示。

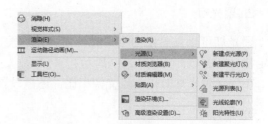

图 13-21 【创建光源】下拉列表   图 13-22 【光源】子菜单命令

2. 创建光源

下面以创建聚光灯为例进行介绍，具体操作步骤如下。

step 01 打开"素材\Ch13\光源.dwg"文件，如图 13-23 所示。

step 02 选择【视图】|【渲染】|【光源】|【新建聚光灯】菜单命令，打开【光源-视口光源模式】对话框，选择【关闭默认光源(建议)】选项，如图 13-24 所示。

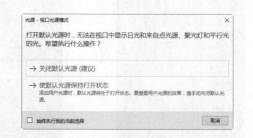

图 13-23 素材文件   图 13-24 【光源-视口光源模式】对话框

step 03 根据命令行提示，指定聚光灯的源位置，如图 13-25 所示。

step 04 拖动鼠标指定聚光灯的目标位置，如图 13-26 所示。

图 13-25 指定聚光灯的源位置   图 13-26 指定聚光灯的目标位置

step 05 此时将打开【输入要更改的选项】列表，在其中可选择相关参数进行设置，这里保留默认参数，直接按 Enter 键退出命令，如图 13-27 所示。

step 06　即可创建聚光灯，效果如图 13-28 所示。

提示　　选中聚光灯，拖动各夹点可调整其聚光角和照射角，如图 13-29 所示。

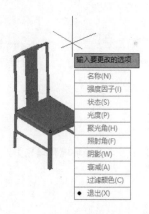

图 13-27　【输入要更改的选项】列表

图 13-28　创建聚光灯

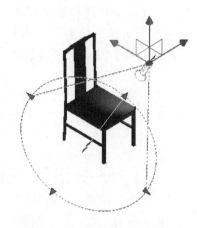

图 13-29　调整聚光角和照射角

命令行提示如下：

```
命令: _spotlight                                    //调用【聚光灯】命令
指定源位置 <0,0,0>:                                 //指定聚光灯的源位置
指定目标位置 <0,0,-10>:                             //指定聚光灯的目标位置
输入要更改的选项 [名称(N)/强度因子(I)/状态(S)/光度(P)/聚光角(H)/照射角(F)/阴影(W)/衰
减(A)/过滤颜色(C)/退出(X)] <退出>:                  //按 Enter 键退出命令
```

3. 选项说明

- 名称：设置光源的名称。
- 强度因子：设置光源的强度或亮度。默认值为 1，值越大，光源越亮。
- 状态：设置光源的"开"和"关"两种状态，以打开或关闭光源。
- 光度：选择该项，可设置光照的强度和颜色。
- 聚光角：指定最亮光锥的角度，此区域内光照最强，衰减较小。该项仅适用于聚光灯。
- 照射角：指定完整光锥的角度。该项同样仅适用于聚光灯。
- 阴影：设置阴影的类型，系统提供有 4 个选项，分别是关、强烈、已映射柔和、已采样柔和。
- 衰减：设置衰减的类型，衰减是指随着与光源距离的增加，光线强度逐渐减弱的方式。
- 过滤颜色：设置光源的颜色。

13.3　渲　　染

渲染是建立三维模型的最后一道工序，它使用已设置的光源、已应用的材质，为场景中的图形着色，使其效果更为真实。

13.3.1 设置渲染环境

在【渲染环境和曝光】选项板中，用户可以设置渲染时基于图像的照明、渲染背景、色调等。选择【视图】|【渲染】|【渲染环境】菜单命令，即可打开此选项板，如图 13-30 所示。

【渲染环境和曝光】选项板主要选项说明如下。

- 环境：设置启用/禁用渲染环境。默认为禁用状态。
- 基于图像的照明：设置渲染时基于图像的照明样式，包括广场、雪地、锐化高光、边缘高光、冷光、暖光等样式。

图 13-30 【渲染环境和曝光】选项板

- 旋转：设置基于图像的照明环境绕场景的 Z 轴旋转。
- 使用 IBL 图像作为背景/使用自定义背景：设置渲染后的背景颜色。选中【使用自定义背景】单选按钮，单击右侧的【背景】按钮，将打开【基于图像的照明背景】对话框，在其中可设置背景颜色为纯色、渐变色或图像。
- 曝光：设置场景的亮度和暗度。
- 白平衡：设置将冷/暖色调应用到场景中。冷色调会产生蓝色光，而暖色调会产生黄色或红色光。

13.3.2 渲染预设管理器

【渲染预设管理器】选项板包含渲染器所有主要的控件，在其中可以设置渲染位置、渲染大小、渲染持续时间、渲染精确性等，如图 13-31 所示。打开此选项板主要有以下几种方法。

- 选择【视图】|【渲染】|【高级渲染设置】菜单命令。
- 单击【可视化】选项卡|【渲染】面板右下角的 ⌐ 按钮。

【渲染预设管理器】选项板主要选项说明如下。

图 13-31 【渲染预设管理器】选项板

- 渲染位置：指定渲染器显示渲染图像的位置。

  【窗口】选项(默认)表示将当前视图渲染到【渲染】窗口中；【视口】选项表示在当前视口中渲染当前视图；【面域】选项表示在当前视口中渲染指定区域。

- 渲染大小：指定渲染图像的输出尺寸和分辨率。注意，只有将【渲染位置】设置为【窗口】时，该选项才可用。
- 当前预设：指定渲染时要使用的渲染预设。单击其右侧的【创建副本】按钮 ⚙，可以创建选定预设的副本。

- 预设信息：显示所选定的渲染预设的名称和说明。
- 渲染持续时间：控制渲染执行的级别数或时间。增加时间或级别数可提高渲染图像的质量。
- 渲染精确性：指定用于渲染图像的光源和材质计算的准确度。包括【低】、【草稿】和【高】3个选项。

13.3.3　渲染出图

为三维模型设置材质、光源、渲染环境以及级别等内容后，最后一步就是执行【渲染】命令，对其进行渲染，并可根据需要将结果保存为图片文件。

1. 命令调用方法

- 单击【可视化】选项卡|【渲染】面板|【渲染】按钮 。
- 选择【视图】|【渲染】|【渲染】菜单命令。
- 单击【渲染】工具栏中的【渲染】按钮 。
- 在命令行输入"render/rr"命令，并按 Enter 键。

2. 渲染出图

渲染的具体操作步骤如下。

step 01 打开"素材\Ch13\渲染.dwg"文件，该图形已设置了材质、光源、渲染环境等因素，如图 13-32 所示。

step 02 单击【可视化】选项卡|【渲染】面板|【渲染】按钮 ，执行渲染操作。操作完成后，将打开【渲染】窗口，在其中显示了渲染后的图形，单击左上角的【保存】按钮 ，如图 13-33 所示。

图 13-32　素材文件

图 13-33　【渲染】窗口

step 03 打开【渲染输出文件】对话框，在其中设置渲染图形的存储路径、名称及文件类型，单击【保存】按钮，如图 13-34 所示。

step 04 打开【PNG 图像选项】对话框，在其中设置图像的颜色后，单击【确定】按钮，即完成渲染操作，并将渲染图像保存为图片格式，如图 13-35 所示。

图 13-34　【渲染输出文件】对话框　　　　　图 13-35　【PNG 图像选项】对话框

13.4　综合实战——创建并渲染螺钉

本例将结合所学知识，利用【多线段】、【圆】、【旋转】、【拉伸】等命令创建螺钉，并为其附着材质、添加光源，从而营造出真实效果，具体操作步骤如下。

step 01　新建一个空白文件，将工作空间设置为【三维建模】，调用【多线段】和【阵列】命令，绘制螺纹平面图，如图 13-36 所示。

step 02　调用【分解】命令，分解平面图，然后调用【面域】命令，使其组成一个面域，如图 13-37 所示。

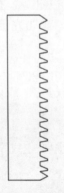

图 13-36　绘制螺纹平面图　　　　　图 13-37　分解平面图并创建面域

step 03　将视图设置为【西南等轴测】，调用【旋转】命令，设置旋转角度为 360 度，对平面图进行旋转，形成螺纹，如图 13-38 所示。

step 04　调用 UCS 命令，绕轴旋转 90 度，然后调用【圆】命令，在螺纹顶部绘制圆，如图 13-39 所示。

step 05　调用【拉伸】命令，对圆进行拉伸，形成圆柱体，如图 13-40 所示。

step 06　调用【多边形】命令，在圆柱体顶部绘制六边形，然后调用【拉伸】命令，对六边形进行拉伸，如图 13-41 所示。

step 07 至此，螺钉创建完成。将【视觉样式】设置为【概念】，观察效果，如图 13-42 所示。

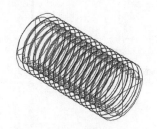

图 13-38　对平面图进行旋转

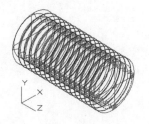

图 13-39　在螺纹顶部绘制圆

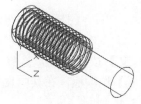

图 13-40　对圆进行拉伸

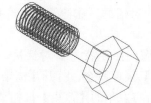

图 13-41　绘制六边形并对其进行拉伸

图 13-42　螺钉创建完成

step 08 选择【视图】|【渲染】|【材质浏览器】菜单命令，打开【材质浏览器】选项板，在下方材质库中选择【钢】材质，将其拖动到螺钉上，如图 13-43 所示。

step 09 即可为螺钉附着材质，将【视觉样式】设置为【真实】，效果如图 13-44 所示。

step 10 调用【聚光灯】命令，绘制聚光灯，如图 13-45 所示。

step 11 选择【视图】|【渲染】|【渲染环境】菜单命令，打开【渲染环境和曝光】选项板，将【环境】设置为【开】，选中【使用自定义背景】单选按钮，然后单击【背景】按钮，如图 13-46 所示。

step 12 打开【基于图像的照明背景】对话框，在【类型】下拉列表框中选择【图像】，单击【浏览】按钮，如图 13-47 所示。

图 13-43　【材质浏览器】选项板

图 13-44　为螺钉附着材质

图 13-45　绘制聚光灯

图 13-46　【渲染环境和曝光】选项板　　　图 13-47　【基于图像的照明背景】对话框

step 13　打开【选择文件】对话框，在计算机中选择背景图片，单击【打开】按钮，如图 13-48 所示。

step 14　返回至【基于图像的照明背景】对话框，单击【确定】按钮即可。选择【视图】|【渲染】|【高级渲染设置】菜单命令，打开【渲染预设管理器】选项板，在其中设置渲染位置和等级等参数，然后单击右上角的【渲染】按钮，如图 13-49 所示。

图 13-48　【选择文件】对话框　　　图 13-49　【渲染预设管理器】选项板

step 15　打开渲染窗口，在其中可查看最终效果，如图 13-50 所示。

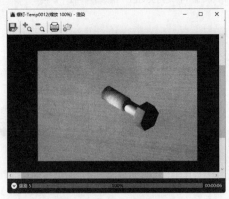

图 13-50　渲染窗口

13.5　高 手 甜 点

甜点 1：为何添加光源后无法得到满意的渲染效果？

答：在添加光源时，需要根据实际情况重新定义 UCS，否则若光源的位置放置不正确，可能无法得到满意的渲染效果。

甜点 2：简述渲染图形的过程。

答：渲染图形一般分为以下 4 步。

(1)　创建三维模型。

(2)　定义材质并为模型赋予材质。

(3)　创建光源以及阴影等效果。

(4)　设置渲染环境，渲染出图。

第4篇
行业综合案例

第 14 章 建筑设计综合案例

建筑设计是一项创造性很强的工作，它的最终成果可以图纸的形式形象和直观地表达出来，AutoCAD 技术与建筑设计的结合是计算机图形图像技术发展的必然结果。使用 AutoCAD 不仅能够将设计方案用规范、美观的建筑施工图表达出来，而且能有效地帮助设计人员提高设计水平及工作效率。

本章学习目标(已掌握的在方框中打钩)

☐　了解住宅室内平面设计的基础知识。

☐　掌握绘制住宅室内平面图的方法。

☐　了解办公空间室内设计的基础知识。

☐　掌握绘制办公空间建筑平面图的方法。

重点案例效果

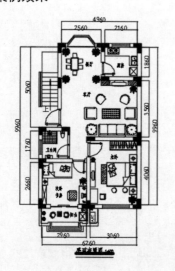
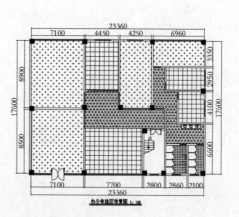

14.1　住宅室内平面设计概述

住宅平面是根据一定的投影原理及设计理念绘制的，其画法、识读、表达都有一定规定。本节主要介绍住宅平面图的绘制思路、设计内容以及绘制方法。

14.1.1　室内平面图的绘制思路与表述

室内平面图是假想用一水平的剖切面沿门窗洞位置将房屋剖切后，移去剖切线以上的部分，对剖切面以下部分所作的水平正投影图，又称为建筑平面图。它主要反映建筑物的平面形状、大小、内部布局、地面、门窗的具体位置和占地面积等情况。

剖切线的位置最好选择在每层门窗洞口的高度范围内，以便于绘制完整的室内平面布置图。

被剖切到的墙、柱、楼面、屋面、梁的断面轮廓线在平面布置图中用粗实线表示，其他未被剖切到但可见的配件的轮廓线，如门、地面分格、楼梯台阶灯、雨水管等，则用细实线来表示。

图 14-1 所示为绘制完成的别墅首层平面布置图。

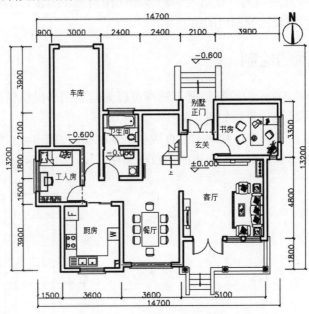

图 14-1 别墅首层平面布置图

14.1.2 室内平面图的设计内容

室内平面设计图具体包含以下内容。

- 绘图比例及图纸说明，还有指北针等。
- 墙体、柱子及定位轴线，室内房间的布局及门、窗、家具等。
- 室内家具、陈设、美化等的位置及图例代表符号。
- 室内地面的标高和房屋的开间、进深等。
- 室内立面图的投影符号，按顺时针方向从上到下在圆圈中进行编号。

14.1.3 室内平面图的绘制方法

室内平面图的绘制方法如下。

- 查看数据，绘制图纸定位轴线。
- 根据定位轴线绘制墙体和柱子。
- 确定门窗洞口的位置，绘制门窗。

- 根据室内功能绘制房间设施布置图。
- 绘制平面图总尺寸、轴线尺寸、门窗尺寸和标高标注及图名标注。最后在平面图上标明文字标注及绘图比例。

14.2 住宅室内平面图的绘制

本节以住宅平面布置图为例，介绍绘制户型平面图的操作方法，主要内容包含轴网、墙体、门窗、阳台以及附属设施等图形的绘制。

14.2.1 定位轴网的绘制

在绘制平面图之前，首先应绘制轴网，轴网可以为绘制图形提供精准定位，方便后续绘制图形。绘制轴网的具体操作步骤如下。

step 01 调用【直线】命令，绘制垂直直线和水平直线，如图 14-2 所示。

step 02 调用【偏移】命令，根据相应的数据偏移直线，如图 14-3 所示。

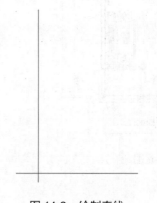
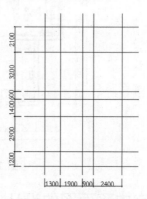

图 14-2 绘制直线　　　　　图 14-3 偏移直线

14.2.2 室内墙体的绘制

在绘制轴网的基础上绘制墙体，可以保证墙体的准确性，墙体是建筑物的主要构件，用于明确划分居室的开间和进深。绘制墙体的具体操作步骤如下。

step 01 执行【偏移】命令，设置偏移距离为 120，选择上一节绘制的轴线，分别向两侧偏移，如图 14-4 所示。

step 02 调用【删除】命令，删除绘制的轴线，如图 14-5 所示。

step 03 调用【直线】命令，绘制直线；调用【修剪】命令，修剪墙体，如图 14-6 所示。

step 04 调用【直线】命令，绘制直线和隔墙，完善墙体图形，如图 14-7 所示。

step 05 绘制结构柱和承重墙。调用【直线】命令，绘制直线；调用【偏移】命令，偏移直线，如图 14-8 所示。

step 06 调用【图案填充】命令，在命令行输入"t"命令，打开【图案填充和渐变色】对话框，设置图案的填充比例为1，如图 14-9 所示。

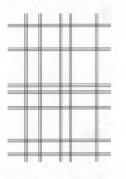

图 14-4 偏移轴线

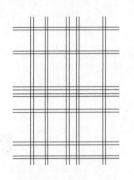

图 14-5 删除轴线

图 14-6 绘制主要墙体

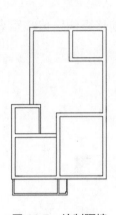

图 14-7 绘制隔墙

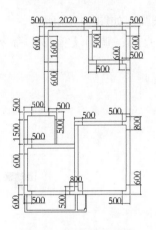

图 14-8 绘制承重墙

图 14-9 【图案填充和渐变色】对话框

step 07 填充承重墙。在弹出的【图案填充和渐变色】对话框中，单击【边界】功能区中的【添加：拾取点】按钮，在绘图区域点取添加拾取点，按 Enter 键即可完成图案填充操作，如图 14-10 所示。

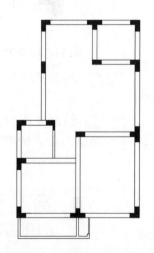

图 14-10 承重墙体填充结果

14.2.3 室内门窗的绘制

门窗是建筑物的主要构件之一，兼具通风和采光的功能，首先要确定门窗洞的具体位置，然后绘制居室的门窗。

绘制门窗的具体操作步骤如下。

step 01 绘制门窗洞。调用【直线】命令，绘制直线；调用【修剪】命令，修剪多余的墙线，如图 14-11 所示。

step 02 绘制入户门。调用【矩形】命令，分别绘制尺寸为1000×100、925×50、150×40 的矩形；调用【直线】命令，绘制直线，如图 14-12 所示。

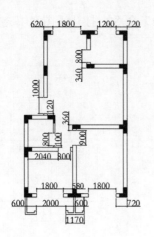

图 14-11　绘制门窗洞

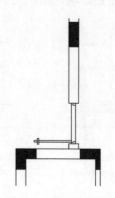

图 14-12　绘制入户门矩形

step 03 调用【圆弧】命令，绘制圆弧，如图 14-13 所示。

step 04 调用【直线】命令，绘制直线；调用【偏移】命令，偏移直线，偏移距离为 80，如图 14-14 所示。

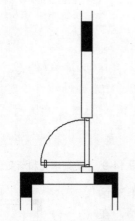

图 14-13　绘制入户门圆弧

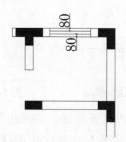

图 14-14　绘制平开窗

step 05 绘制推拉门。调用【矩形】命令，绘制尺寸为 750×50 的矩形，如图 14-15 所示。

step 06 绘制餐厅飘窗。调用【直线】命令，绘制直线；调用【偏移】命令，偏移直线，偏移距离为 60；调用【修剪】命令，修剪直线，如图 14-16 所示。

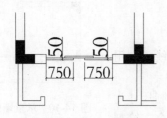

图 14-15　绘制推拉门

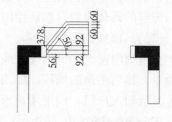

图 14-16　绘制部分飘窗

step 07 调用【镜像】命令，对部分飘窗图形执行镜像操作；调用【修剪】命令、【删除】命令，修剪和删除多余的直线，如图 14-17 所示。

step 08 绘制阳台飘窗。调用【直线】命令，绘制直线；调用【偏移】命令，偏移直线，偏移距离分别为 100 和 80，如图 14-18 所示。

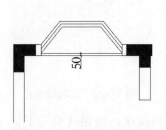

图 14-17　绘制餐厅飘窗和扶手

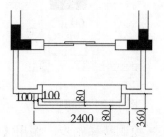

图 14-18　绘制阳台飘窗

step 09 绘制窗户扶手。调用【直线】命令，绘制直线；调用【偏移】命令，偏移直线，偏移距离均为 50，如图 14-19 所示。

step 10 重复上述步骤操作，绘制门窗图形，如图 14-20 所示。

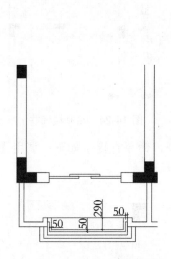

图 14-19　绘制阳台飘窗扶手

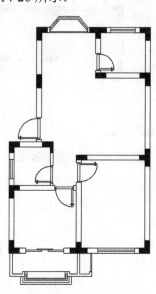

图 14-20　门窗绘制结果

14.2.4　室内空调位与楼梯踏步的绘制

附属设施包括空调位、楼梯踏步等、附属设施可以增加房屋室内的功能区域。

绘制附属设施的具体操作步骤如下。

step 01 绘制空调位。调用【矩形】命令，绘制尺寸为 700×300 的矩形，如图 14-21 所示。

step 02 绘制阳台和空调位处的排水孔，如图 14-22 所示。

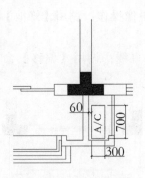

图 14-21　绘制空调位

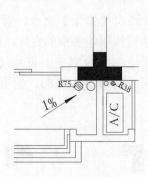

图 14-22　绘制排水孔

step 03　绘制楼梯踏步。调用【直线】命令，绘制直线；调用【偏移】命令，偏移直线，如图 14-23 所示。

step 04　绘制楼梯井。调用【矩形】命令，绘制尺寸为 2200×180 的矩形，如图 14-24 所示。

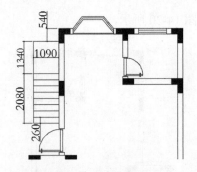

图 14-23　绘制楼梯踏步

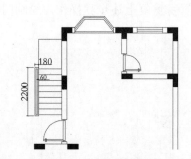

图 14-24　绘制楼梯井

step 05　绘制楼梯指示箭头。调用【多线段】命令，命令行提示如下；调用【文字】命令，在弹出的文字编辑图框中输入文字，如图 14-25 所示。

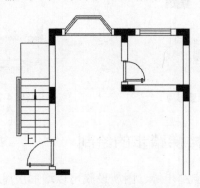

图 14-25　绘制楼梯指示箭头

```
命令：PLINE
指定起点：                           //指定多线段的起点
当前线宽为 0.0000
指定下一个点或 [圆弧(A)/半宽(H)/长度(L)/放弃(U)/宽度(W)]：//移动鼠标，单击指定第二点
```

```
指定起点宽度 <0.0000>:0                    //指定起点的宽度
指定端点宽度 <0.0000>: 50                  //指定端点的宽度
指定下一点或 [圆弧(A)/闭合(C)/半宽(H)/长度(L)/放弃(U)/宽度(W)]:
指定下一点或 [圆弧(A)/闭合(C)/半宽(H)/长度(L)/放弃(U)/宽度(W)]:
                                          //指定箭头的起点和端点，绘制箭头
```

step 06 添加图形尺寸标注。调用【线性标注】命令，对图形进行标注，如图 14-26 所示。

step 07 图形图名标注。调用【文字】命令，在弹出的文字编辑图框中输入文字；调用【直线】命令，在标注的文字下面绘制双下划线，将其中一条下划线的线宽设置为 0.4mm，如图 14-27 所示。

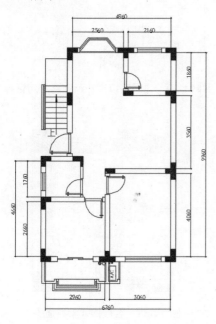

图 14-26　图形尺寸标注

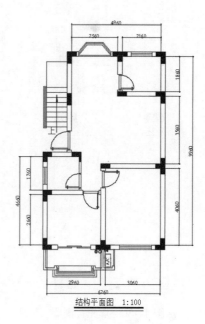

图 14-27　图形图名标注

14.2.5　客厅与阳台布置图的绘制

客厅和阳台通常相邻，客厅要满足会客、娱乐的需求，而阳台是室内空间的拓展，一般有悬挑式、嵌入式、转角式三种类型，其中又有全封闭和半封闭两种形式，是人们娱乐放松、呼吸新鲜空气、晾晒衣物、摆放盆栽的场所，其设计要遵循兼顾实用与美观的原则。

绘制客厅和阳台布置图的具体操作步骤如下。

step 01 绘制客厅背景墙。调用【直线】命令，绘制直线，如图 14-28 所示。

step 02 填充背景墙图案。调用【图案填充】命令，在命令行输入"t"命令，打开【图案填充和渐变色】对话框，设置图案的颜色、角度和比例，如图 14-29 所示。

step 03 在绘图区域点取添加拾取点，按 Enter 键即可完成图案填充操作，如图 14-30 所示。

step 04 客厅插入素材图块。按 Ctrl+O 组合键，打开"素材\Ch14\室内家具.dwg"文件，将其中的休闲桌椅、组合沙发、茶几、盆栽等图块复制、粘贴至当前图形中，如图 14-31 所示。

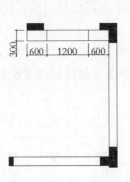

图 14-28　绘制背景墙

图 14-29　【图案填充和渐变色】对话框

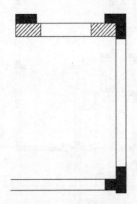

图 14-30　填充背景墙

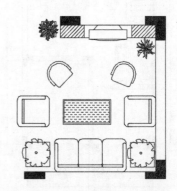

图 14-31　客厅插入素材图案

step 05　阳台插入素材图块。按 Ctrl+O 组合键，打开"素材\Ch14\室内家具.dwg"文件，将其中的休闲桌椅、洗衣机、盆栽等图块复制、粘贴至当前图形中，如图 14-32 所示。

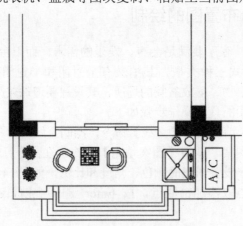

图 14-32　阳台插入素材图块

14.2.6 主卧室布置图的绘制

卧室的主要功能是休息，一般分为睡眠、梳妆、储藏三个区域，总的设计要求是实用、简洁、美观、舒适。

绘制卧室布置图的具体操作步骤如下。

step 01 绘制衣柜。调用【矩形】命令，绘制尺寸为 1800×600 的矩形，如图 14-33 所示。

step 02 绘制电视柜、书桌。调用【矩形】命令，分别绘制尺寸为 1600×300 和 900×450 的两个矩形，如图 14-34 所示。

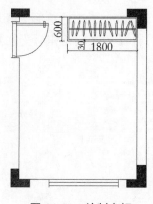

图 14-33 绘制衣柜

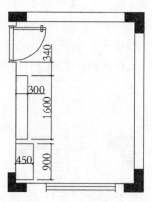

图 14-34 绘制电视柜、书桌

step 03 绘制卧室地毯。调用【矩形】命令，绘制尺寸为 1200×300 的矩形，填充背景墙图案。调用【图案填充】命令，在命令行输入"t"命令，打开【图案填充和渐变色】对话框，设置图案的颜色和比例，如图 14-35 所示。

step 04 卧室插入素材图块。按 Ctrl+O 组合键，打开"素材\Ch14\室内家具.dwg"文件，将其中的床、电视机、盆栽等图块复制、粘贴至当前图形中，如图 14-36 所示。

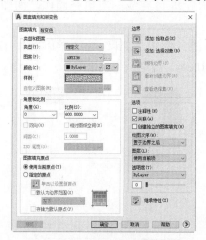

图 14-35 【图案填充和渐变色】对话框

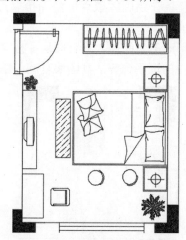

图 14-36 卧室插入素材图块

14.2.7 卫生间布置图的绘制

卫生间可以根据使用面积的大小合理布置相应的设施，以满足不同的使用要求。本例中卫生间的面积较小，因而仅配备了必需的设施。面积较大的卫生间可以增加其他使用物品，比如浴缸等。

绘制卫生间布置图的具体操作步骤如下。

step 01 绘制淋浴间和淋浴喷头。调用【矩形】命令，分别绘制尺寸为 1000×800 和 250×250 的矩形；调用【偏移】命令，向内偏移矩形，偏移距离为 20；调用【圆】命令，绘制半径为 85 的圆；调用【直线】命令，绘制直线，如图 14-37 所示。

step 02 填充淋浴间。调用【矩形】命令，绘制尺寸为 1200×300 的矩形；填充背景墙图案。调用【图案填充】命令，在命令行输入"t"命令，打开【图案填充和渐变色】对话框，设置图案的颜色和比例，如图 14-38 所示。

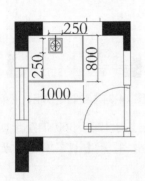

图 14-37 绘制淋浴间

图 14-38 【图案填充和渐变色】对话框

step 03 在绘图区域点取添加拾取点，按 Enter 键即可完成图案填充操作，如图 14-39 所示。

step 04 卫生间插入素材图块。按 Ctrl+O 组合键，打开"素材\Ch14\室内洁具.dwg"文件，将其中的洗手台等洁具图块复制、粘贴至当前图形中，如图 14-40 所示。

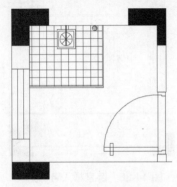

图 14-39 淋浴间填充结果

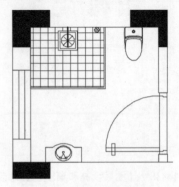

图 14-40 插入素材图块

14.2.8　次卧室和书房布置图的绘制

书房的主要功能是学习和工作。在房屋较小的情况下，卧室和书房可以布置在同一房屋内，这样不仅可以起到合理利用房屋空间的作用，也可以满足房屋使用需要有书房的要求。本例中房屋整体格局较小，所以把卧室和书房整合布置。

绘制次卧室和书房布置图的具体操作步骤如下。

step 01 绘制书架。调用【矩形】命令，绘制尺寸为 1200×300 的矩形；调用【直线】命令，绘制矩形的对角线，如图 14-41 所示。

step 02 绘制书桌。调用【矩形】命令，绘制尺寸为 900×500 的矩形；调用【偏移】命令，偏移矩形，如图 14-42 所示。

图 14-41　绘制书架

图 14-42　绘制书桌

step 03 卧室和书房插入素材图块。按 Ctrl+O 组合键，打开"素材\Ch14\室内家具.dwg"文件，将其中的床、椅子等图块复制、粘贴至当前图形中，如图 14-43 所示。

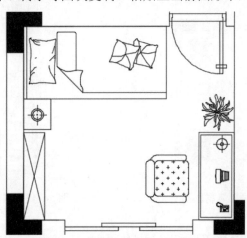

图 14-43　卧室和书房插入素材图案

14.2.9　餐厅和厨房布置图的绘制

餐厅和厨房在设计改造时要充分考虑到功能的互补性和位置的连贯性，以便合理利用房屋的空间和兼顾厨房的实用性。本例中的厨房面积较小，仅配备必需的厨房设施，面积较大的厨房可以增加其他使用物品，比如餐边柜、微波炉、盆栽等。

　　绘制餐厅和厨房布置图的具体操作步骤如下。

step 01 绘制橱柜台面线，用来布置燃气灶和洗菜池。调用【直线】命令，绘制直线；调用【修剪】命令，修剪多余的线条，如图 14-44 所示。

step 02 厨房插入素材图块。按 Ctrl+O 组合键，打开"素材\Ch14\室内洁具.dwg"文件，将其中的燃气灶、洗菜池、冰箱等图块复制、粘贴至当前图形中，如图 14-45 所示。

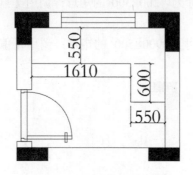

图 14-44　绘制橱柜台面线

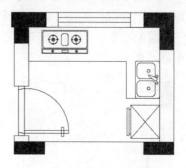

图 14-45　厨房插入素材图块

step 03 餐厅插入素材图块。按 Ctrl+O 组合键，打开"素材\Ch14\室内洁具.dwg"文件，将其中的燃气灶、洗菜池、冰箱等图块复制、粘贴至当前图形中，如图 14-46 所示。

step 04 根据上述绘制步骤和方法，绘制完成室内各功能区域的平面布置图，结果如图 14-47 所示。

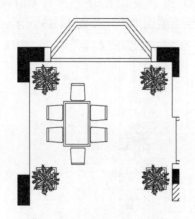

图 14-46　餐厅插入素材图案

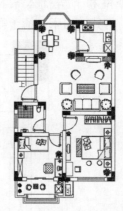

图 14-47　室内平面图绘制结果

14.2.10　平面图文字与尺寸标注的添加

　　平面图绘制完成后需要添加尺寸标注，表明房屋的开间、进深，有助于识图和施工；文字标注可以直接表明房屋各区域的功能，为图纸做进一步的说明。添加文字标注和尺寸标注的具体操作步骤如下。

step 01 添加文字标注。调用【文字】命令，在弹出的文字编辑图框中输入相应文字，如图 14-48 所示。

step 02 在弹出的文字编辑图框中输入相应的文字，然后将鼠标箭头移至文字编辑图框外单击鼠标左键确定，即可完成添加文字标注的操作，如图 14-49 所示。

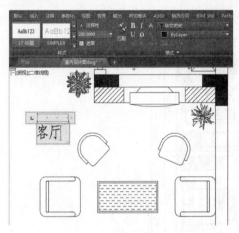

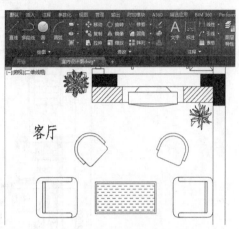

图 14-48　输入编辑文字　　　　　　　　图 14-49　文字标注结果

step 03 重复上述操作，编辑其他区域的文字标注，如图 14-50 所示。

step 04 添加房屋开间、进深尺寸标注。调用【线性标注】命令，在平面布置图中添加尺寸标注，如图 14-51 所示。

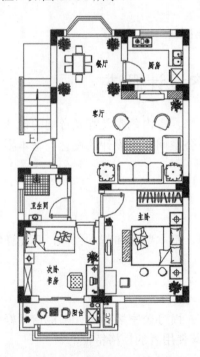

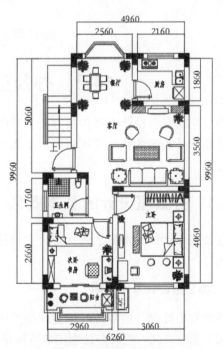

图 14-50　添加文字标注结果　　　　　　图 14-51　添加尺寸标注结果

step 05 添加图名标注。调用【文字】命令，在绘图区域指定文字的输入范围，并在弹出的文字编辑图框中输入相应的图名标注文字；调用【直线】命令，在文字标注下面绘制图名双线，并将其中一条下画线的线宽设置为 0.4mm，如图 14-52 所示。

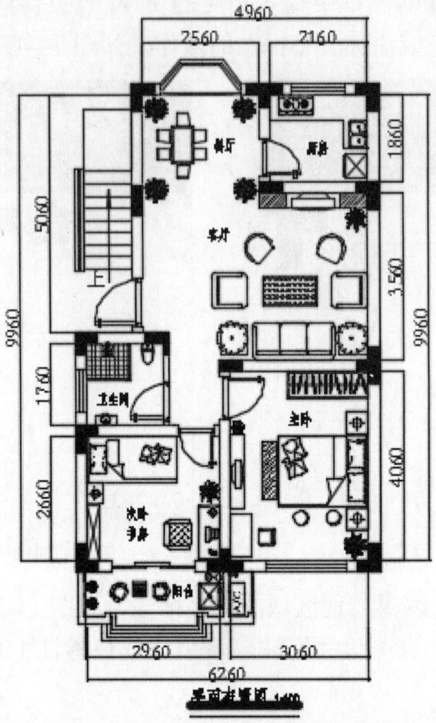

图 14-52　添加图名标注结果

14.3　办公空间室内设计概述

办公空间室内设计主要包括办公空间的规划、装修，室内色彩及灯光音响的设计，办公用品及装饰品的配备和摆设等内容。下面主要介绍办公空间室内设计的概念、基本要求与基本内容。

14.3.1　办公室设计的基本概念

办公室设计的基本概念包括办公室设计基本说明、基本要求和基本目标，下面详细介绍这些内容。

1. 办公室设计基本说明

办公室是处理特定事务的地方或提供服务的地方，而办公室装修设计则能恰到好处地突出公司、企业文化，同时办公室的装修风格也能彰显其使用者的性格特征。

图 14-53 所示为不同办公室室内设计效果。

图 14-53　不同办公室室内设计效果

2. 办公室设计基本要求

(1) 符合企业实际。企业需要考虑自身的生产经营和人财物力状况，从实际需要出发对办公空间进行相应的设计，而不应该一味追求办公室的高档豪华气派。

(2) 符合行业特点。企业应根据自身所从事的行业特点设计适合员工工作的空间环境，其设计要求经济实用、美观大方和独具品位。

(3) 符合使用要求。办公室是企业文化的物质载体，要努力体现企业物质文化和精神文化，反映企业的特色和形象，对置身其中的工作人员产生积极的、和谐的影响。

(4) 符合工作性质。根据企业所从事的工作性质，对室内各个功能区进行合理的布置，以满足和方便员工顺利开展工作。

(5) 符合安全要求。办公室安全必须本着"预防为主，杜绝隐患"的原则进行管理，主要包括用电安全管理、消防安全管理和防盗安全管理等安全要求。

3. 办公室设计基本目标

(1) 经济实用。一方面要满足实用要求，给办公人员的工作提供方便；另一方面要尽量降低费用，追求最佳的功能费用比。

(2) 美观大方。能够充分满足人的生理和心理需要，创造出一个赏心悦目的良好工作环境。

(3) 独具品位。办公室是企业文化的物质载体，要努力体现企业物质文化和精神文化，反映企业的特色和形象，对置身其中的工作人员产生积极的、和谐的影响。

14.3.2　办公室环境设计基本分区

本节主要介绍办公室的类型以及办公室的主要功能分区。

1. 办公室的类型

(1) 综合型办公室。通常设有接待区、等候区、董事长室及总经理室、财务室、副总经理室、部门经理室、休息区、更衣室、贵宾室、大会议室、敞开式办公区、机房、储藏室。

部分公司设有贵宾室、多功能厅等。

(2) 简约型办公室。通常设有接待区、LOGO 墙、总经理室、财务室、会议室、敞开式办公区、机房储藏室。部分公司设有等候区、副总经理室、休息区等。

图 14-54 所示为综合型办公室，图 14-55 所示为简约型办公室。

图 14-54　综合型办公室　　　　　　　图 14-55　简约型办公室

2. 办公室主要功能分区及常识

(1) 接待区。接待区通常包括接待台、LOGO 墙、吊顶、敞开式等候区。根据公司规模及需求，通常有 1～2 名接待人员。

(2) 会议室。通常以顶面的墙面造型、灯光及较好的地毯突出档次和效果，是办公室设计的亮点之一，会议室桌椅的档次通常较高。大多数会议室起着展示产品、奖章、证书，宣传企业文化等功能。

(3) 财务室。大型办公室及部分中型办公室通常在财务室内设有财务总监室、财务接待台、多组文件柜，公司可根据需要设置档案室和资料室。财务室通常设置在邻近董事长室或总经理室，远离出入口的位置。

(4) 董事长室。沙发区面积较大，采用较厚重的班台、沙发、茶几，通过造型装饰墙面、高档壁纸、有文化气息的字画或饰品提高档次，面积通常在 35 平方米以上，部分内含休息室。

(5) 部门经理室。大型及部分中型公司通常设置数个部门经理室，面积通常在 7～10 平方米，有主管桌或带副台的办公桌，设置 1～2 个客椅以及文件柜。

14.3.3　办公室设计的基本流程

办公室设计的基本流程分为 4 个阶段：设计准备阶段、设计实施准备阶段、设计实施阶段和设计实施最后阶段。

1. 设计准备阶段

1) 咨询

(1) 业主通过电话或亲自到小区办公地点、公司办公室咨询公司概况；公司通过业务人员主动联系业主并向其介绍。

(2) 专业人员(或设计师)接待客户来访，详细解答客户想了解或关心的问题。

(3) 客户考察装饰公司各方面情况，如规模、价位、设计水平、质量保证等。

(4) 通过初步考察，确定上门量房时间、地点。

2) 设计师现场测量

(1) 按约定时间设计师上门实地测量欲装修场所的面积及其他数据。

(2) 设计师详细了解业主对装修的具体要求和想法。

(3) 根据业主的要求，考察房屋的结构，设计师提出初步设计构思，双方沟通设计方案。

(4) 如果业主要求，可由设计师带领其参观样板间或正在施工的工地，考察施工质量。

3) 商谈设计方案

(1) 业主按约定时间到公司办公地点看初步设计方案，设计师详细介绍设计思想。

(2) 业主根据平面图、效果图以及设计师的具体介绍，对设计方案提出意见并进行修改(或认可通过)。

4) 确定装修方案

(1) 整理修改后的设计方案，并按此做出相应的装修工程预算。

(2) 业主最终确认设计方案并安排设计师出施工图。

(3) 设计师配合业主仔细了解装修工程预算，落实施工项目，并检查核实预算中的单价、数量等内容。

5) 签订正式合同(一式三份)

(1) 确定工程施工工期及开工日期，了解施工的组织、计划和人员安排。

(2) 正式确认、签订装修合同(含装饰装修合同文本、合同附件、图纸、预算书)。

(3) 交纳首期工程款。

2. 设计实施准备阶段

1) 办理开工手续

施工队进场前应遵照所属物业管理部门的规定：业主和装饰公司共同办理开工手续，装饰公司应提供合法的资质证书、营业执照副本，以及施工人员的身份证和照片，由物业管理部门核发开工证、出入证。

2) 设计现场交底

(1) 开工之日，由设计师召集业主、施工负责人、工程监理到施工现场交底。

(2) 具体敲定、落实施工方案。对原房屋的墙、顶、地以及水、电气进行检测。

(3) 向业主提交检查结果。现场交底后，由工地负责人处理施工中的日常事务。

(4) 开工时，由施工负责人提交《施工进度计划表》，以此来安排材料采购、分段验收的具体时间。

3) 进料及验收

(1) 由工地负责人通知，公司材料配送中心统一配送装修材料。

(2) 材料进场后，由业主验收材料质量、品牌，并填写《装修材料验收单》，验收合

格，施工人员开始施工。

(3) 由甲方(业主)提供的装饰材料应按照《施工进度计划表》中的时间提供，在选购过程中，乙方(装饰公司)可派人配合采购，甲方也可委托乙方直接代为采购，须签订《主材代购委托书》。

3. 设计实施阶段

(1) 有防水要求的区域(如卫生间)须在施工前做 24h 的蓄水试验，以检测原房屋的防水质量。

(2) 与工长落实水电及其他前期改造项目的具体做法。

(3) 施工中，施工负责人(工长)组织管理各个工种，并监督检查工程质量。

(4) 施工中需业主提供的装修主材，由施工负责人提前 3 日通知，以便业主提前准备。

(5) 业主按《施工进度计划表》中的时间定期来工地察看，了解施工进程，检查施工质量，并进行分段验收。如发现问题，与工长协商，填写《工程整改协议书》进行项目整改，再行验收。

(6) 公司的工程监理(或质检员)不定期检查工地的施工组织、管理、规范及施工质量，并在工地留下检查记录，供业主监督。

(7) 业主与工长商量并确定所有变更的施工项目，填写《项目变更单》。

(8) 水、电改造工程完工后，业主需进行隐蔽工程的检查验收工作。

(9) 公司的管理人员与业主定期联系，倾听客户的真实想法和宝贵意见，及时发现问题并解决问题。

(10) 工程进度过半，业主进行中期工程验收，交纳中期工程款。

4. 设计实施最后阶段

(1) 工程基本结束时，工长全面细致地做一次自检工作，检查完毕，无质量问题，通知业主、监理进行完工整体验收。

(2) 如在验收中发现问题，商量整改；如验收合格，填写《工程验收单》留下宝贵意见，结算尾款，公司为业主填写《工程保修单》并加盖保修章，工程正式交付业主使用，进入两年保修期。

《工程保修单》中的内容如下。

(1) 两年保修制。

● 两年保修期内，工程如出现质量问题(非人为)，公司负责免费上门维修。

● 自报修时之起，工程部将在 48 小时内安排维修人员到达现场，实施维修方案。

● 防水工程，水、电路工程的报修，将在 12h 实施解决。

(2) 终身维修制。

保修期后，工程如出现质量问题，公司也负责维修，根据实际情况收取成本费。

(3) 定期回访制。

工程完工后，公司客服部人员将定期回访业主，了解工程质量及使用情况，并及时提醒业主一些注意事项。

14.4　办公空间建筑平面图的绘制

本节以某电子商务科技公司办公室平面图为例，介绍办公室建筑平面图的绘制方法，主要包含轴网、墙体、标准柱、门窗及其他附属设施等图形。

14.4.1　办公室建筑墙体绘制

在绘制办公室建筑平面图之前，首先应绘制轴网，轴网可以为绘制图形提供精准定位，方便后续绘制图形。绘制办公空间建筑墙体的具体操作步骤如下。

step 01 绘制定位轴线。调用【直线】命令，绘制垂直直线和水平直线；调用【偏移】命令，偏移直线，如图 14-56 所示。

step 02 绘制墙体。调用【偏移】命令，根据相应的数据偏移直线，如图 14-57 所示。

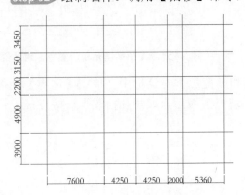

图 14-56　绘制与偏移直线

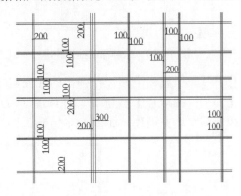

图 14-57　绘制墙体

step 03 绘制办公室、档案室、楼梯间和卫生间的隔墙。调用【直线】命令绘制直线；调用【偏移】命令，偏移直线，完善墙体，如图 14-58 所示。

step 04 调用【修剪】命令和【删除】命令，修剪和删除多余的线条，即可绘制完成办公室内部墙体隔断，如图 14-59 所示。

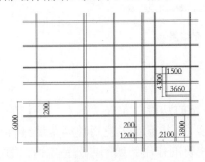

图 14-58　绘制隔断

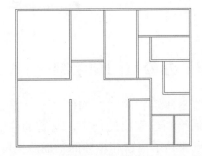

图 14-59　隔断完成结果

step 05 绘制矩形标准柱。调用【矩形】命令，绘制尺寸为 600×600 的矩形；调用【复制】命令，将标准柱复制、粘贴到平面图指定位置；调用 TR(修剪)命令，修剪多余的墙线，如图 14-60 所示。

step 06 设置图案填充参数。调用【图案填充】命令，在命令行输入"t"命令，打开【图案填充和渐变色】对话框，设置图案填充参数，如图 14-61 所示。

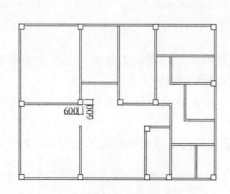

图 14-60 绘制标准柱外轮廓 　　　　　图 14-61 【图案填充和渐变色】对话框

step 07 填充标准柱。在弹出的【图案填充和渐变色】对话框中，单击【边界】功能区中的【添加：拾取点】按钮，在绘图区域选择填充区域后点取添加拾取点，按 Enter 键即可完成该图案填充操作，如图 14-62 所示。

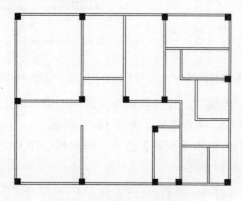

图 14-62 标准柱填充结果

14.4.2 办公室门窗绘制

门窗是建筑物的主要构件之一，兼具通风和采光的功能。首先要确定门窗洞的具体位置，然后绘制建筑物的门窗，与普通住宅不同的是，公共建筑多使用玻璃幕墙进行外墙装饰，其既兼具了门窗和墙体的功能，又可起到美观建筑的作用。绘制办公室室内门窗的具体操作步骤如下。

step 01 绘制门洞。调用【直线】命令，绘制直线；调用【偏移】命令，偏移直线；调用【修剪】命令，修剪多余的墙线，如图 14-63 所示。

step 02 绘制单扇平开门。调用【矩形】命令，分别绘制尺寸为 900×100、825×50 的矩形；调用【圆弧】命令，绘制圆弧；调用【直线】命令，绘制直线，如图 14-64 所示。

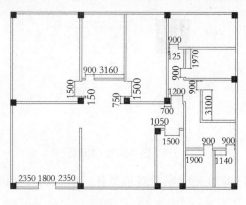

图 14-63　绘制门洞

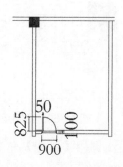

图 14-64　绘制单扇平开门

step 03 绘制门厅双扇平开门。调用【矩形】命令，分别绘制尺寸为 1800×108、738×54 的矩形；调用【移动】命令，将矩形放置于相应的位置，如图 14-65 所示。

step 04 调用【圆】命令，绘制半径为 792 的圆；调用【分解】命令，分解矩形；激活矩形一边线段夹点，延长线段，如图 14-66 所示。

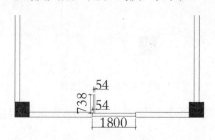

图 14-65　绘制矩形

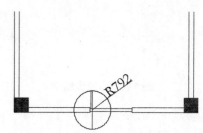

图 14-66　绘制圆与直线

step 05 调用【修剪】命令，修剪多余的图形；调用【直线】命令，绘制直线；调用【镜像】命令，镜像绘制的直线，如图 14-67 所示。

step 06 调用【镜像】命令，镜像所绘制的图形；调用【修剪】命令，修剪多余的直线，即可完成门厅双扇门的绘制，如图 14-68 所示。

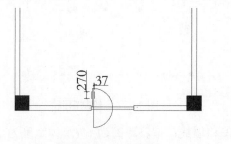

图 14-67　绘制直线

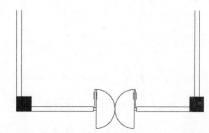

图 14-68　镜像图形

step 07 绘制室内双扇平开门。调用【矩形】命令，分别绘制尺寸为 1500×100、661×50

的矩形；调用【直线】命令，分别绘制长度为 50 的直线，间距为 13，如图 14-69 所示。

step 08 调用【圆弧】命令，绘制圆弧，如图 14-70 所示。

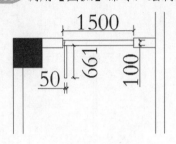

图 14-69　绘制矩形

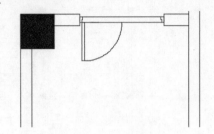

图 14-70　绘制圆弧

step 09 调用【镜像】命令，镜像图形，即可完成室内双扇平开门的绘制，如图 14-71 所示。

step 10 使用上述同样的操作，绘制宽度为 1200 的双扇平开门，如图 14-72 所示。

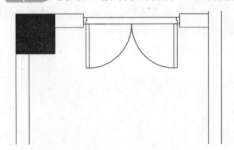

图 14-71　镜像结果

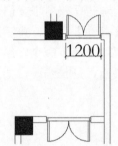

图 14-72　完成结果

step 11 绘制办公室所有平开门。调用【复制】命令，复制、粘贴到平面图相应的位置，如图 14-73 所示。

step 12 绘制窗洞。调用【直线】命令，绘制直线，如图 14-74 所示。

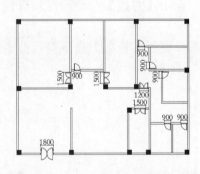

图 14-73　平开门完成结果

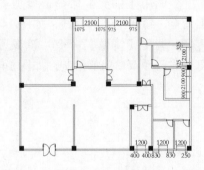

图 14-74　绘制窗洞

step 13 绘制平开窗。调用【偏移】命令，偏移墙线，偏移距离为 67(墙体宽度为 200)；调用【修剪】命令，修剪多余的墙线，如图 14-75 所示。

step 14 绘制玻璃幕墙轮廓。调用【偏移】命令，偏移距离为 67(墙体宽度为 200)，如图 14-76 所示。

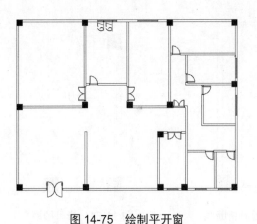

图 14-75　绘制平开窗

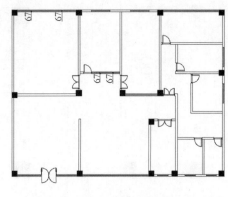

图 14-76　绘制玻璃幕墙轮廓

14.4.3　办公室附属设施绘制

办公室建筑结构的附属设施主要包括楼梯、散水、消火栓箱等。在本例中，因为是首层平面图，因此需要绘制散水；另外，本例中楼层有 2 层，因此需要布置楼梯，具体的操作步骤如下。

step 01　绘制散水。调用【偏移】命令，偏移墙线，偏移距离为 600；激活偏移得到的线段的夹点，延长或缩短线段，如图 14-77 所示。

step 02　绘制楼梯轮廓。调用【矩形】命令，绘制尺寸为 1300×1800 的矩形，如图 14-78 所示。

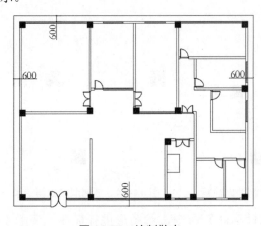

图 14-77　绘制散水

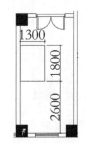

图 14-78　楼梯轮廓

step 03　绘制楼梯踏步。调用【分解】命令，分解矩形；调用【偏移】命令，偏移矩形短边，偏移距离为 300，如图 14-79 所示。

step 04　绘制折断线。调用【多线段】命令，绘制折断线，如图 14-80 所示。

step 05　绘制楼梯扶手。调用【偏移】命令，偏移线段；调用【修剪】命令，修剪多余的线条，如图 14-81 所示。

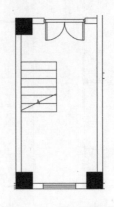

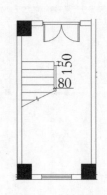

图 14-79 绘制楼梯踏步　　　　图 14-80 绘制折断线　　　　图 14-81 修剪结果

step 06　绘制楼梯指示箭头。调用【多线段】命令，绘制箭头，调用【文字】命令，在弹出的文字编辑图框中输入相应的文字，如图 14-82 所示。

step 07　绘制消火栓箱轮廓。调用【矩形】命令，绘制尺寸为 240×700 的矩形；调用 L(直线)命令，绘制直线，如图 14-83 所示。

step 08　调用【复制】命令，将绘制完成的消火栓箱复制、粘贴到平面图相应的位置，如图 14-84 所示。

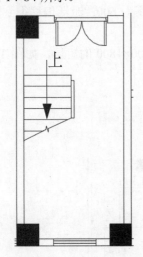

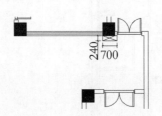

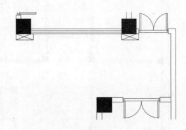

图 14-82 绘制指示箭头　　　　图 14-83 绘制消火栓箱　　　　图 14-84 复制消火栓箱结果

step 09　添加尺寸和文字标注。调用【线性标注】命令，对图形进行标注；调用【文字】命令，在绘图区域指定文字的输入范围，并在弹出的文字编辑图框中输入相应的文字，如图 14-85 所示。

step 10　添加图名标注。调用【文字】命令，在绘图区域指定文字的输入范围，并在弹出的文字编辑图框中输入相应的图名标注文字；调用【直线】命令，在文字标注下面绘制图名双线，并将其中一条下画线的线宽设置为 0.4mm，如图 14-86 所示。

图 14-85 添加尺寸和文字标注

图 14-86 添加图名标注

14.4.4 前台门厅平面布置设计

前台门厅是公司、企业接待客户与来客的区域之一，也是公司、企业形象的具体体现之一。本例中的前台门厅配备了接待台和休闲组合沙发等，具体的操作步骤如下。

step 01 绘制接待台。调用【矩形】命令，绘制尺寸为 589×2789 的矩形，如图 14-87 所示。

step 02 调用【偏移】命令，偏移直线；调用【圆弧】命令，绘制圆弧，如图 14-88 所示。

step 03 调用【删除】命令，删除多余的线条，如图 14-89 所示。

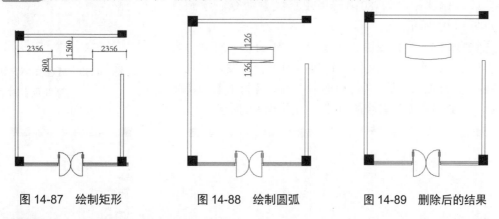

| 图 14-87 绘制矩形 | 图 14-88 绘制圆弧 | 图 14-89 删除后的结果 |

step 04 接待台填充。调用【图案填充】命令，在命令行输入"t"命令，打开【图案填充和渐变色】对话框，设置图案填充参数，如图 14-90 所示。

step 05 在【图案填充和渐变色】对话框中，单击【边界】功能区中的【添加：拾取点】按钮，在绘图区域选择填充区域后点取添加拾取点，按 Enter 键即可完成该图案填充操作，如图 14-91 所示。

step 06 绘制前台背景墙轮廓。调用【偏移】命令，偏移墙线，偏离距离为 150，如

图 14-92 所示。

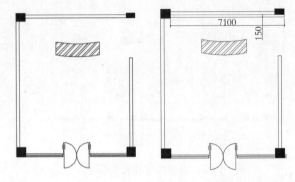

图 14-90　【图案填充和渐变色】对话框　　　图 14-91　填充结果　　　图 14-92　绘制前台背景墙

step 07　填充背景墙。调用【图案填充】命令，在命令行输入"t"命令，打开【图案填充和渐变色】对话框，设置图案填充参数，如图 14-93 所示。

step 08　在【图案填充和渐变色】对话框中，单击【边界】功能区中的【添加：拾取点】按钮，在绘图区域选择填充区域后点取添加拾取点，按 Enter 键即可完成该图案填充操作，如图 14-94 所示。

step 09　绘制前厅墙体装饰轮廓。调用【偏移】命令，偏移墙线，偏移距离为 80；调用【直线】命令，绘制直线，如图 14-95 所示。

step 10　添加素材图块。按 Ctrl+O 组合键，打开"素材\Ch14\室内家具.dwg"文件，将其中的组合沙发、茶几、座椅等图块复制、粘贴至当前图形中；调用【修剪】和【删除】命令，修剪和删除多余的直线，如图 14-96 所示。

图 14-93　【图案填充和渐变色】对话框

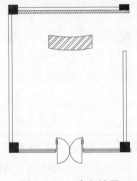

图 14-94　填充结果

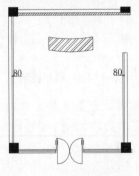

图 14-95　绘制前厅墙体装饰轮廓

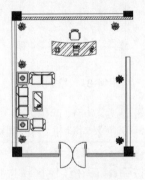

图 14-96　添加素材图块

14.4.5　办公室平面布置设计

办公室是公司的主要功能区域之一，是工作办公的场所，不同类型的企业，办公场所有所不同，一般由办公设备、办公人员及其他辅助设备组成。一般职员在敞开的区域办公，不享有私密性，总经理和管理层员工则在独立的办公室办公，享有私密性。

绘制办公室平面布置图的具体操作步骤如下。

step 01　绘制墙面软包装饰面。调用【偏移】命令，偏移墙线；调用【直线】命令，绘制直线，如图 14-97 所示。

step 02　调用【偏移】命令，偏移直线；调用【直线】命令，绘制直线，如图 14-98 所示。

step 03　调用【镜像】命令，镜像图形，即可完成敞开办公区墙面软包装饰面的绘制，如图 14-99 所示。

step 04　绘制封闭办公室桌子轮廓。调用【矩形】命令，绘制尺寸为 700×1800 的矩形，如图 14-100 所示。

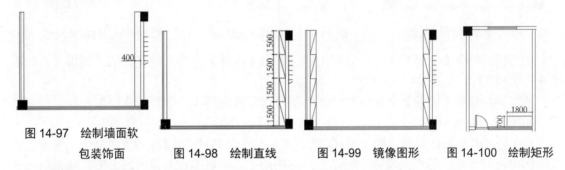

图 14-97　绘制墙面软
包装饰面　　　　图 14-98　绘制直线　　　图 14-99　镜像图形　　　图 14-100　绘制矩形

step 05　填充背景墙。调用【图案填充】命令，在命令行输入"t"命令，打开【图案填充和渐变色】对话框，设置图案填充参数，如图 14-101 所示。

step 06　在【图案填充和渐变色】对话框中，单击【边界】功能区中的【添加：拾取点】按钮，在绘图区域选择填充区域后点取添加拾取点，按 Enter 键即可完成该图案填充操作，如图 14-102 所示。

图 14-101　【图案填充和渐变色】对话框

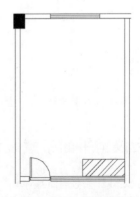

图 14-102　填充结果

step 07 添加素材图块。按 Ctrl+O 组合键，打开"素材\Ch14\室内家具 dwg"文件，将其中的组合办公桌椅等图块复制、粘贴至当前图形中，即可完成敞开办公室区域平面布置图的绘制，如图 14-103 所示。

step 08 使用上述同样的操作，即可完成封闭办公室区域平面布置图的绘制，如图 14-104 所示。

step 09 绘制展示柜轮廓。调用【矩形】命令，绘制尺寸为 300×3850 的矩形，如图 14-105 所示。

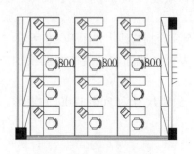
图 14-103　敞开办公室

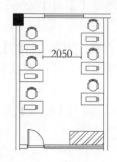
图 14-104　封闭办公室

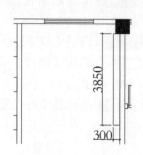
图 14-105　绘制矩形

step 10 调用【分解】命令，分解矩形；调用【偏移】命令，偏移直线；调用【直线】命令，绘制直线，如图 14-106 所示。

step 11 调用【镜像】命令，对绘制的图形执行镜像操作；调用【直线】命令，绘制直线，如图 14-107 所示。

step 12 添加素材图块。按 Ctrl+O 组合键，打开"素材\Ch14\室内家具.dwg"文件，将其中的组合办公桌椅等图块复制、粘贴至当前图形中，即可完成总经理办公室区域平面布置图的绘制，如图 14-108 所示。

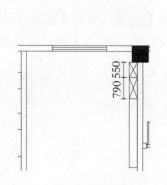
图 14-106　偏移与绘制直线

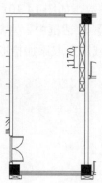
图 14-107　展示柜完成结果

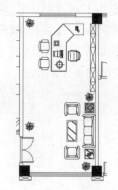
图 14-108　添加素材结果

14.4.6　会议室平面布置设计

会议室是公司开会使用的区域，在面积允许的情况下可以兼具培训和接待客户的功能。绘制会议室平面布置图的具体操作步骤如下。

step 01 绘制墙面软包装饰面。调用【偏移】命令，偏移墙线，如图 14-109 所示。

step 02 调用【直线】命令，绘制直线；调用【偏移】命令，偏移直线，偏移距离分别为 1300、1290 和 831，如图 14-110 所示。

step 03 调用【直线】命令，绘制直线，如图 14-111 所示。

图 14-109　偏移墙线

图 14-110　绘制与偏移直线

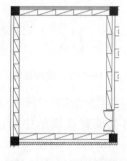

图 14-111　绘制直线

step 04 绘制电视机轮廓。调用【矩形】命令，绘制尺寸为 2100×340 的矩形，如图 14-112 所示。

step 05 调用【直线】命令，绘制直线，如图 14-113 所示。

step 06 添加素材图块。按 Ctrl+O 组合键，打开"素材\Ch14\室内家具.dwg"文件，将其中的组合办公桌椅等图块复制、粘贴至当前图形中，即可完成会议室区域平面布置图的绘制，如图 14-114 所示。

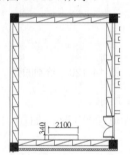

图 14-112　绘制矩形

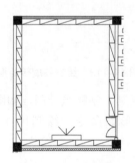

图 14-113　绘制直线

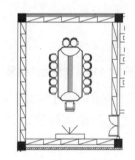

图 14-114　添加素材

14.4.7　卫生间平面布置设计

公司工作人员较多，因此需要合理布置男卫、女卫和洗手间的使用面积，以便满足使用需求。绘制卫生间平面布置图的具体操作步骤如下。

step 01 绘制男卫隔断。调用【直线】命令，绘制直线；调用【偏移】命令，偏移直线，偏移距离为 950，如图 14-115 所示。

step 02 调用【偏移】命令，偏移直线，如图 14-116 所示。

step 03 绘制门洞位置。调用【直线】命令，绘制直线；调用【偏移】命令，偏移直线，如图 14-117 所示。

step 04 调用【修剪】和【删除】命令，修剪和删除多余的线条，如图 14-118 所示。

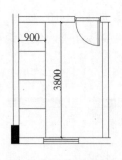

图 14-115　绘制直线

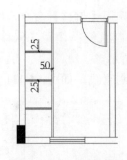

图 14-116　偏移直线

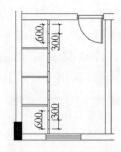

图 14-117　绘制并偏移直线

step 05　绘制平开门。调用【矩形】命令，绘制尺寸为 600×30 的矩形；调用【移动】命令，将其放置在图形中相应的位置；调用【旋转】命令，将其旋转 30 度，如图 14-119 所示。

step 06　调用【分解】命令，分解矩形；选中矩形一边单击激活夹点命令，延长矩形边；调用【删除】命令，删除多余的直线；调用【圆弧】命令，绘制圆弧，如图 14-120 所示。

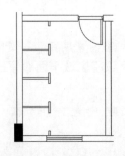

图 14-118　删除后的结果

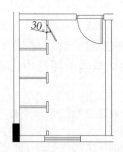

图 14-119　绘制并旋转矩形

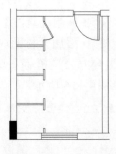

图 14-120　绘制圆弧

step 07　调用【复制】命令，复制、粘贴平开门，如图 14-121 所示。

step 08　绘制隔断。调用【矩形】命令，绘制尺寸为 50×600 的矩形，如图 14-122 所示。

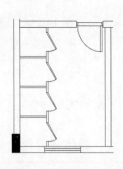

图 14-121　复制平开门结果

图 14-122　绘制矩形

step 09　添加素材图块。按 Ctrl+O 组合键，打开"素材\Ch14\室内洁具.dwg"文件，将其中的卫生洁具等图块复制、粘贴至当前图形中，如图 14-123 所示。

step 10　绘制女卫。沿用上述绘制男卫的操作步骤，如图 14-124 所示。

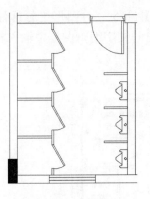

图 14-123　添加素材

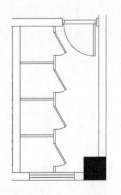

图 14-124　绘制女卫

step 11　绘制洗漱台轮廓。调用【矩形】命令，绘制尺寸为 600×2600 的矩形，如图 14-125 所示。

step 12　添加素材图块。按 Ctrl+O 组合键，打开"素材\Ch14\室内洁具.dwg"文件，将其中的卫生洁具等图块复制、粘贴至当前图形中，即可完成洗手间区域平面布置图的绘制，如图 14-126 所示。

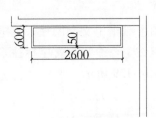

图 14-125　绘制矩形

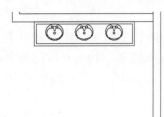

图 14-126　添加素材

step 13　沿用上述操作，继续绘制办公区域平面布置图，如图 14-127 所示。

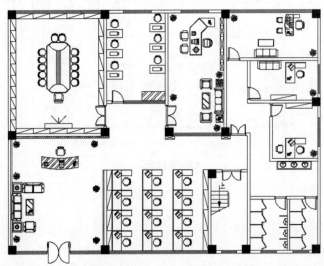

图 14-127　办公室平面布置图

step 14 添加尺寸和文字标注。调用【线性标注】命令，对图形进行标注；调用【文字】命令，在绘图区域指定文字的输入范围，并在弹出的文字编辑图框中输入相应的文字，如图 14-128 所示。

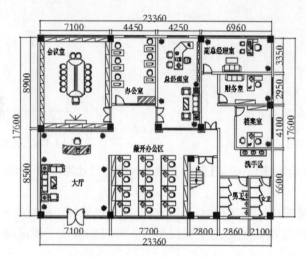

图 14-128　添加尺寸和文字标注

step 15 添加图名标注。调用【文字】命令，在绘图区域指定文字的输入范围，并在弹出的文字编辑图框中输入相应的图名标注文字；调用【直线】命令，在文字标注下面绘制图名双线，并将其中一条下画线的线宽设置为 0.4mm，如图 14-129 所示。

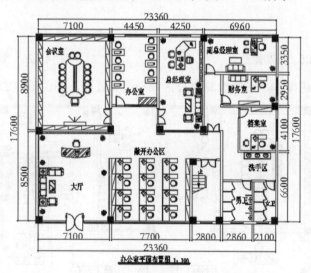

图 14-129　添加图名标注

14.4.8　地面平面布置设计

办公室面积较大，地面布置成分比较单一，其瓷砖铺贴要求拼缝横平竖直，各功能区域瓷砖铺贴若有高差时，必须仔细处理，保证质量。地毯铺装具有防滑、吸水、吸收噪声和营

造室内气氛的作用。绘制地面平面布置图的具体操作步骤如下。

step 01 复制并整理图形。调用【复制】命令，复制并移动一份平面布置图；调用【删除】命令，删除多余的家具、门等图形，如图 14-130 所示。

step 02 绘制门槛线和走廊边线。调用【直线】命令，绘制直线，如图 14-131 所示。

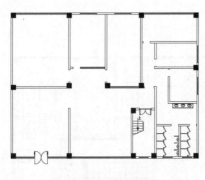

图 14-130 整理图形

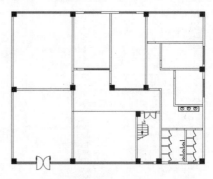

图 14-131 绘制直线

step 03 调用【图案填充】命令，在命令行输入"t"命令，打开【图案填充和渐变色】对话框，设置图案填充参数，如图 14-132 所示。

step 04 填充会议室和员工办公室地砖。在【图案填充和渐变色】对话框中，单击【边界】功能区中的【添加：拾取点】按钮，在绘图区域选择填充区域后点取添加拾取点，按Enter 键即可完成该图案填充操作，如图 14-133 所示。

图 14-132 【图案填充和渐变色】对话框

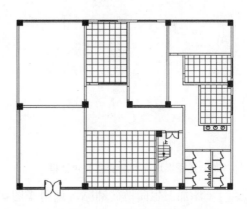

图 14-133 填充结果

step 05 调用【图案填充】命令，在命令行输入"t"命令，打开【图案填充和渐变色】对话框，设置图案填充参数，如图 14-134 所示。

step 06 填充地毯铺装。在【图案填充和渐变色】对话框中，单击【边界】功能区中的【添加：拾取点】按钮，在绘图区域选择填充区域后点取添加拾取点，按 Enter 键即可完成该图案填充操作，如图 14-135 所示。

step 07 填充走廊地砖铺贴。调用【图案填充】命令，在命令行输入"t"命令，打开

【图案填充和渐变色】对话框，设置图案填充参数，如图 14-136 所示。

step 08 在【图案填充和渐变色】对话框中，单击【边界】功能区中的【添加：拾取点】按钮📧，在绘图区域选择填充区域后点取添加拾取点，按 Enter 键即可完成该图案填充操作，如图 14-137 所示。

图 14-134 【图案填充和渐变色】对话框

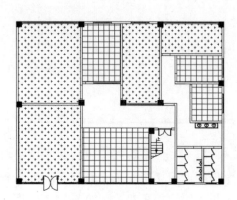

图 14-135 填充结果

图 14-136 【图案填充和渐变色】对话框

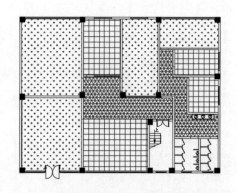

图 14-137 填充结果

step 09 添加卫生间地砖铺贴。调用【图案填充】命令，在命令行输入"t"命令，打开【图案填充和渐变色】对话框，设置图案填充参数，如图 14-138 所示。

step 10 在【图案填充和渐变色】对话框中，单击【边界】功能区中的【添加：拾取点】按钮📧，在绘图区域选择填充区域后点取添加拾取点，按 Enter 键即可完成该图案填充操作，如图 14-139 所示。

step 11 添加门槛线石材铺贴。调用【图案填充】命令，在命令行输入"t"命令，打开【图案填充和渐变色】对话框，设置图案填充参数，如图 14-140 所示。

step 12 在【图案填充和渐变色】对话框中，单击【边界】功能区中的【添加：拾取点】按钮📧，在绘图区域选择填充区域后点取添加拾取点，按 Enter 键即可完成该图案填充操作，如图 14-141 所示。

图 14-138　【图案填充和渐变色】对话框

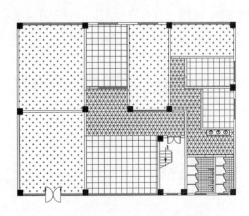

图 14-139　填充结果

图 14-140　【图案填充和渐变色】对话框

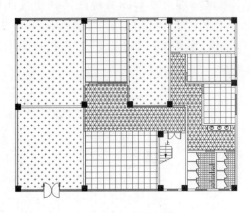

图 14-141　填充结果

step 13　绘制填充材料图例表。调用【矩形】命令，绘制尺寸为 9000×9500 的矩形；调用【分解】命令，分解矩形；调用【偏移】命令，偏移直线，如图 14-142 所示。

step 14　调用【矩形】命令，绘制尺寸为 900×900 的矩形，如图 14-143 所示。

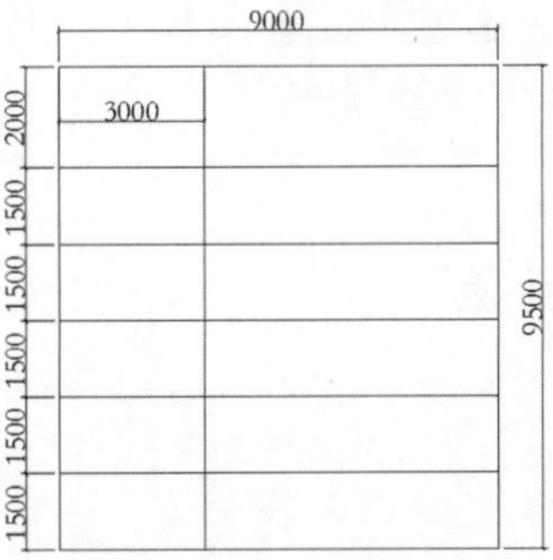

图 14-142　绘制并分解矩形

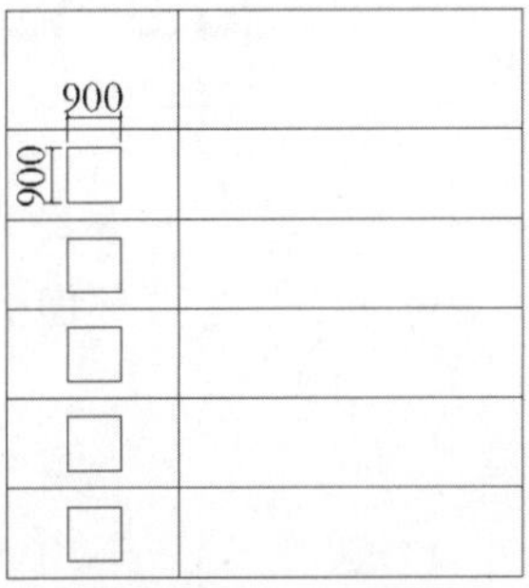

图 14-143　绘制矩形

step 15 调用【填充】命令，沿用上述图案填充操作步骤，设置同样的填充参数，如图 14-144 所示。

step 16 调用【文字】命令，在绘图区域指定文字的输入范围，并在弹出的文字编辑图框中输入相应的图名标注文字，如图 14-145 所示。

图例	材料名称
	600x600防滑瓷砖
	地毯
	600x600造型瓷砖
	300x300防滑瓷砖
	石材

图 14-144 填充结果   图 14-145 添加文字说明

step 17 添加尺寸和图名标注。调用【线性标注】命令，对图形进行标注；调用【文字】命令，在绘图区域指定文字的输入范围，并在弹出的文字编辑图框中输入相应的图名标注文字；调用【直线】命令，在文字标注下面绘制图名双线，并将其中一条下画线的线宽设置为 0.4mm，如图 14-146 所示。

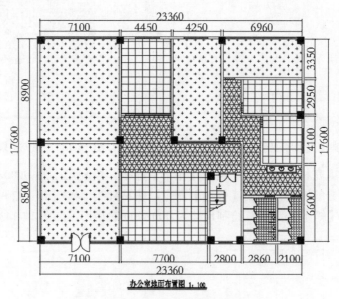

图 14-146 添加尺寸和图名标注

第15章　室内设计综合案例

室内家具种类繁多、风格各异，室内家具的设计和布置在室内装潢中占有重要的位置，其设计与布置要充分考虑与室内环境的协调统一。本章主要介绍室内常用家具平面图、立面图绘制的相关知识。

本章学习目标(已掌握的在方框中打钩)

☐　掌握绘制室内常用家具平面图的方法。
☐　掌握绘制室内电器立面图的方法。
☐　掌握绘制室内洁具和厨具平面图的方法。
☐　掌握绘制室内其他装潢平面图的方法。

重点案例效果

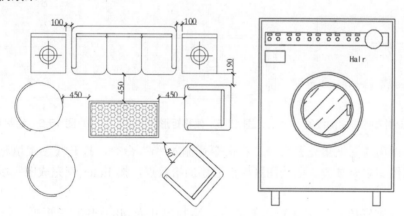

15.1　室内常用家具平面配景图的绘制

组合沙发、双人床、餐桌、办公桌等是在客厅、卧室、餐厅、书房等室内区域经常见到的家具，因此，在绘制室内设计施工图时也是体现设计意图必不可少的元素。

15.1.1　办公桌和椅子平面图的绘制

办公桌是指为日常生活、工作和社会活动方便而配备的桌子，常放置于书房，具有办公和学习之用。办公桌的形式多样，风格各异，配备适当的办公桌，可以提高工作和学习的效率。绘制办公桌的具体操作步骤如下。

step 01　调用【矩形】命令，绘制尺寸为 1600×700 的矩形；调用【偏移】命令和【分解】命令，偏移矩形长边，设置偏移距离为 70 和 30，如图 15-1 所示。

step 02　调用【圆弧】命令，绘制圆弧；调用【删除】命令，删除多余的线条，如图 15-2

所示。

step 03 调用【直线】命令，在矩形中点处绘制直线；调用【偏移】命令，偏移绘制的直线，如图 15-3 所示。

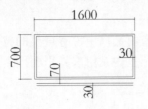

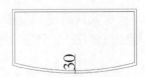

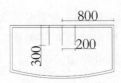

图 15-1 绘制与偏移矩形　　　图 15-2 绘制圆弧　　　图 15-3 绘制并偏移直线

step 04 调用【直线】命令，绘制直线；调用【修剪】命令和【删除】命令，修剪和删除多余的线条，如图 15-4 所示。

step 05 调用【多线段】命令和【偏移】命令，向内偏移矩形，如图 15-5 所示。

step 06 调用【直线】命令，绘制直线，如图 15-6 所示。

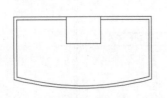

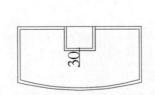

图 15-4 绘制并删除多余的线段　　　图 15-5 偏移矩形　　　图 15-6 绘制直线

step 07 调用【图案填充】命令，在命令行输入"t"命令，打开【图案填充和渐变色】对话框，设置图案填充参数，在绘图区域点取添加拾取点，按 Enter 键完成图案填充操作，如图 15-7 所示。

step 08 绘制座椅。调用【矩形】命令，绘制尺寸为 480×490 的矩形；依次调用【圆角】命令、【半径】命令、【多线段】命令，完成对矩形倒圆角的操作，如图 15-8 所示。

step 09 调用【偏移】命令和【分解】命令，偏移矩形的两边，设置偏移距离分别为 122 和 80，如图 15-9 所示。

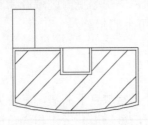

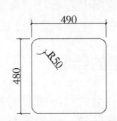

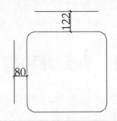

图 15-7 填充结果　　　图 15-8 绘制矩形　　　图 15-9 偏移直线

step 10 调用【直线】命令，绘制直线；调用【圆形】命令，绘制圆形；调用【圆弧】命令，绘制圆弧，如图 15-10 所示。

step 11 调用【修剪】和【删除】命令，修剪和删除多余的线条；调用【镜像】命令，对矩形左侧的图形执行镜像操作，如图 15-11 所示。

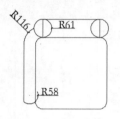

图 15-10　绘制圆与圆弧

图 15-11　镜像结果

step 12 调用【图案填充】命令，在命令行输入"t"命令，打开【图案填充和渐变色】对话框，设置图案填充参数，在绘图区域点取添加拾取点，按 Enter 键完成图案填充操作，如图 15-12 所示。

step 13 插入素材图样。打开图库中绘制完成的素材图样，调用【复制】命令，从中复制、粘贴座机电话和计算机等图形至当前图形中；调用【移动】命令，完成办公桌和椅子平面图的绘制，如图 15-13 所示。

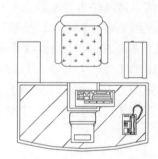

图 15-12　填充结果

图 15-13　办公桌与椅子平面图

15.1.2　餐桌和椅子平面图的绘制

餐桌和椅子是每个家庭必备的家具之一，大小应根据家庭成员的人数来定，样式可根据居室风格、个人喜好来选择。

1. 绘制餐桌

绘制餐桌的具体操作步骤如下。

step 01 调用【矩形】命令，绘制尺寸为 1500×800 的矩形；调用【偏移】命令，偏移矩形，设置偏移距离为 80，如图 15-14 所示。

step 02 调用【分解】命令，分解偏移前的矩形；调用【偏移】命令，偏移矩形的四条边，如图 15-15 所示。

step 03 调用【直线】命令，绘制直线；调用【修剪】命令，删除矩形多余的线条，如图 15-16 所示。

step 04 调用【图案填充】命令，在命令行输入"t"命令，打开【图案填充和渐变色】对话框，设置图案填充参数，在绘图区域点取添加拾取点，按 Enter 键完成图案填充操作，如图 15-17 所示。

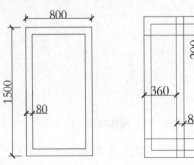 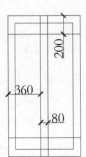 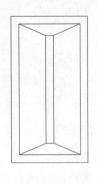 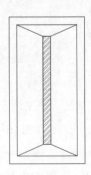

图 15-14　绘制并偏移 矩形　　　图 15-15　偏移直线　　　图 15-16　绘制直线　　　图 15-17　填充图案结果

2. 绘制座椅

绘制座椅的具体操作步骤如下。

step 01 调用【矩形】命令，绘制尺寸为 450×380 的矩形；调用【偏移】命令，偏移矩形，设置偏移距离为 20，如图 15-18 所示。

step 02 调用【分解】命令，分解未偏移的矩形；调用【偏移】命令，偏移矩形短边两次，设置偏移距离为 30；调用【圆弧】命令，在偏移的直线处绘制圆弧，如图 15-19 所示。

step 03 调用【直线】命令，绘制直线；调用【删除】命令，删除矩形偏移的线条，如图 15-20 所示。

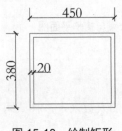 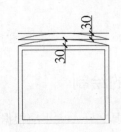 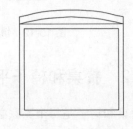

图 15-18　绘制矩形　　　图 15-19　绘制圆弧　　　图 15-20　绘制直线

step 04 调用【圆】命令，在绘制的直线和圆弧间绘制圆；调用【修剪】命令，删除多余的线条和圆弧，如图 15-21 所示。

step 05 调用【圆角】命令、R(半径=25)命令、【多线段】命令，完成对偏移矩形倒圆角的操作；调用【矩形】命令，在两侧绘制尺寸为 280×30 的矩形，如图 15-22 所示。

step 06 调用【圆角】命令和【多线段】命令，完成对小矩形倒圆角的操作；调用【修剪】命令，删除小矩形多余的线条，如图 15-23 所示。

图 15-21　删除线条和圆弧

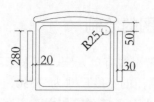

图 15-22　绘制矩形

图 15-23　倒圆角

step 07　调用【直线】命令，绘制直线；调用【偏移】命令，偏移直线；调用【圆】命令，在绘制的直线和两个矩形之间绘制圆，如图 15-24 所示。

step 08　调用【修剪】命令，删除多余的线条和圆弧，如图 15-25 所示。

step 09　调用【图案填充】命令，在命令行输入"t"命令，打开【图案填充和渐变色】对话框，设置图案填充参数，如图 15-26 所示。

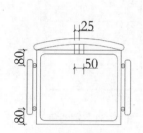

图 15-24　绘制直线与圆

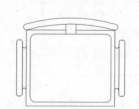

图 15-25　删除多余线条和圆弧

图 15-26　【图案填充和渐变色】对话框

step 10　填充座椅。在弹出的【图案填充和渐变色】对话框中设置图案的颜色和比例，将填充比例设置为 20，在绘图区域点取添加拾取点，按 Enter 键完成图案填充操作，如图 15-27 所示。

step 11　调用【移动】命令，完成餐桌和椅子平面图的绘制，如图 15-28 所示。

图 15-27　填充图案

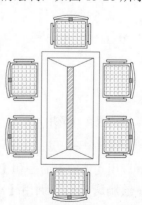

图 15-28　餐桌和椅子平面图

15.1.3 床和床头柜平面图的绘制

床是卧室必备的家具之一，常用的有单人床、双人床和圆床，一般单人床常用的宽度尺寸为 900、1050、1200，双人床常用的宽度尺寸为 1350、1500、1800，圆床常用的直径尺寸为 1900、2200、2400。床头柜不但具备储藏的作用，还有一定的装饰效果。绘制床和床头柜的具体操作步骤如下。

step 01 绘制双人床轮廓。调用【矩形】命令，绘制尺寸为 2000×1800 的矩形，如图 15-29 所示。

step 02 绘制被子。调用【分解】命令，分解矩形；调用【偏移】命令，偏移矩形边，设置适当的偏移距离，如图 15-30 所示。

step 03 调用【修剪】命令，删除多余的线条，调用【圆角】命令和【多线段】命令，完成对矩形倒圆角的操作，如图 15-31 所示。

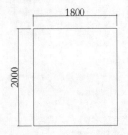

图 15-29 绘制矩形

图 15-30 偏移直线

图 15-31 倒圆角

step 04 调用【修剪】命令和【删除】命令，修剪并删除多余的线条；调用【偏移】命令，偏移矩形边，设置适当偏移距离，如图 15-32 所示。

step 05 调用【直线】命令，绘制直线，如图 15-33 所示。

step 06 调用【圆弧】命令，绘制圆弧，如图 15-34 所示。

图 15-32 删除多余线条并
偏移矩形边

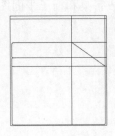

图 15-33 绘制直线

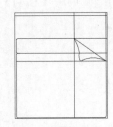

图 15-34 绘制圆弧

step 07 调用【修剪】命令和【删除】命令，修剪并删除多余的线条，如图 15-35 所示。

step 08 绘制床头柜。调用【矩形】命令，绘制尺寸为 500×500 的矩形，如图 15-36 所示。

step 09 绘制台灯。调用【圆】命令，绘制圆形，如图 15-37 所示。

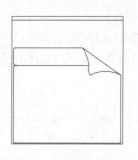

图 15-35　删除多余线条

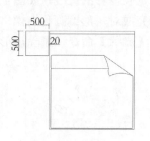

图 15-36　绘制矩形

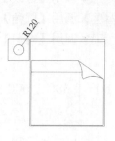

图 15-37　绘制圆形

step 10　调用【直线】命令，绘制过圆心直线，如图 15-38 所示。

step 11　调用【镜像】命令，镜像复制床头柜和台灯图形，如图 15-39 所示。

step 12　调入素材图块。按 Ctrl+O 快捷键，打开"素材\Ch15\室内家具.dwg"文件，从中复制、粘贴枕头、靠垫图形至当前图形中，完成床和床头柜平面图的绘制，如图 15-40 所示。

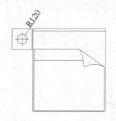

图 15-38　绘制直线

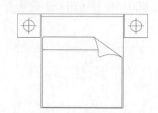

图 15-39　镜像复制床头柜和台灯

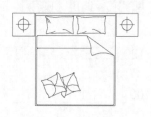

图 15-40　调入素材图块

15.1.4　沙发茶几和台灯平面图的绘制

沙发茶几和台灯常摆放在居室的公共区域，如客厅、娱乐室等，可为多人提供休闲娱乐的需求。台灯也多放置在客厅、卧室，起到辅助照明、调节居室氛围的作用。

1. 绘制沙发

绘制三人沙发的具体操作步骤如下。

step 01　调用【矩形】命令，绘制 1800×800 的矩形，如图 15-41 所示。

step 02　调用【圆角】命令，完成对矩形倒圆角的操作，如图 15-42 所示。

step 03　调用【分解】命令，分解矩形；调用【偏移】命令，等距离偏移矩形短边，如图 15-43 所示。

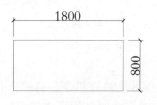

图 15-41　绘制矩形

图 15-42　倒圆角

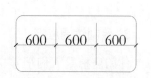

图 15-43　偏移矩形短边

step 04 调用【直线】命令，延长偏移的直线，如图 15-44 所示。

step 05 调用【圆角】命令，完成对矩形倒圆角的操作，如图 15-45 所示。

step 06 调用【修剪】命令和【删除】命令，删除矩形多余的线条，如图 15-46 所示。

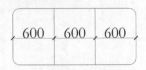

图 15-44　延长直线

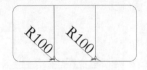

图 15-45　倒圆角

图 15-46　删除多余线条

step 07 调用【偏移】命令，偏移矩形长边；调用【修剪】和【删除】命令，删除矩形多余的线条，如图 15-47 所示。

step 08 调用【圆角】命令和【多线段】命令，完成对矩形倒圆角的操作，如图 15-48 所示。

step 09 调用【圆角】命令，为 600×50 和 520×50 的矩形倒圆角，如图 15-49 所示。

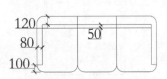

图 15-47　偏移直线

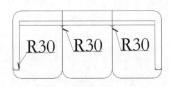

图 15-48　倒圆角

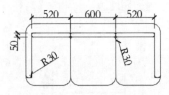

图 15-49　继续倒圆角

step 10 调用【分解】命令、【修剪】命令、【删除】命令，删除矩形多余的线条，完成三人沙发平面图的绘制，如图 15-50 所示。

2. 绘制单人沙发

调用【矩形】命令，绘制尺寸为 800×750 的矩形；调用【分解】命令、【偏移】命令、【多线段】命令、【圆角】命令、R(半径)命令、【修剪】命令、【删除】命令，按上述绘制三人沙发同样的步骤绘制单人沙发，如图 15-51 所示。

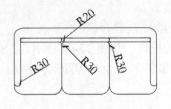

图 15-50　删除多余线条

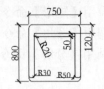

图 15-51　单人座沙发

3. 绘制休闲座椅

休闲座椅是人们平常享受闲暇时光用的椅子，这种椅子并不像餐椅和办公椅那样正式，有一些小个性，能够带给人视觉和身体的双重舒适感。绘制休闲座椅的具体操作步骤如下。

step 01 调用【矩形】命令，绘制尺寸为 800×800 的矩形，如图 15-52 所示。

step 02 调用【圆弧】命令，绘制圆弧，如图 15-53 所示。

step 03 调用【偏移】命令，偏移圆弧；调用【直线】命令，在两个圆弧之间绘制垂线，如图 15-54 所示。

step 04 调用【圆】命令，绘制与矩形内切的圆；调用【修剪】和【删除】命令，删除矩形多余的线条，如图 15-55 所示。

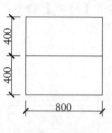 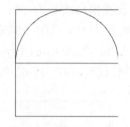 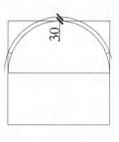 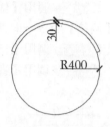

图 15-52　绘制矩形　　图 15-53　绘制圆弧　　图 15-54　偏移圆弧并　　图 15-55　删除多余线条

绘制垂线

4. 绘制茶几

茶几一般有方形、矩形两种，高度与扶手椅的扶手相当，多见摆放于客厅，用于放置杯盘茶具。绘制茶几的具体操作步骤如下。

step 01 调用【矩形】命令，绘制尺寸为 600×1200 的矩形；调用【偏移】命令，向内偏移矩形；调用【修剪】命令，删除矩形多余的线条，如图 15-56 所示。

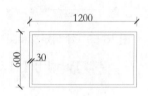

图 15-56　绘制矩形

step 02 调用【图案填充】命令，在命令行输入"t"命令，打开【图案填充和渐变色】对话框，设置图案填充参数，如图 15-57 所示。

step 03 在绘图区域点取添加拾取点，按 Enter 键完成图案填充操作，如图 15-58 所示。

 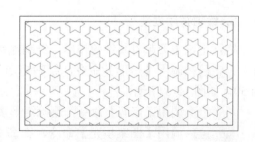

图 15-57　【图案填充和渐变色】对话框　　　　图 15-58　填充图案

5. 绘制台灯

台灯是灯的一种，小巧精致，方便布置，现在已经变成了一个艺术品，在轻装修重装饰的理念下，台灯的装饰功能更加明显。绘制台灯的具体操作步骤如下。

step 01 调用【矩形】命令，绘制尺寸为 600×600 的矩形；调用【圆】命令，绘制半径为 150 的圆，如图 15-59 所示。

step 02 调用【偏移】命令，向内偏移圆，设置偏移距离为 50；调用【分解】命令，调用【偏移】命令，向外偏移矩形短边，设置偏移距离为 60，如图 15-60 所示。

step 03 调用【直线】命令，延长矩形两边直线，如图 15-61 所示。

step 04 调用【直线】命令，在圆的中心绘制直线，如图 15-62 所示。

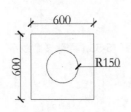  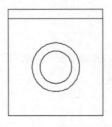 

图 15-59 绘制矩形和圆   图 15-60 偏移图形   图 15-61 延长直线   图 15-62 绘制直线

step 05 调用【移动】命令，移动各家具，完成家居布置平面图，如图 15-63 所示。

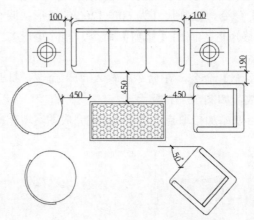

图 15-63 家具布置平面图

6. 绘制客厅地毯

客厅地毯主要起着装饰的作用。绘制地毯的具体操作步骤如下。

step 01 调用【矩形】命令，绘制矩形；调用【偏移】命令，偏移矩形，设置偏移距离为 50，如图 15-64 所示。

step 02 调用【修剪】命令，删除矩形多余的线条，如图 15-65 所示。

step 03 调用【图案填充】命令，在命令行输入"t"命令，打开【图案填充和渐变色】对话框，设置图案填充参数，这里填充比例设置为 50，如图 15-66 所示。

step 04 在绘图区域点取添加拾取点，按 Enter 键完成图案填充操作，如图 15-67 所示。

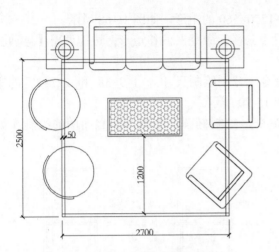

图 15-64 绘制并偏移矩形

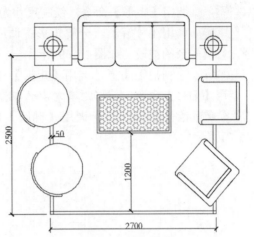

图 15-65 删除多余线条

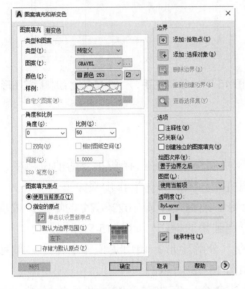

图 15-66 【图案填充和渐变色】对话框

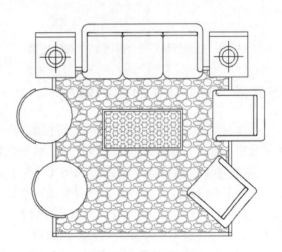

图 15-67 填充图案

15.2 室内电器立面配景图的绘制

随着科学技术的进步和人们生活水平的提高，电器已经成为人们生活的必需产品。常用的室内电器有洗衣机、电视机、电冰箱等。下面主要介绍室内常用电器配景图的绘制方法。

15.2.1 冰箱立面图的绘制

冰箱不仅可以储藏物品，还可以对食物进行保鲜，是生活中不可或缺的家电设施。根据室内空间的大小，冰箱常置于厨房或餐厅。绘制立面冰箱的具体操作步骤如下。

step 01 调用【矩形】命令，绘制尺寸为 1750×560 的矩形，如图 15-68 所示。

step 02 调用【分解】，分解矩形；调用【偏移】命令，偏移矩形两边；调用【修剪】命令，修剪多余的线段，如图 15-69 所示。

step 03 绘制把手图形。调用【矩形】命令，分别绘制尺寸为 149×38 和 221×38 的矩形；调用【偏移】命令，偏移距离为 45，如图 15-70 所示。

step 04 绘制标签图形。调用【椭圆】命令，绘制椭圆，完成冰箱立面图的绘制，如图 15-71 所示。

图 15-68　绘制矩形　　　图 15-69　偏移矩形　　　图 15-70　绘制把手　　　图 15-71　绘制标签图形

15.2.2　电视机立面图的绘制

电视机的品种多样，形式各异，可根据居室风格和个人喜好选择购买合适的电视机，电视常放置在客厅、卧室、娱乐室等区域。绘制电视机立面图的具体操作步骤如下。

step 01 绘制电视机外轮廓。调用【矩形】命令，绘制尺寸为 1022×674 的矩形；依次调用【圆角】命令和【多线段】命令，完成对小矩形倒圆角的操作，如图 15-72 所示。

step 02 绘制电视机音响。调用【分解】命令，分解矩形；调用【偏移】命令，偏移矩形两边；调用【修剪】命令，修剪多余的线条，如图 15-73 所示。

step 03 依次调用【圆角】命令和【多线段】命令，完成对音响倒圆角的操作；调用【镜像】命令，对音响执行镜像操作；调用【直线】命令，绘制直线；调用【偏移】命令，偏移矩形，如图 15-74 所示。

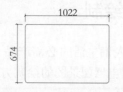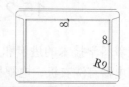

图 15-72　绘制矩形并倒圆角　　　图 15-73　偏移并移剪直线　　　图 15-74　镜像图形

step 04 依次调用【圆角】命令和【多线段】命令，对各角点倒圆角；调用【修剪】和【删除】命令，修剪和删除多余的线条；调用【圆弧】命令，绘制圆弧，如图 15-75 所示。

step 05 绘制电视机机脚。调用【直线】命令，绘制直线；调用【偏移】命令，偏移直线；依次调用【圆角】命令、R(半径=15)命令、【多线段】命令，完成对电视机机脚倒圆角的操作，如图 15-76 所示。

step 06 绘制电视机标识。调用【文字】命令，输入"TCL"字样；调用【圆】命令、【矩形】命令，绘制圆和矩形；调用【修剪】和【删除】命令，修剪和删除多余的线条，如图 15-77 所示。

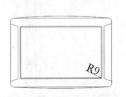

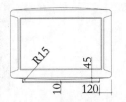

图 15-75 绘制圆弧　　　　图 15-76 绘制电视机机脚　　　　图 15-77 绘制电视机标识

step 07 调用【图案填充】命令，在命令行输入"t"命令，打开【图案填充和渐变色】对话框，设置图案的填充角度为 45°，填充比例为 50，在绘图区域点取添加拾取点，按 Enter 键完成图案填充，如图 15-78 所示。

step 08 填充电视机音响。在弹出的【图案填充和渐变色】对话框中设置图案的填充角度为 30°，填充比例为 50，如图 15-79 所示。

图 15-78 【图案填充和渐变色】对话框　　　　图 15-79 音响填充结果

step 09 调用【图案填充】命令，在命令行输入"t"命令，打开【图案填充和渐变色】对话框，设置图案的填充角度为 45°，填充比例为 50，在绘图区域点取添加拾取点，按 Enter 键完成图案填充，如图 15-80 所示。

step 10 填充电视机屏幕。在弹出的【图案填充和渐变色】对话框中设置图案的填充角度为 30°，填充比例为 100，完成电视机平面图的绘制，如图 15-81 所示。

图 15-80 【图案填充和渐变色】对话框

图 15-81 屏幕填充结果

15.2.3 空调立面图的绘制

空调是人们生活中必不可少的家用电器，主要用于调节空气温度和湿度。家用空调的种类有很多，常见的包括挂壁式空调、立柜式空调、窗式空调和吊顶式空调。空调可以放在客厅，也可以放在卧室、娱乐室等区域。绘制空调立面图的具体操作步骤如下。

step 01 绘制空调外轮廓。调用【矩形】命令，分别绘制尺寸为 500×1680、287×421 和 517×421 的矩形，如图 15-82 所示。

step 02 依次调用【圆角】命令和【多线段】命令，完成对上述矩形倒圆角的操作，如图 15-83 所示。

step 03 调用【直线】命令，绘制直线；调用【偏移】命令，偏移直线，偏移距离为 30，如图 15-84 所示。

step 04 调用【椭圆】命令，绘制椭圆；调用【文字】命令，在弹出的文字编辑对话框中输入相应的文字，完成空调立面图的绘制，如图 15-85 所示。

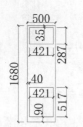

图 15-82 绘制矩形

图 15-83 倒圆角操作

图 15-84 偏移直线

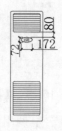

图 15-85 绘制椭圆

15.2.4 洗衣机立面图的绘制

洗衣机的品种多样，形式各异，可根据居室风格和个人喜好选择购买洗衣机常放置于卫生间或阳台。绘制洗衣机立面图的具体操作步骤如下。

step 01　绘制洗衣机外轮廓。调用【矩形】命令，绘制尺寸为 735×600 的矩形；调用【偏移】命令，向内偏移矩形，如图 15-86 所示。

step 02　调用【矩形】命令，绘制矩形，如图 15-87 所示。

step 03　调用【圆】命令，绘制圆形；调用【偏移】命令，向内偏移圆，如图 15-88 所示。

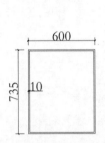
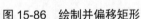

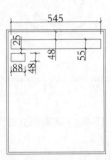

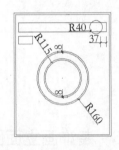

图 15-86　绘制并偏移矩形　　　图 15-87　绘制矩形　　　图 15-88　绘制并偏移圆形

step 04　调用【圆】命令，绘制半径为 7 的圆；调用【矩形】命令，绘制尺寸为 19×6 的矩形；调用【复制】命令，复制圆和矩形，如图 15-89 所示。

step 05　绘制洗衣机机脚和把手。调用【矩形】命令，绘制矩形；调用【文字】命令，输入 "Halr" 字样；调用 TR(删除)命令，删除多余的线条，如图 15-90 所示。

step 06　调用【图案填充】命令，在命令行输入 "t" 命令，打开【图案填充和渐变色】对话框，设置图案的填充比例为 100，在绘图区域点取添加拾取点，按 Enter 键完成图案填充，如图 15-91 所示。

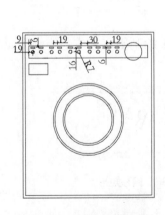

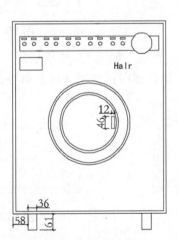

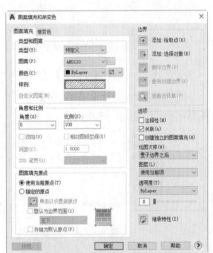

图 15-89　绘制并复制图形　　　图 15-90　绘制洗衣机机脚　　　图 15-91　【图案填充和渐变色】
　　　　　　　　　　　　　　　　　　　和把手　　　　　　　　　　　　　对话框

step 07　执行以上操作，完成洗衣机立面图的绘制，如图 15-92 所示。

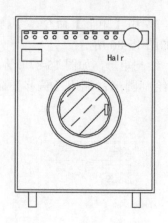

图 15-92　洗衣机立面图

15.2.5　装饰画立面图的绘制

装饰画可以烘托室内环境，彰显室内居室风格和主人的精神文化品位，常放置于客厅或卧室。绘制装饰画立面图的具体操作步骤如下。

step 01　绘制装饰画外轮廓。调用【矩形】命令，绘制尺寸为 580×1580 的矩形，如图 15-93 所示。

step 02　调用【偏移】命令，偏移矩形，如图 15-94 所示。

图 15-93　绘制矩形

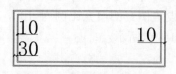

图 15-94　偏移矩形

step 03　调用【直线】命令，绘制直线，如图 15-95 所示。

step 04　调用【多线段】命令，绘制曲线；调用【圆】命令，绘制圆，完成装饰画平面图的绘制，如图 15-96 所示。

图 15-95　绘制直线

图 15-96　偏移矩形

15.3　室内洁具与厨具平面配景图的绘制

室内洁具和厨具作为人们日常生活必不可少的盥洗和烹饪用具，要求在使用上方便和洁净。下面介绍室内主要洁具和厨具的平面配景图的绘制方法。

15.3.1　洗菜池平面图的绘制

洗菜池在市场上一般为铝合金和不锈钢材质，具有耐腐蚀、不生锈、易清洗等特点，是厨房必备的厨具之一。绘制洗菜池平面图的具体操作步骤如下。

step 01　绘制洗菜池外轮廓。调用【矩形】命令，绘制尺寸为 838×559 的矩形；依次调用【圆角】命令和【多线段】命令，完成对矩形倒圆角的操作，如图 15-97 所示。

step 02　调用【矩形】命令，绘制矩形；依次调用【圆角】命令、R(半径=76)命令、【多线段】命令，完成对矩形倒圆角的操作，如图 15-98 所示。

step 03　绘制流水开关与流水孔。调用【圆】命令，绘制半径为 25 的圆形，表示水流开关；绘制半径为 32 的圆形，表示流水孔，如图 15-99 所示。

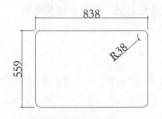 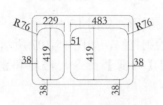 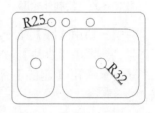

图 15-97　绘制外轮廓矩形　　　图 15-98　绘制矩形并倒圆角　　　图 15-99　绘制流水开关与流水孔

step 04　调用【矩形】命令，绘制尺寸为 165×71 的矩形；调用【直线】命令，绘制直线，如图 15-100 所示。

step 05　调用【修剪】命令，修剪多余的线条；依次调用【圆角】命令、R(半径=25)命令、【多线段】命令，完成对矩形倒圆角的操作，如图 15-101 所示。

step 06　调用【修剪】命令，修剪多余的线条，完成洗菜池平面图的绘制，如图 15-102 所示。

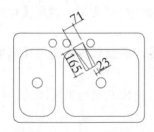 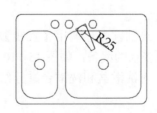 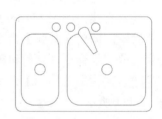

图 15-100　绘制矩形与直线　　　图 15-101　倒圆角操作　　　图 15-102　修剪图形结果

15.3.2　洗漱台平面图的绘制

洗漱台的材质多为瓷质，品种多样、形状各异，人们可根据居室风格和个人喜好来选择购买合适的洗漱台。绘制洗漱台平面图的具体操作步骤如下。

step 01　绘制洗漱盆外轮廓。调用【椭圆】命令，绘制长轴为 458、短轴为 204 的椭圆和长轴为 406、短轴为 152 的椭圆，如图 15-103 所示。

step 02 调用【直线】命令，绘制直线，与长轴为 406、短轴为 152 的椭圆相交，如图 15-104 所示。

step 03 调用【删除】命令和【修剪】命令，修剪和删除多余的线条，如图 15-105 所示。

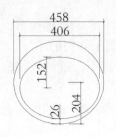

图 15-103　绘制外轮廓

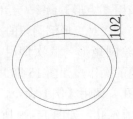

图 15-104　绘制直线

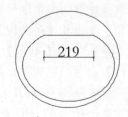

图 15-105　删除和修剪图形

step 04 调用【圆】命令，绘制圆形，如图 15-106 所示。

step 05 调用【直线】命令，绘制直线，如图 15-107 所示。

step 06 调用【删除】命令和【修剪】命令，修剪和删除多余的线条，如图 15-108 所示。

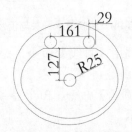

图 15-106　绘制圆形

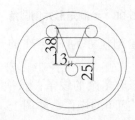

图 15-107　绘制直线

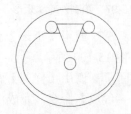

图 15-108　删除和修剪图形

step 07 绘制洗漱台。调用【矩形】命令，绘制尺寸为 1000×400 的矩形；调用【直线】命令，绘制直线，如图 15-109 所示。

step 08 调用【圆弧】命令，绘制圆弧；调用【直线】命令，绘制直线；调用【删除】命令和【修剪】命令，修剪和删除多余的线条，如图 15-110 所示。

step 09 调用【移动】命令，对洗漱盆和洗漱台进行组合，完成洗漱台平面图的绘制，如图 15-111 所示。

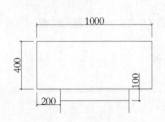

图 15-109　绘制洗漱台

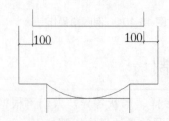

图 15-110　绘制圆弧与直线

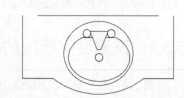

图 15-111　洗漱盆和洗漱台组合效果

15.3.3 浴缸平面图的绘制

浴缸是常用洗澡用具，一般置于洗漱间、卫生间等盥洗场所。浴缸的材质一般多为瓷质和木质，形状多样，人们可根据居室风格和个人的喜好来选择购买。绘制浴缸平面图的具体操作步骤如下。

step 01 调用【矩形】命令，绘制尺寸为 700×1600 的矩形，如图 15-112 所示。

step 02 调用【分解】命令、【偏移】命令，分解并偏移矩形两边；调用【修剪】命令，修剪多余的线条，如图 15-113 所示。

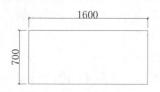

图 15-112 绘制矩形

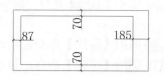

图 15-113 处理矩形

step 03 分别调用【圆角】命令、R(半径=100)和 R(半径=50)命令，完成对浴缸倒圆角的操作，如图 15-114 所示。

step 04 调用【椭圆】命令，绘制椭圆，完成浴缸平面图的绘制，如图 15-115 所示。

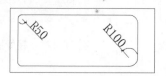

图 15-114 倒圆角操作

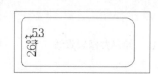

图 15-115 浴缸平面图

15.4 室内其他装潢平面配景图的绘制

室内其他装潢配景可以起到辅助装修的作用，常见的室内装潢配景有地板砖的图案、植物花卉的种植等。本节主要介绍室内装潢配景图的绘制方法。

15.4.1 地板砖平面图的绘制

地板砖的装饰图案可以由专业人员根据室内风格进行设计，且图案可以自由拼贴，在进行瓷砖拼贴时，要注意瓷砖拼贴平整、对角合理、缝隙均匀等，以便保证施工质量。绘制地板砖平面图的具体操作步骤如下。

step 01 绘制地板砖外轮廓。调用【矩形】命令，绘制矩形，如图 15-116 所示。

step 02 调用【偏移】命令，偏移矩形；调用【复制】命令、RO(旋转)命令，旋转角度为 45°或 135°，如图 15-117 所示。

step 03 调用【修剪】命令，修剪多余的线条；调用【圆】命令，绘制半径为 305 的圆，如图 15-118 所示。

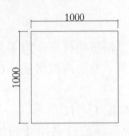
图 15-116　绘制矩形

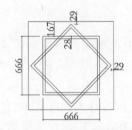
图 15-117　偏移与旋转矩形

图 15-118　绘制圆形

step 04 调用【直线】命令，绘制直线；调用【修剪】命令，修剪多余的线条，如图 15-119 所示。

step 05 调用【直线】命令，绘制直线，如图 15-120 所示。

step 06 调用【镜像】命令，镜像绘制的等腰三角图形，如图 15-121 所示。

图 15-119　绘制并修剪直线

图 15-120　绘制直线

图 15-121　镜像图像

15.4.2　盆景平面图的绘制

盆景花卉可以改善室内空气，美化环境，因此被大多数家庭所青睐。绘制室内盆景平面图的具体操作步骤如下。

step 01 调用【直线】命令，绘制任意长度和角度的直线，如图 15-122 所示。

step 02 调用【直线】命令，绘制树叶轮廓，如图 15-123 所示。

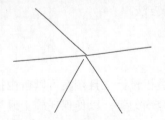
图 15-122　绘制直线

图 15-123　绘制树叶轮廓

step 03 调用【直线】命令，绘制任意长度和角度的直线，如图 15-124 所示。

step 04 调用【直线】命令，绘制分枝上的树叶轮廓，如图 15-125 所示。

图 15-124　继续绘制直线

图 15-125　绘制分枝树叶

15.4.3　健身器材平面图的绘制

健身器材可用于增强体质、休闲娱乐、改善生活质量，随着社会的发展和人们生活水平的提高，越来越多的人开始注重身体的健康和生活质量的提高。绘制健身器材平面图的具体操作步骤如下。

step 01　绘制健身器材外轮廓。调用【矩形】命令，分别绘制尺寸为 900×500 和400×500 的矩形；调用【偏移】命令，偏移矩形，偏移距离为 30，如图 15-126 所示。

step 02　绘制矩形。调用【矩形】命令，分别绘制尺寸为 600×50、227×50 和 50×45 的矩形，如图 15-127 所示。

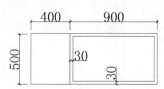

图 15-126　绘制健身器材外轮廓

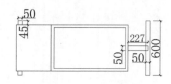

图 15-127　绘制矩形

step 03　调用【圆角】命令，完成对健身器材轮廓倒圆角的操作，如图 15-128 所示。

step 04　沿用上述同样的操作，对其他矩形倒圆角操作，如图 15-129 所示。

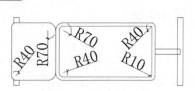

图 15-128　倒圆角操作

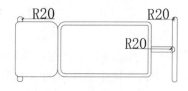

图 15-129　倒圆角结果

step 05　调用【修剪】命令，修剪和删除多余的线条；激活尺寸为 50×45 的矩形侧边线段的夹点，延长线段，完成健身器材平面图的绘制，如图 15-130 所示。

图 15-130　健身器材平面图

第16章 电气设计综合案例

电气包括供配电系统、照明系统等强电系统和火灾自动报警系统、有线电视系统、综合布线、有线广播及扩声系统等弱电系统，其主要作用是服务于人们的工作、生活、学习、娱乐、安全等。本章主要介绍电气设计的基础知识以及电气照明系统图的绘制方法。

本章学习目标(已掌握的在方框中打钩)

□ 了解电气施工图的基础知识。
□ 了解电气照明系统的基础知识。
□ 掌握绘制电气照明平面图的方法。

重点案例效果

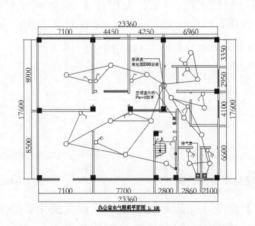

16.1 电气施工图概述

在建筑中，利用现代先进的科学理论及电气技术(含电力技术、信息技术以及智能化技术等)，创造一个人性化生活环境的电气系统，统称范围建筑电气。下面主要介绍电气工程施工图的图样类别、电气施工图的电气图形以及文字符号等相关内容。

16.1.1 电气工程施工图的图样类别

在建筑中，电气工程施工图的图样包括电气总平面图、电气系统图、电气平面布置图、电路图、接线图、安装大样图、电缆清册、图例、设备材料表及设计说明等。

1. 电气总平面图

电气总平面图是在建筑总平面图上表示电源及电力负荷分布的图样，主要表示各建筑物的名称或用途、电力负荷的装机容量、电气线路的走向及变配电装置的位置、容量和电源进户的方向等。通过电气总平面图可了解该项工程的概况，掌握电气负荷的分布及电源装置等。一般大型工程有电气总平面图，中小工程则用动力平面图或照明平面图代替。

2. 电气系统图

电气系统图是用单线图表示电能或电信号按回路分配出去的图样，主要表示各个回路的名称、用途、容量以及主要电气设备、开关元件及导线电缆的规格型号等。通过电气系统图可以知道该系统回路的个数及主要用电设备的容量、控制方式等。建筑电气工程中系统图会经常用到，动力、照明、变配电装置、通信广播、电缆电视、火灾报警、防盗保安等都要用到系统图。

3. 电气平面布置图

电气平面布置图是在建筑物的平面图上标出电气设备、元件、管线实际布置的图样，主要表示电气安装位置、安装方式、规格型号数量及防雷装置等。通过平面图可以知道建筑物及其各个不同的标高上装设的电气设备、元件及其管线等。动力、照明、各种机房、通信广播、电缆电视、火灾报警、防盗保安、微机监控、自动化仪表、防雷接地等都要用到电气平面图。

4. 电路图

人们习惯称电路图为控制原理图，它是单独用来表示电气设备、元件控制及其控制线路的图样，主要表示电气设备及元件的启动、保护、信号、连锁、自动控制及测量等。通过电路图可以知道各设备元件的工作原理、控制方式，以及掌握建筑物的功能实现方法等。动力、变配电装置、火灾报警、防盗保安、电梯装置等都要用到控制原理图，较复杂的照明及声光系统也要用到控制原理图。

5. 接线图

接线图是与电路图配套的图样，是用来表示设备元件外部以及设备元件之间的接线的图。动力、变配电装置、火灾报警、防盗保安、电梯装置等都要用到接线图。

6. 安装大样图

安装大样图一般是用来表示某一具体部位或某一设备元件安装的图样，通过大样图可以了解该项工程的复杂程度。一般非标的配电箱、控制柜等的制作安装都要用到大样图，通常采用标准图集，其中剖面图也是大样图的一种。

7. 电缆清册

电缆清册是用表格的形式来表示系统中电缆的规格、型号、数量、走向、敷设方法、头尾接线的部位等内容的图样，一般使用电缆较多的工程均有电缆清册，而简单的工程通常没有电缆清册。

8. 图例

图例是用表格的形式列出系统中使用的图形符号或文字符号，其目的是使读者容易读懂图样。

9. 设备材料表

设备材料表一般要列出系统的主要设备及主要材料的规格、型号、数量、具体要求或产地。但是表中的数量一般只作为概算估计数，不作为设备和材料的供货依据。

10. 设计说明

设计说明主要标注图中交接不清或没有必要用图表示的要求、标准、规范等。

11. 电气工程调试

电气工程调试是鉴定供配电系统设计质量、安装质量及设备材料质量的重要手段，是检验电气线路正确性及电气设备性能能否达到设计控制保护要求的重要工序。

16.1.2 电气工程设计流程

电气工程是一个复杂的系统工程，其强电系统的主要设备有干式变压器、柴油发电机、高压配电装置、低压配电盘、电线电缆及动力照明等。各系统本身设备精密，结构复杂，技术先进，安全可靠，自动化程度高，对安装方法和质量要求相当严格。

1. 电气施工准备

(1) 图纸会审。

图纸会审在整个建筑电气施工工程中，对保证电气施工前质量控制，做好电气施工工作，保证电气工程质量至关重要。图纸会审就是要把在熟悉图纸过程中发现的问题，尽可能地消灭在工程开工前，因此认真做好图纸会审，减少施工图中的差错，完善设计对提高建筑电气工程质量和保证施工的顺利进行具有重要意义。

(2) 施工方案的编制与审批。

施工方案是以单位工程中的分部或分项工程或一个专业工程为编制对象，内容比施工组织设计更为具体而简明扼要。它主要是根据工程特点和具体要求对施工中的主要工序和保证工程质量及安全技术措施、施工方法、工序配合等方面进行合理的安排布置。

a. 施工方案的编制。

施工方案的内容较施工组织简明扼要，建筑电气安装是建筑安装工程的分项工程，通常情况下建筑电气工程均由施工单位的电气工程技术人员编制施工方案。施工方案的编制内容包括工程概况及特点、质量管理体系、施工技术措施、电气专业技术交底和质量保证措施等。

b. 施工方案的审批。

施工方案均先由施工单位进行审批，再由总监理工程师组织专业监理工程师进行审批，提出审查意见，并经总监理工程师审核，签认后报建设单位。需施工单位修改的，由总监理工程师签发书面意见，退回施工单位修改后再报审，并重新审定。

2. 电气施工方法

(1) 配电箱安装。

配电箱是接受电能和分配电能的中转站，也是电力负荷的现场直接控制器。电气设备的上下级容量配合是相当严格的，若不符合技术要求，势必造成系统运行不合理，供电可靠性及安全性达不到要求，埋下事故的隐患。

(2) 配电柜安装。

配电装置是电气工程的核心，在控制过程中应仔细检查，核对图纸，消除事故隐患。

(3) 弱电设备安装。

建筑物内弱电设备多，专业性强，每个弱电子系统均由专门的技术人员安装调试，应在抓好线管、线槽施工质量的同时，着重对系统设备的功能进行控制。

16.1.3 电气工程 CAD 制图规范

电气工程图纸设计、绘制图样、按图施工等都需要依据一定的格式和一些基本规定、要求，包括建筑电气工程图、机械制图、建筑制图等方面的有关规定，详细内容如下所述。

1. 图纸的格式

一张电气设计图纸的完整图面是由边框线、图框线、标题栏、会签栏等组成的，格式如图 16-1 所示。

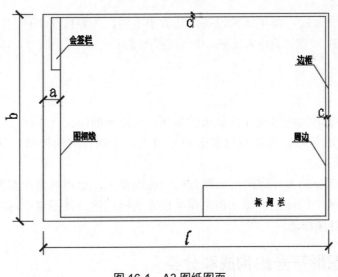

图 16-1 A3 图纸图面

2. 幅面尺寸

图纸的幅面是指由边框线所构成的图面。幅面尺寸共五种类型：A0～A4，具体的尺寸要求如表 16-1 所示。

表 16-1　幅面和图框尺寸

单位：mm

幅面代号 / 尺寸代号	A0	A1	A2	A3	A4
B×L	841×1189	594×841	420×594	297×420	210×297
a	25				
c	10			5	
规格系数	2	1	0.5	0.25	0.125

1. B 为幅面短边尺寸；L 为幅面长边尺寸；a 为图框线与装订边间的宽度；c 为图框线与幅面线之间的宽度。

2. 规格系数：以 A1(594×841)为标准尺寸长度，以它为基准，A0 纸张的大小是它的 2 倍，也就是 841×1189，所以它的系数是 2，而 A2 纸张的大小是 A1 的 0.5 倍，所以它的系数是 0.5，A3、A4 以此类推。

3. 标题栏

标题栏包含图样的名称、图号、张次和有关人员签署等内容，位于图样的下方或右下方。

4. 比例

由于图纸的幅面有限，而实际的设备尺寸大小不同，需要按照不同的比例绘制才能放置在图中。图形与实物尺寸的比值称为比例。电气工程图通常采用的比例有 1∶10、1∶20、1∶50、1∶100、1∶200 等。

5. 大样详图

对于电气中某些形状特殊或连接复杂的零件、节点等的结构、做法、安装工艺要求，在整体图中难以表达清楚时，需要将这部分单独放大，绘制详细的图纸，这种图纸称为大样详图。

电气设备某些部分的大样详图可以画在同一张图样上，也可另画一张图样。为了便于识读，需要使用一个统一的标记。标注在总图某位置的标记称为详图索引标注，标注在详图某位置上的标记称为详图标志。

16.1.4　电气图形符号的构成和分类

在绘制的电气工程图中，元件、设备、装置、线路及其安装方法等都是通过图形符号、文字符号和项目代号来表达的。分析电气工程图，首先要了解这些符号的形式、内容、含义及其相互关系。

1. 电气图形符号的种类和组成

电气图形符号一般分为限定符号、一般符号、方框符号和符号元素。

(1) 限定符号。

限定符号是一种用以提供附加信息的加在其他符号上的符号，不能单独使用，必须同其他符号组合使用，构成完整的图形符号，且仅用来说明某些特征、功能和作用等。如在开关符号上加上不同的限定符号可分别得到隔离开关、断路器、接触器、按钮开关、转换开关。

(2) 一般符号。

一般符号是用来表示一类产品或此类产品特征的简单符号，如电阻、开关、电容等。

(3) 方框符号。

方框符号用以表示元件、设备等的组合及其功能，既不表示出元件、设备的细节，也不考虑所有连接的一种简单的图形符号。

(4) 符号元素。

符号元素是一种具有确定意义的简单图形，一般不能单独使用，只有按照一定的方式组合起来才能构成完整的符号。如真空二极管由外壳、阴极、阳极和灯丝四个符号元素组成。

2. 电气图形符号的分类

《电气图用图形符号》国家标准代号为 GB/T 4728.1—2005/2008，采用国际电工委员会(IEC)标准，在国际上具有通用性。电气图用图形符号共分 13 部分，其主要的分类如下。

(1) 导体和连接件。

导体和连接件包括电线、屏蔽或绞合导线、同轴电缆、插头和插座、电缆终端头等。

(2) 基本无源元件。

基本无源元件包括电阻器、电容器、电感器、压电晶体等。

(3) 开关、控制和保护器件。

开关、控制和保护器件包括触电、开关、开关装置、控制装置、继电器、启动器、继电器、熔断器和间隙避雷器等。

(4) 半导体管和电子管。

半导体管和电子管包括二极管、三极管、晶闸管、电子管、光电子、光敏器件等。

(5) 电力照明和电信布置图。

电力照明和电信布置图包括发电站、变电所、配电箱、控制台、控制设备、用电设备和开关及照明灯照明引出线等。

(6) 二进制逻辑元件。

二进制逻辑元件包括存储器、计数器等。

(7) 模拟元件。

模拟元件包括放大器、函数器、信号转换器、电子开关等。

16.1.5　电气施工图的电气图形及文字符号

电气施工图的电气图形种类繁多，电气平面图中不绘制具体的电气设备图形，只以图例来表示。图 16-2～图 16-6 所示为电气图常用图形符号。

序号	图例	名 称	序号	图例	名 称
01		具有护板的插座	06		单相二极、三极安全型暗插座
02		具有单极开关的插座	07		单相插座
03		具有隔离变压器的插座	08		单相防爆插座
04		电视插座	09		单相暗敷插座
05		网络插座	10		电话插座

图 16-2　插座图例

序号	图例	名 称	序号	图例	名 称
01		单联单控扳把开关	06		双控单极开关
02		双联单控扳把开关	07		压力开关
03		三联单控扳把开关	08		限时开关
04		n联单控扳把开关	09		带指示灯的限时开关
05		带指示灯的开关	10		门铃开关,带夜间指示灯

图 16-3　开关图例

序号	图例	名 称	序号	图例	名 称
01		普通灯	06		单管荧光灯
02		聚光灯	07		安全出口指示灯
03		泛光灯	08		壁灯
04		专用事故照明灯	09		半嵌入式吸顶灯
05		自带电源的事故照明灯	10		格栅顶灯

图 16-4　灯具图例

序号	图例	名 称	序号	图例	名 称
01		调光器	12		区域型火灾报警控制器
02		星-三角启动器	13		楼层显示器
03		自耦变压器式启动器	14		防火卷帘门控制器
04		窗式空调器	15		防火门磁释放器
05		温度传感器	16		感烟探测器
06		湿度传感器	17		非编码感烟探测器
07		压力传感器	18		感温探测器
08		压差传感器	19		非编码感温探测器
09		集中型火灾报警控制器	20		可燃气体探测器
10		火灾光报警器	21		感光火焰探测器
11		火灾声、光报警器	22		短路隔离器

图 16-5　器类图例

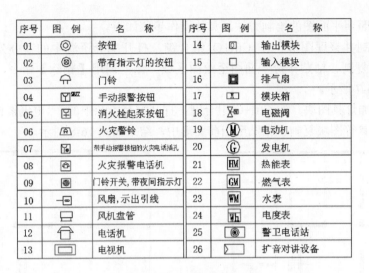

序号	图例	名 称	序号	图例	名 称
01	◎	按钮	14	□	输出模块
02	⊗	带有指示灯的按钮	15	□	输入模块
03	⌂	门铃	16	▦	排气扇
04	▽SB2Z	手动报警按钮	17	⊡	模块箱
05	⊠	消火栓起泵按钮	18	⊠M	电磁阀
06	⌂	火灾警铃	19	Ⓜ	电动机
07	⊠	带手动报警按钮的火灾电话插孔	20	Ⓖ	发电机
08	▣	火灾报警电话机	21	HM	热能表
09	◉	门铃开关,带夜间指示灯	22	GM	燃气表
10	⊢□	风扇,示出引线	23	WM	水表
11	▽	风机盘管	24	Wh	电度表
12	☎	电话机	25	◉	警卫电话站
13	▭	电视机	26	▷	扩音对讲设备

图 16-6　其他常见图例

16.2　电气照明系统图设计

本节主要介绍电气照明系统和电气照明平面图的绘制。

16.2.1　电气照明系统概述

电气照明技术是一门综合性技术,它以光学、电学、建筑学、生理学等多方面的知识作为基础。电气照明系统主要包括照明电光源、照明灯具和照明线路三部分,按其发光的原理可以分为热辐射光源、气体放电光源和半导体光源三大类。

电气照明系统按照明方式分为三种形式,即一般照明、局部照明和混合照明。

电气照明系统按使用目的分为六种形式,具体如下。

(1) 正常照明。正常情况下的室内外照明,对电源控制无特殊要求。

(2) 事故照明。当正常照明因故障而中断时,能继续提供合适照度的照明,一般设置在容易发生事故的场所和主要通道的出入口。

(3) 值班照明。供正常工作时间以外值班人员使用的照明。

(4) 警卫照明。用于警卫地区和周界附近的照明,通常要求较高的照度和较远的照明距离。

(5) 障碍照明。装设在建筑物上、构筑物上以及正在修筑和翻修和道路上,作为障碍标志的照明。

(6) 装饰照明。用于美化环境或增添某种气氛的照明。

16.2.2　绘制电气照明平面图

电气照明平面图包括灯具、开关、插座等电气设备的布置和电线的走向等。本节主要介绍办公空间电气照明平面图的绘制方法，具体操作步骤如下。

step 01 复制并整理图形。按 Ctrl+O 组合键，打开配套资源中的"办公空间室内平面图.dwg"文件，复制、粘贴一份平面图至绘图区域一侧；调用【删除】命令，删除多余的图形，结果如图 16-7 所示。

step 02 添加灯具图块。按 Ctrl+O 组合键，打开配套资源中的 "电气素材图例.dwg"文件，将其中的灯具等图块复制、粘贴至当前图形中，结果如图 16-8 所示。

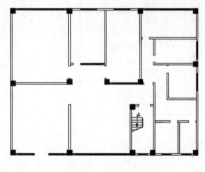 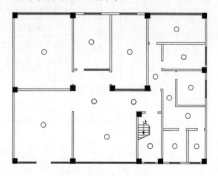

图 16-7　整理图形　　　　　　　　　　　　图 16-8　添加灯具

step 03 添加排气扇图块。按 Ctrl+O 组合键，打开配套资源中的 "电气素材图例.dwg"文件，将其中的排气扇图块复制、粘贴至当前图形中，结果如图 16-9 所示。

step 04 添加开关图块。按 Ctrl+O 组合键，打开配套资源中的 "电气素材图例.dwg"文件，将其中的开关图块复制、粘贴至当前图形中，结果如图 16-10 所示。

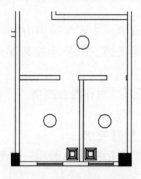 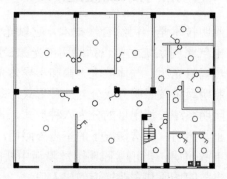

图 16-9　添加排气扇图块　　　　　　　　　图 16-10　添加开关图块

step 05 绘制导线。调用【直线】命令，在开关与灯具等之间绘制连接导线，结果如图 16-11 所示。

step 06 添加接线盒图块。按 Ctrl+O 组合键，打开配套资源中的"电气素材图例.dwg"文件，将其中的接线盒图块复制、粘贴至当前图形中，结果如图 16-12 所示。

step 07 绘制导线。调用【直线】命令，绘制直线，结果如图 16-13 所示。

step 08 添加空调室内机图块。按 Ctrl+O 组合键，打开配套资源中的"电气素材图例.dwg"文件，将其中的空调图块复制、粘贴至当前图形中，结果如图 16-14 所示。

step 09 绘制立管轮廓。调用【圆】命令，绘制半径为 35 的圆，结果如图 16-15 所示。

step 10 绘制导线。调用【直线】命令，绘制空调室内机与接线盒的连接导线，结果如

图 16-16 所示。

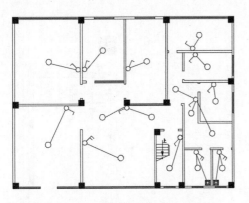

图 16-11　绘制开关与灯具之间的导线

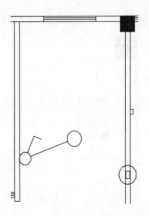

图 16-12　添加接线盒图块

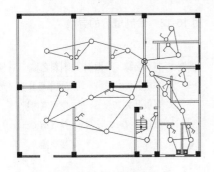

图 16-13　绘制导线

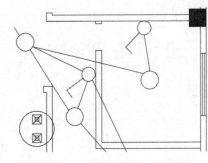

图 16-14　添加室内空调机图块

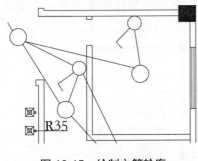

图 16-15　绘制立管轮廓

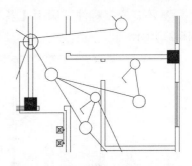

图 16-16　绘制空调机的导线

step 11　添加楼梯道壁灯与两控单机开关。按 Ctrl+O 组合键，打开配套资源中的 "电气素材图例.dwg" 文件，将其中的壁灯与两控单机开关图块复制、粘贴至当前图形中，结果如图 16-17 所示。

step 12　绘制导线。调用【直线】命令，绘制壁灯与两控单机开关之间的连接导线，结果如图 16-18 所示。

step 13　绘制图例表。调用【矩形】命令，绘制尺寸为 3000×6000 的矩形；调用 X(分解)命令，分解矩形；调用 O(偏移)命令，偏移直线，结果如图 16-19 所示。

step 14　添加图例。调用【复制】命令，从电气照明平面图中复制图块并移动粘贴至图

例表中；调用【文字】命令，在绘图区域指定文字的输入范围，并在弹出的文字编辑图框中
输入相应的文字，结果如图 16-20 所示。

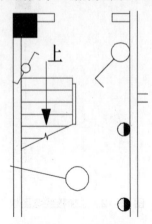

图 16-17　添加图块

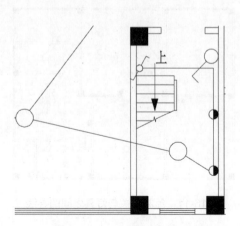

图 16-18　绘制壁灯的导线

图 16-19　绘制图例表

图例	材料名称	图例	材料名称
⌐	单极开关	⌐	双控单极开关
⌐	双极开关	⊠	空调室内机
○	吸顶灯	▣	排气扇
◗	壁灯	▭	接线盒

图 16-20　绘制图例说明

step 15　添加文字标注。调用【多重引线】命令，添加电气照明平面图的文字标注，结
果如图 16-21 所示。

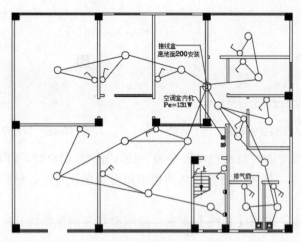

图 16-21　添加文字标注

step 16　添加尺寸和图名标注。调用【线性标注】命令，对图形进行标注；调用【直
线】命令，在文字标注下面绘制图名双线，并将其中一条下画线的线宽设置为 0.4mm，绘制

结果如图 16-22 所示。

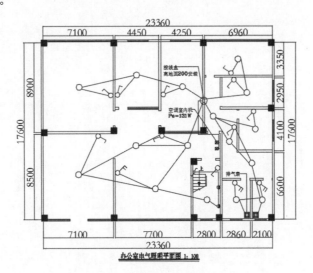

图 16-22 添加尺寸和图名标注